2024

Realschule

Original-Prüfungsaufgaben
mit Lösungen

Bayern

Mathematik I

STARK

44. ergänzte Auflage
www.stark-verlag.de

Inhaltsverzeichnis

Hinweise

Übungsaufgaben

Teil A – ohne Taschenrechner

Teil B – mit Taschenrechner

Aufgaben im Stil der Prüfung

Beispielaufgaben

Musterprüfung

Abschlussprüfungsaufgaben

Abschlussprüfung 2018

Abschlussprüfung 2019

Abschlussprüfung 2020

Abschlussprüfung 2021

Abschlussprüfung 2022

Abschlussprüfung 2023 .... **www.stark-verlag.de/mystark**

Sobald die Original-Prüfungsaufgaben 2023 freigegeben sind, können sie als PDF auf der Plattform MyStark heruntergeladen werden (Zugangscode vgl. Umschlaginnenseite).

Digitales Übungsmaterial zu diesem Buch

Zu den folgenden Themen bietet dir das Buch **Lernvideos** und **GeoGebra-Anwendungen**:

- Dreisatz
- Winkel an Geradenkreuzungen und Winkelsummen
- Strahlensätze
- Lineare Funktionen (Geraden)
- Verschobene Normalparabel
- Gestreckte/Gestauchte Parabel
- Bestimmung von Nullstellen bei quadratischen Funktionen
- Exponentialfunktionen
- Baumdiagramm

Mit einem **Smartphone/Tablet** kannst du den abgebildeten **QR-Code** scannen und so die Lernvideos starten.

Am PC kannst du die Lernvideos über folgenden Link öffnen:

https://www.stark-verlag.de/qrcode/lernvideos_0910tk

Autor

Übungsaufgaben (inkl. Lösungen) sowie Lösungen der Beispielaufgaben, Musterprüfung und der Abschlussprüfungsaufgaben: RSD Alois Einhauser

Hinweise

Aufbau und Ablauf der Prüfung

Die Prüfungsaufgaben im Fach Mathematik werden vom Bayerischen Staatsministerium für Unterricht und Kultus zentral für alle bayerischen Realschulen gestellt.

Die Abschlussprüfung dauert insgesamt 150 Minuten und besteht aus zwei Teilen:

- Im ersten Teil (A), der **ohne Taschenrechner** zu bearbeiten ist, sind mehrere kurze Aufgaben aus den Themenbereichen *Funktionen*, *ebene Geometrie* und *Raumgeometrie* sowie *Daten und Zufall* zu lösen. Eine zugelassene Formelsammlung darf hierbei verwendet werden. Nach 30 Minuten ist dieser Teil abzugeben. Die erreichbaren Punkte aus Teil A betragen in etwa 20 % der Gesamtpunkte.
- In den restlichen 120 Minuten ist der zweite Teil (B) zu bearbeiten. Hierbei dürfen ein (grafikfähiger) Taschenrechner und eine zugelassene Formelsammlung verwendet werden. Teil B besteht jeweils aus zwei kurzen und zwei langen Aufgaben. Die beiden langen Aufgaben können sich auf die Themenbereiche *Funktionen*, *ebene Geometrie* und *Raumgeometrie* beziehen. In den beiden kurzen Aufgaben kann auch der Bereich *Daten und Zufall* geprüft werden. Die erreichbaren Punkte aus Teil B betragen in etwa 80 % der Gesamtpunkte.

Unterschiede ab 2023

Die Abschlussprüfung ab 2023 unterscheidet sich von denen der Vorjahre:

- In den Aufgaben bis 2022 waren im Teil A Taschenrechner erlaubt.
- Das Lernfeld „Daten und Zufall" wurde bis 2022 nicht geprüft.
- In den Aufgaben bis 2022 wurden teils andere Bezeichnungen verwendet (vgl. nachfolgende Übersicht).

	alt (bis 2022)	neu (ab 2023)
Strecke	[AB]	$\overline{AB}$
Länge einer Strecke	$\overline{AB}$	$\lvert\overline{AB}\rvert$
Definitionsmenge	$\mathbb{D}$	D
Wertemenge	$\mathbb{W}$	W
Größer-Gleich-Zeichen	$\geqq$	$\geq$
Kleiner-Gleich-Zeichen	$\leqq$	$\leq$
Lösungsmenge	$\mathbb{L}$	L
Grundmenge	$\mathbb{G}$	G
Grundmenge bei Funktionen	$\mathbb{G} = \mathbb{R} \times \mathbb{R}$	$x \in \mathbb{R}$; $y \in \mathbb{R}$
Leere Menge	$\varnothing$	$\varnothing$ bzw. {}

Arbeit mit diesem Buch

Die **Abschlussprüfungen bis 2022** eignen sich inhaltlich trotz der oben genannten Änderungen zur Prüfungsvorbereitung, da die meisten Lehrplanthemen gleich geblieben sind. Damit du dich auch auf die geänderten Bedingungen vorbereiten kannst, findest du am Anfang des Buchs zusätzlich Übungsaufgaben und Aufgaben im Stil der neuen Prüfung.

Der Teil mit den **Übungsaufgaben** enthält Aufgaben zur **Vorbereitung auf Teil A (ohne Taschenrechner)** und Aufgaben zur **Vorbereitung auf „Daten und Zufall"** für Teil A und Teil B. Diese Aufgaben verwenden die neue, dir bekannte Notation.

Mit der **Musterprüfung und den Beispielaufgaben** kannst du unter **Prüfungsbedingungen üben**. Auch diese Aufgaben verwenden die neue, dir bekannte Notation. Bearbeite die Teile A und B wie unter „Aufbau und Ablauf der Prüfung" beschrieben.

Zu allen Aufgaben haben wir ausführliche **Lösungsvorschläge zur Kontrolle** abgedruckt. Wenn du nicht weiterkommst, sollen dir die **TIPP-Kästen** helfen, den Lösungsweg zu erkennen. Zuerst solltest du aber versuchen, selbst die Lösung zu finden, und dann mit dem Buch vergleichen. Nur wenn du dich selbst anstrengst, bleibt der Stoff auch im Gedächtnis und du lernst dazu.

Alte Notenschlüssel zur Orientierung

	2022	2021	2020	2018, 2019
Note 1	54 – 44 Punkte	53 – 45 Punkte	53 – 44 Punkte	53 – 43 Punkte
Note 2	43 – 35 Punkte	44 – 36 Punkte	43 – 35 Punkte	42 – 34 Punkte
Note 3	34 – 26 Punkte	35 – 27 Punkte	34 – 26 Punkte	33 – 25 Punkte
Note 4	25 – 17 Punkte	26 – 18 Punkte	25 – 17 Punkte	24 – 16 Punkte
Note 5	16 – 8 Punkte	17 – 9 Punkte	16 – 8 Punkte	15 – 7 Punkte
Note 6	7 – 0 Punkte	8 – 0 Punkte	7 – 0 Punkte	6 – 0 Punkte

Termine 2024

	Termine für die schriftliche Abschlussprüfung		
Spanisch / Tschechisch	Di	18.06.2024	8:30–11:00 Uhr
Deutsch	Mi	19.06.2024	8:00–13:00 Uhr
Französisch	Do	20.06.2024	8:30–11:00 Uhr
Englisch	Fr	21.06.2024	8:30–11:30 Uhr
andere Fremdsprachen	Fr	21.06.2024	8:30–10:30 Uhr
Mathematik I und II/III	Mo	24.06.2024	8:30–11:30 Uhr
BWL/Rechnungswesen	Di	25.06.2024	8:30–11:00 Uhr
Physik	Mi	26.06.2024	8:30–11:00 Uhr
Kunst / Ernährung und Gesundheit / Musik / Sport	Do	27.06.2024	8:30–10:00 Uhr
Sozialwesen	Do	27.06.2024	8:30–10:30 Uhr
Werken	Fr	28.06.2024	8:30–10:00 Uhr

Hinweis: Die angegebenen Zeiträume entsprechen nicht der Prüfungsdauer, sondern geben nur den Zeitrahmen an, innerhalb dessen die Prüfung durchzuführen ist. Die genaue Prüfungsdauer für Mathematik findest du im Abschnitt „Aufbau und Ablauf der Prüfung“.

Sollten nach Erscheinen dieses Bandes noch wichtige Änderungen in der Abschlussprüfung 2024 vom Bayerischen Staatsministerium für Unterricht und Kultus bekannt gegeben werden, findest du aktuelle Informationen dazu unter www.stark-verlag.de/mystark (Zugangscode vgl. Umschlaginnenseite).

Hinweise des Bayerischen Staatsministeriums für Unterricht und Kultus

Die Beispielaufgaben (Seiten B-1 ff.) für die Abschlussprüfung sowie die Muster-Abschlussprüfung (Seiten M-1 ff.) sollen insbesondere Folgendes veranschaulichen:

- Mögliche Gestaltung der Abschlussprüfung ab dem Jahr 2023
- Integration eines Prüfungsteils A, der ohne Taschenrechner zu bearbeiten ist
- Neuerungen bei den Prüfungsinhalten, insbesondere auch aus dem Bereich Daten und Zufall (sowohl im Prüfungsteil A als auch im Prüfungsteil B)
- Lehrplanbedingte, formale Änderungen (z. B. neuer Zeichenkatalog)
- Integration neuer Aufgabenformate
- Bedeutung von Operatoren in Aufgabenstellungen
- Orientierung zu Korrektur und Bepunktung
- Bewahrung bewährter Aufgabenformate und Kontinuität im Hinblick auf die bisherige Abschlussprüfung:
  - weitgehende Übernahme von Prüfungsaufgaben aus vergangenen Jahren im Teil B
  - Aufgaben aus vergangenen Jahren als Grundlage einer gezielten Vorbereitung auch für die Abschlussprüfung ab 2023

Bitte beachten Sie, dass die Beispielaufgaben sowie die Muster-Abschlussprüfungen im Zusammenhang betrachtet werden sollten. So können etwa Aufgabenformate oder die Zusammensetzung bzw. der Aufbau von Prüfungen, wie sie etwa für Mathematik I aufgezeigt werden, grundsätzlich auch in Mathematik II vorkommen und umgekehrt. Zudem dienen die Materialien in erster Linie der Orientierung bei der Vorbereitung auf die Prüfungen ab 2023 und haben somit exemplarischen Charakter.
Verbindliche Rückschlüsse auf Prüfungsaufgaben sind nicht möglich.

Daten und Zufall

1.0 Amira, Karl und Stefan besitzen baugleiche Zahlenschlösser. Ein Zahlenschloss besteht aus vier Ringen, auf denen jeweils die Ziffern von 1 bis 6 stehen.

1.1 Bestimmen Sie, wie viele verschiedene Zahlenkombinationen bei einem solchen Zahlenschloss insgesamt möglich sind.

1.2 In Amiras Kombination sind die Ziffern alle verschieden.

Bestimmen Sie, wie viele verschiedene Zahlenkombinationen dafür in Frage kommen.

1.3 Karl erinnert sich, dass seine Kombination vorwärts und rückwärts gelesen gleich war (z. B. 1661).

Bestimmen Sie, wie viele mögliche Kombinationen es dafür gibt.

1.4 Stefan behauptet, dass in seiner Kombination nur die Ziffern 3 und 5 vorkommen.

Bestimmen Sie, wie viele verschiedene Kombinationen hierfür möglich sind.

2 Zur Darstellung eines Bits benutzt man die Ziffern 1 oder 0. Ein Byte besteht aus acht Bit, also z. B. „0110 1001“.

Bestimmen Sie, wie viele Kombinationen man mit einem Byte darstellen kann.

3.1 Ermitteln Sie, wie viele Möglichkeiten es gibt, die Buchstaben von „WORT“ unterschiedlich anzuordnen.

3.2 Bestimmen Sie, wie viele Möglichkeiten es gibt, die Buchstaben von „PAPA“ unterschiedlich anzuordnen.

Geben Sie alle Möglichkeiten in einem Baumdiagramm an.

3.3 Bestimmen Sie, wie viele Möglichkeiten es gibt, die Buchstaben von „HALLO“ unterschiedlich anzuordnen.

4.0 Das lateinische Alphabet besteht aus insgesamt 26 Buchstaben. Es sollen zweisilbige „Wörter" aus je genau einem Vokal (V) und genau einem Konsonanten (K) gebildet werden. Dabei sollen nur folgende Anordnungen erlaubt sein:
KVKV, VKVK und VKKV

4.1 Der Vokal ist ein E und der Konsonant ein L.

Geben Sie alle erlaubten „Wörter" an.

4.2 Ermitteln Sie, wie viele mögliche „Wörter" es ohne die Einschränkung aus Teilaufgabe 4.1 insgesamt gibt.

5 Bei einer Verlosung wird mit dem Slogan „Jedes zweite Los gewinnt." geworben.

Kreuzen Sie die Aussagen an, die gleichbedeutend sind.

- ☐ Die Gewinnchance ist fifty-fifty.
- ☐ Die Wahrscheinlichkeit für einen Gewinn beträgt 50 %.
- ☐ Das Verhältnis von Gewinnlosen zu Nieten ist 1 : 1.
- ☐ Die Gewinnchance ist $\frac{1}{3}$.

6 Bei einer Verlosung wird mit dem Slogan „Jedes fünfte Los gewinnt." geworben.

Kreuzen Sie die Aussagen an, die gleichbedeutend sind.

- ☐ Die Gewinnchance ist 1 : 5.
- ☐ Die Gewinnchance ist 1 : 4.
- ☐ Auf einen Gewinn fallen vier Nieten.
- ☐ Die Wahrscheinlichkeit für einen Gewinn beträgt 25 %.
- ☐ Die Wahrscheinlichkeit für einen Gewinn beträgt 20 %.
- ☐ Die Wahrscheinlichkeit für einen Gewinn beträgt 5 %.

7.0 Es wird dreimal mit einem Spielwürfel, der die Augenzahlen „1" bis „6" besitzt, gewürfelt.

7.1 Bestimmen Sie die Wahrscheinlichkeit, dass dreimal die „6" erscheint.

7.2 Bestimmen Sie die Wahrscheinlichkeit, dass dreimal die gleiche Zahl gewürfelt wird.

7.3 Bestimmen Sie die Wahrscheinlichkeit, dass nur unterschiedliche Zahlen erscheinen.

7.4 Bestimmen Sie die Wahrscheinlichkeit, dass mindestens zwei Zahlen gleich sind.

8.0 Es wird dreimal mit einem Spielwürfel, der die Augenzahlen „1“ bis „6“ besitzt, gewürfelt.

8.1 Ermitteln Sie, wie hoch die Wahrscheinlichkeit ist, dass nur gerade Zahlen gewürfelt werden.

8.2 Die erste gewürfelte Zahl ist eine „3“ und die Summe der gewürfelten Zahlen soll genau 10 ergeben.

Geben Sie alle Möglichkeiten an.

8.3 Die Zahlen sollen immer größer werden.

Geben Sie alle Möglichkeiten an und bestimmen Sie die Wahrscheinlichkeit, dass dies eintritt.

9.0 Eine Pralinenfabrik stellt sowohl Pralinen mit dunklem Schokoüberzug als auch Pralinen mit weißem Schokoüberzug her. Als Füllungen werden entweder Kakao- oder Vanillecreme verwendet.
In dieser Woche werden insgesamt 2 000 Pralinen hergestellt. Davon haben 700 eine Vanillefüllung. Von den 1 250 Pralinen mit dunklem Schokoüberzug haben 950 eine Kakaofüllung.

9.1 Tragen Sie die gegebenen Werte in die folgende Vierfeldertafel ein und vervollständigen Sie diese.

absolute Häufigkeiten	Kakaofüllung	Vanillefüllung	gesamt
dunkler Schokoüberzug			
weißer Schokoüberzug			
gesamt			

9.2 Fertigen Sie hierzu eine Vierfeldertafel mit den relativen Häufigkeiten in Prozent an.

9.3 In der Woche zuvor waren die Anteile anders. Von den relativen Häufigkeiten ist noch bekannt:

relative Häufigkeiten	Kakaofüllung	Vanillefüllung	gesamt
dunkler Schokoüberzug		0,56	0,64
weißer Schokoüberzug			
gesamt	0,2		

Tragen Sie die fehlenden Werte in die Vierfeldertafel ein.

9.4 Aus der Produktion von Teilaufgabe 9.3 wird zufällig eine Praline ausgewählt. Vervollständigen Sie die Sätze.

80 % ist die Wahrscheinlichkeit, dass …

36 % ist die Wahrscheinlichkeit, dass …

12 % ist die Wahrscheinlichkeit, dass …

$\frac{1}{3}$ ist die Wahrscheinlichkeit, dass …

10.0 In einem kleinen bayerischen Dorf mit 500 Haushalten besitzen 300 Photovoltaikanlagen. 25 der Haushalte mit Photovoltaikanlagen und 50 der Haushalte ohne Photovoltaikanlage betreiben eine Landwirtschaft.

10.1 Fertigen Sie hierzu eine Vierfeldertafel mit den absoluten Häufigkeiten an.

10.2 Bei einer Umfrage werden zufällig Haushalte aus dem Dorf ausgewählt.

Geben Sie im Folgenden die Wahrscheinlichkeiten in Prozent an. Runden Sie dabei auf eine Stelle nach dem Komma.

a) Wie hoch ist die Wahrscheinlichkeit, dass ein Haushalt mit Landwirtschaft ausgewählt wird?

b) Wie hoch ist die Wahrscheinlichkeit, dass ein Haushalt mit Photovoltaikanlage ausgewählt wird?

c) Wie hoch ist die Wahrscheinlichkeit, dass ein Haushalt ohne Landwirtschaft und ohne Photovoltaikanlage ausgewählt wird?

d) Wie hoch ist die Wahrscheinlichkeit, dass ein Haushalt mit Landwirtschaft und Photovoltaikanlage ausgewählt wird?

10.3 Ein zufällig ausgewählter Haushalt ohne Photovoltaikanlage wird befragt.

Geben Sie die Wahrscheinlichkeit an, mit der dieser Haushalt keine Landwirtschaft betreibt.

10.4 Ein zufällig ausgewählter Haushalt mit Landwirtschaft wird befragt.

Geben Sie die Wahrscheinlichkeit an, mit der dieser Haushalt keine Photovoltaikanlage besitzt.

10.5 Fertigen Sie ein Baumdiagramm an, in dem alle Wahrscheinlichkeiten ersichtlich sind. Dabei soll auf der ersten Stufe zwischen Haushalten mit und ohne Photovoltaikanlage unterschieden werden. Geben Sie auch die Wahrscheinlichkeiten am Ende der Pfade an.

11.0 Die 240 Schülerinnen und Schüler der neunten und zehnten Klassen einer Realschule messen sich im Elfmeterschießen. Sie schießen genau einmal aufs Tor. Folgendes Baumdiagramm zeigt auf der ersten Stufe die Anteile an Schülerinnen und Schülern aus den neunten bzw. zehnten Klassen. Auf der zweiten Stufe sind für die beiden Klassenstufen jeweils die Anteile angegeben, mit denen ein Tor bzw. kein Tor erzielt wurde.

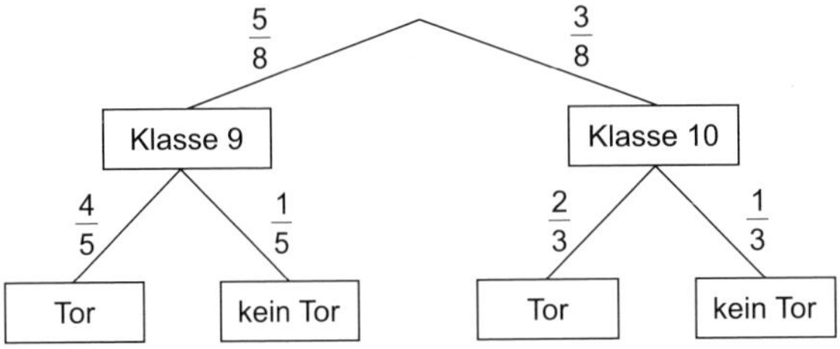

11.1 Bestimmen Sie, wie viele Schülerinnen und Schüler in den neunten Klassen sind.

11.2 Bestimmen Sie, wie viele Treffer die neunten Klassen insgesamt erzielten.

11.3 Bestimmen Sie, wie viele Treffer die zehnten Klassen insgesamt erzielten.

11.4 Die Lokalpresse führt im Anschluss an den Wettbewerb ein Interview durch und wählt zufällig eine Schülerin oder einen Schüler aus.

a) Berechnen Sie die Wahrscheinlichkeit, dass der oder die Befragte ein Tor erzielt hat und in der zehnten Klasse ist.

b) Berechnen Sie die Wahrscheinlichkeit, dass der oder die Befragte ein Tor erzielt hat und in der neunten Klasse ist.

11.5 Erstellen Sie zum Baumdiagramm aus 11.0 die entsprechende Vierfeldertafel mit den absoluten Häufigkeiten.

11.6 Unter den Schülerinnen und Schülern, die einen Elfmeter verwandelt haben, wird per Losverfahren ein Preis vergeben.

Bestimmen Sie die Wahrscheinlichkeit, dass eine Schülerin oder ein Schüler aus der zehnten Klasse gewinnt. Runden Sie auf eine Stelle nach dem Komma.

12.0 Ermitteln Sie jeweils die Lösungsmenge.

12.1 $3^x = \frac{1}{81}$ $\quad x \in \mathbb{R}$

12.2 $4 \cdot 2^{x-1} = 32$ $\quad x \in \mathbb{R}$

12.3 $3 \cdot 5^x = 15 \cdot \sqrt{5}$ $\quad x \in \mathbb{R}$

12.4 $\log_4(x-5) = 3$ $\quad x \in \mathbb{R};\ x > 5$

12.5 $\log_3 x = -2$ $\quad x \in \mathbb{R}^+$

12.6 $\frac{2}{x^4} = 32$ $\quad x \in \mathbb{R} \setminus \{0\}$

12.7 $2x^7 = 54x^4$ $\quad x \in \mathbb{R} \setminus \{0\}$

12.8 $-3x^5 - 96 = 0$ $\quad x \in \mathbb{R}$

12.9 $\frac{3}{x-2} = x$ $\quad x \in \mathbb{R} \setminus \{2\}$

13 Ein Weihnachtsbaum ist etwa 2 m hoch.

Schätzen Sie ab, wie viele dm^3 Holz der Stamm ergibt. Geben Sie dabei an, auf welchen Annahmen Ihre Schätzung basiert.

14 Aus einem 2-Liter-Behälter mit Schokoeis werden Eiskugeln portioniert.

Schätzen Sie ab, wie viele „Standard"-Kugeln Eis man erhält. Geben Sie dabei an, auf welchen Annahmen Ihre Schätzung basiert.

15 Für die Erwärmung von 1 Liter Wasser um 10 °C zahlt man in etwa 0,5 Cent.

Schätzen Sie ab, wie hoch die Energiekosten für ein Bad in einer Badewanne sind, wenn das Wasser um 20°C erwärmt werden muss. Geben Sie dabei an, auf welchen Annahmen Ihre Schätzung basiert.

16 Der Radius der Erde ist ca. 3,7 Mal so groß wie der des Mondes.
Das Volumen der Erde ist also ca. …

☐ 3,7 Mal … ☐ 37 Mal …

☐ 7,4 Mal … ☐ 51 Mal …

so groß wie das Volumen des Mondes.

Kreuzen Sie die richtige Antwort an.

17.0 Der Radius einer Kugel wird um 50 % vergrößert.

17.1 Geben Sie an, um wie viel Prozent sich die Oberfläche vergrößert.

17.2 Geben Sie an, um wie viel Prozent sich das Volumen vergrößert.

18 Bei einem Kegel wird der Radius mit dem Faktor $\frac{2}{3}$ multipliziert.
Bestimmen Sie, mit welchem Faktor man die Höhe multiplizieren muss, damit die Volumina des neuen und des ursprünglichen Kegels gleich sind.

19.0 Geben Sie für die folgenden Funktionsgleichungen jeweils die Definitionsmenge D und die Wertemenge W der Funktion f sowie die Gleichungen sämtlicher Asymptoten von f an. Es gilt $x \in \mathbb{R}$ und $y \in \mathbb{R}$.
Ermitteln Sie zudem jeweils die Gleichung der Umkehrfunktion von f.

19.1 $f\colon\ y = 2 \cdot \log_4(x-5)$

19.2 $f\colon\ y = \frac{3}{x+1} + 2$

19.3 $f\colon\ y = 4^{x-3} - 8$

20.0 Die Tabelle zeigt die Messung des Luftdrucks in verschiedenen Höhen über dem Meeresspiegel.

Höhe über dem Meeresspiegel in m	**Luftdruck in hPa**
0	1 000
5 500	500
11 000	250
16 500	125

Der Zusammenhang zwischen dem Luftdruck y in Hektopascal (hPa) und der Höhe x in Metern (m) über dem Meeresspiegel lässt sich näherungsweise beschreiben durch eine Exponentialfunktion der Form:
$y = y_0 \cdot 2^{-b \cdot x}$ mit $x \in \mathbb{R}_0^+$ und $y, y_0, b \in \mathbb{R}^+$

20.1 Ermitteln Sie die zugehörige Funktionsgleichung.

20.2 Kreuzen Sie an, um wie viel Prozent der Luftdruck alle 16 500 m abnimmt.

- ☐ 12,5 %
- ☐ 87,5 %
- ☐ 500 %
- ☐ 50 %
- ☐ 125 %
- ☐ 875 %

20.3 Ermitteln Sie ausgehend von der Tabelle, in welcher Höhe ein Luftdruck von ca. 63 hPa zu erwarten ist.

21.0 Eine Firma stellt Schokopralinen her, deren Axialschnitte achsensymmetrische Fünfecke $ABC_nD_nE_n$ sind. Die Eckpunkte D_n und der Mittelpunkt M der Seite $\overline{AB}$ liegen auf der Symmetrieachse, um die die Fünfecke rotieren. Die Vierecke ABC_nE_n sind Rechtecke. Außerdem gilt:

$|\overline{AB}| = 2\text{ cm};\ |\overline{MD_n}| = 2 \cdot |\overline{AE_n}|$

Die Winkel AE_nD_n haben das Maß φ.

Durch die Vorgaben der Maschinen gilt:

$\varphi \in [105°; 150°]$

Die Skizze zeigt das Fünfeck $ABC_1D_1E_1$ für $\varphi = 125°$.

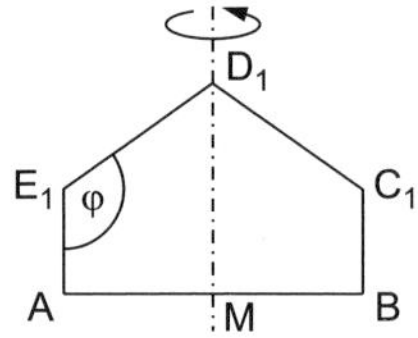

21.1 Zeigen Sie, dass für das Volumen V der Pralinen in Abhängigkeit von φ gilt:

$V(\varphi) = \frac{4}{3} \cdot \pi \cdot \tan(\varphi - 90°)\text{ cm}^3$

21.2 Die Praline „Trulli" hat ein Füllvolumen von $\frac{4}{3} \cdot \pi\ m\ell$.
Bestimmen Sie das zugehörige Maß für φ.

22.0 Die Dreiecke ABC_n sind bei C_n rechtwinklig und $\overline{AB}$ hat die Länge 6 cm. Die Winkel BAC_n haben das Maß φ mit $\varphi \in\ ]0°; 90°[$. Die Punkte F_n sind die Fußpunkte der Lote von C_n auf $\overline{AB}$.

22.1 Zeichnen Sie die Dreiecke ABC_1 für $\varphi = 30°$ und ABC_2 für $\varphi = 45°$ mit den Loten $\overline{C_1F_1}$ und $\overline{C_2F_2}$.

22.2 Zeigen Sie, dass für die Länge der Seiten $\overline{AC_n}$ in Abhängigkeit von φ gilt:

$|\overline{AC_n}|(\varphi) = 6 \cdot \cos\varphi\text{ cm}$

22.3 Die Dreiecke ABC_n rotieren um die Gerade AB.

Zeigen Sie, dass für das Volumen V der entstehenden Rotationskörper in Abhängigkeit von φ gilt:

$V(\varphi) = 72 \cdot \pi \cdot \sin^2\varphi \cdot \cos^2\varphi\text{ cm}^3$

22.4 Zeigen Sie, dass mit $\sin(2\varphi) = 2 \cdot \sin\varphi \cdot \cos\varphi$ gilt:

$V(\varphi) = 18 \cdot \pi \cdot \sin^2(2\varphi)\text{ cm}^3$

22.5 Begründen Sie, warum jeder der Rotationskörper genau in eine Kugel mit Radius 3 cm passt.

23.0 Gegeben sind die Parallelogramme ABC_nD_n mit $|\overline{AB}| = 6$ cm. Die Punkte C_n haben von der Geraden AB stets den Abstand 3 cm. Die Winkel C_nBA haben das Maß φ mit $\varphi \in \,]0°; 180°[$. Die nebenstehende Skizze zeigt das Parallelogramm ABC_1D_1 für $\varphi = 50°$.

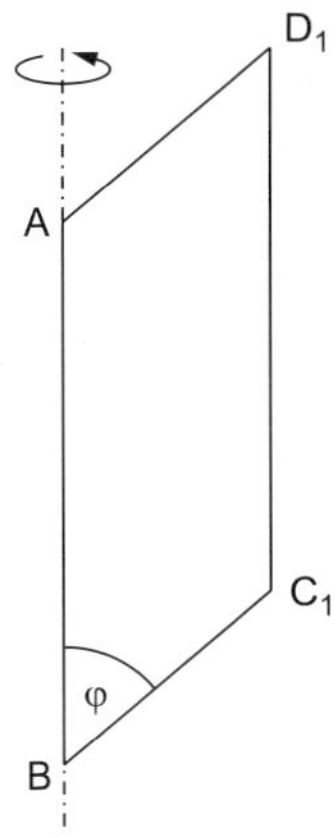

(Skizze)

23.1 Berechnen Sie die Länge der Strecken $\overline{BC_n}$ in Abhängigkeit von φ.
[Ergebnis: $|\overline{BC_n}|(\varphi) = \frac{3}{\sin\varphi}$ cm]

23.2 Die Parallelogramme ABC_nD_n rotieren um die Gerade AB.

Zeigen Sie rechnerisch, dass für den Oberflächeninhalt O der entstehenden Rotationskörper in Abhängigkeit von φ gilt:

$$O(\varphi) = 18 \cdot \pi \cdot \left(2 + \frac{1}{\sin\varphi}\right) \text{cm}^2$$

23.3 Zeigen Sie, dass das Minimum des Oberflächeninhalts der Rotationskörper $O_{min} = 54 \cdot \pi$ cm² beträgt.

24.0 Die Dreiecke ABC_n sind gleichschenklig und haben die Basis $\overline{AB}$ mit $|\overline{AB}| = 6$ cm. Der Mittelpunkt der Basis $\overline{AB}$ ist der Punkt M. Die Winkel BAC_n haben das Maß φ mit $\varphi \in \,]0°; 90°[$. Der Punkt P liegt auf $\overline{AM}$ und es gilt $|\overline{PM}| = 1$ cm. Die Punkte R_n sind die Schwerpunkte der Dreiecke ABC_n (vgl. nebenstehende Skizze).

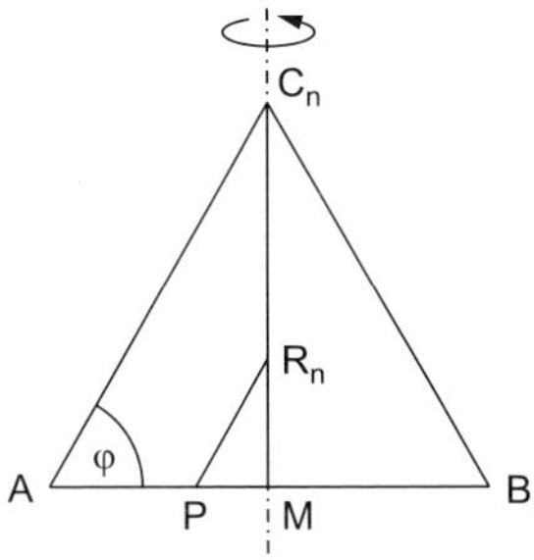

(Skizze)

24.1 Zeichnen Sie das Dreieck ABC_1 mit dem Dreieck PMR_1 für $\varphi = 60°$.

24.2 Begründen Sie, weshalb die Vierecke APR_nC_n Trapeze sind.

24.3 Zeigen Sie, dass für die Längen von $\overline{AC_n}$ und $\overline{PR_n}$ in Abhängigkeit von φ gilt: $|\overline{AC_n}|(\varphi) = \frac{3}{\cos\varphi}$ cm und $|\overline{PR_n}|(\varphi) = \frac{1}{\cos\varphi}$ cm

24.4 Die Trapeze APR_nC_n rotieren um die Achse MC_n.

Berechnen Sie den Oberflächeninhalt der Rotationskörper in Abhängigkeit von φ.

24.5 Zeigen Sie, dass der Rotationskörper für $\varphi = 60°$ das Volumen $\frac{26\sqrt{3}}{3} \cdot \pi$ cm³ besitzt.

25.0 Gegeben ist die Funktion f mit der Gleichung $y = \log_2(x+4) + 2$ mit $x \in \mathbb{R}$ und $y \in \mathbb{R}$.

In das folgende Koordinatensystem ist der Graph zu f eingezeichnet.

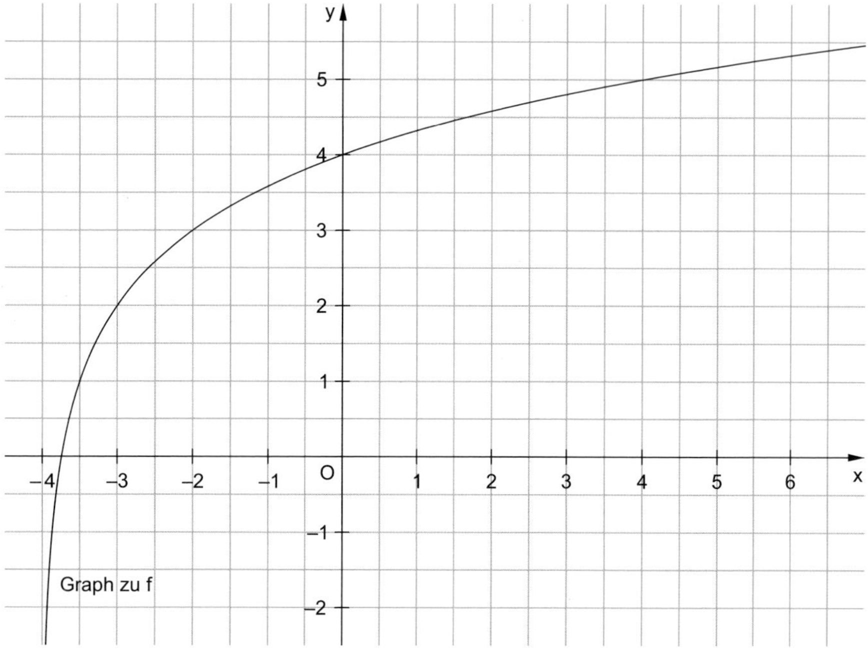

25.1 Geben Sie die Definitionsmenge D und die Wertemenge W der Funktion f sowie die Gleichung der Asymptote h an.

25.2 Punkte $A_n(x \mid \log_2(x+4)+2)$ auf dem Graphen zu f sind zusammen mit dem Punkt $B(0 \mid 0)$ und Punkten C_n und D_n die Eckpunkte von Quadraten $A_nBC_nD_n$.

Zeichnen Sie die Quadrate $A_1BC_1D_1$ für $x = -2$ und $A_2BC_2D_2$ für $x = 2$ in das Koordinatensystem zu 25.0 ein.

25.3 Die Punkte A_n können auf die Punkte C_n abgebildet werden.

Zeigen Sie rechnerisch, dass der Trägergraph t der Punkte C_n die Gleichung $y = -2^{x-2} + 4$ besitzt.

[Teilergebnis: $C_n(\log_2(x+4)+2 \mid -x)$]

25.4 Im Quadrat $A_3BC_3D_3$ gilt: $A_3(-3 \mid 2)$

Berechnen Sie die Koordinaten des Punktes D_3.

25.5 Im Quadrat $A_4BC_4D_4$ gilt: Der Punkt D_4 liegt auf der Winkelhalbierenden des I. Quadranten.

Ermitteln Sie die Koordinaten des Punktes A_4 und geben Sie die Koordinaten des Punktes D_4 an.

26.0 Die Pfeile $\overrightarrow{OP_n}(\varphi) = \begin{pmatrix} 3 + 2 \cdot \sin\varphi \\ 4 \cdot \cos^2\varphi \end{pmatrix}$ und $\overrightarrow{OR} = \begin{pmatrix} -2 \\ 3 \end{pmatrix}$ mit O(0|0) spannen für $\varphi \in [0°; 180°]$ Parallelogramme OP_nQ_nR auf.

26.1 Berechnen Sie die Koordinaten des Pfeils $\overrightarrow{OP_1}$ für $\varphi = 30°$ und des Pfeils $\overrightarrow{OP_2}$ für $\varphi = 90°$.

Zeichnen Sie sodann die Parallelogramme OP_1Q_1R und OP_2Q_2R in das folgende Koordinatensystem ein.

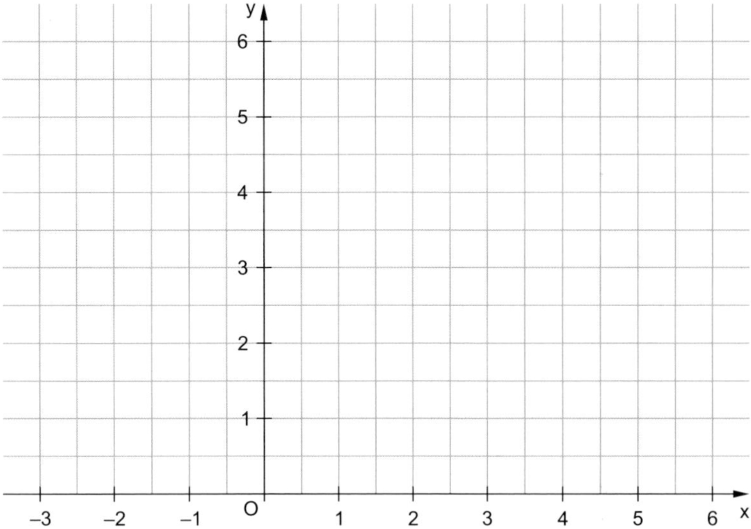

26.2 Überprüfen Sie durch Rechnung, ob das Parallelogramm OP_1Q_1R ein Rechteck ist.

26.3 Die Pfeile $\overrightarrow{OP_3}$ und $\overrightarrow{OP_4}$ haben die y-Koordinate 2.

Ermitteln Sie die zugehörigen Winkelmaße für φ.

26.4 Bestimmen Sie rechnerisch die Koordinaten der Punkte Q_n in Abhängigkeit von φ.

[Ergebnis: $Q_n(1 + 2 \cdot \sin\varphi \,|\, 3 + 4 \cdot \cos^2\varphi)$]

26.5 Zeigen Sie rechnerisch, dass die Parabel p mit der Gleichung $y = -(x-1)^2 + 7$ mit $x \in \mathbb{R}$ und $y \in \mathbb{R}$ der Trägergraph der Punkte Q_n ist.

26.6 Begründen Sie, dass der Trägergraph der Punkte P_n ebenfalls eine Parabel ist.

27.0 Die Dreiecke AB_nC_n mit dem Eckpunkt $A(0|0)$ sind gleichschenklig-rechtwinklige Dreiecke mit den Hypotenusen $\overline{AC_n}$.
Die Punkte $C_n(x|-0{,}5x+5)$ liegen auf der Geraden g mit der Gleichung $y=-0{,}5x+5$ mit $x \in \mathbb{R}$ und $y \in \mathbb{R}$.

27.1 Zeichnen Sie die Gerade g, das Dreieck AB_1C_1 für $x=-3$ und das Dreieck AB_2C_2 für $x=4$ in das folgende Koordinatensystem ein.

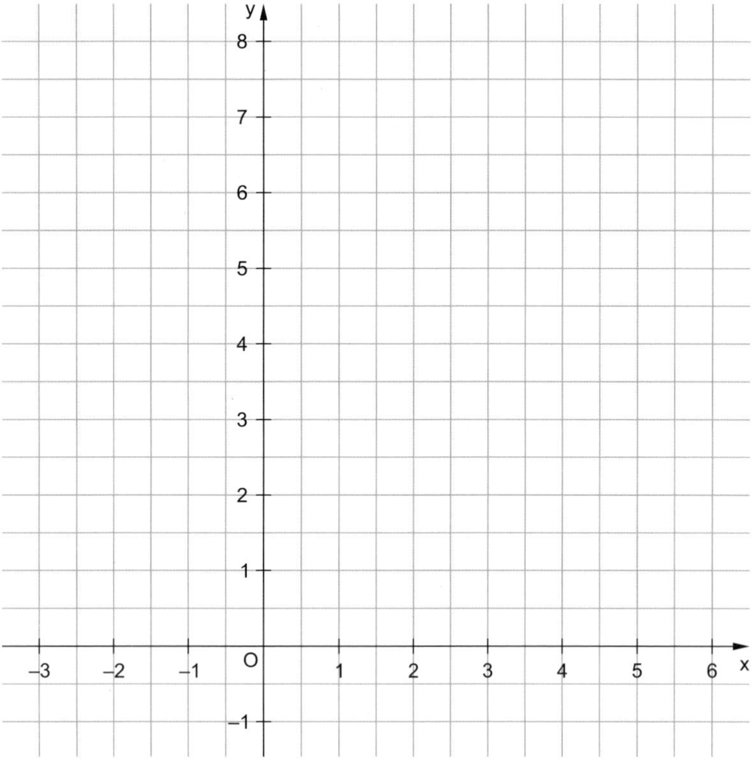

27.2 Zeigen Sie, dass in jedem gleichschenklig-rechtwinkligen Dreieck gilt:
Die Kathetenlänge a entspricht dem $\frac{1}{\sqrt{2}}$-Fachen der Hypotenusenlänge h, d. h., es gilt: $a=\frac{1}{\sqrt{2}}\cdot h$

27.3 Die Punkte B_n erhält man durch Drehung der Punkte C_n um den Punkt A und anschließende zentrische Streckung mit dem Zentrum A.

Geben Sie den zugehörigen Drehwinkel und den zugehörigen Streckungsfaktor dafür an.

27.4 Stellen Sie die Koordinaten der Punkte B_n in Abhängigkeit von der Abszisse x der Punkte C_n dar und bestimmen Sie sodann die Gleichung des Trägergraphen h der Punkte B_n.

[Teilergebnis: $B_n\left(\frac{1}{4}x+\frac{5}{2}\;\middle|\;-\frac{3}{4}x+\frac{5}{2}\right)$]

27.5 Zeigen Sie, dass für den Flächeninhalt A der Dreiecke AB_nC_n in Abhängigkeit von der Abszisse der Punkte B_n gilt:

$$A(x)=\left(\frac{5}{16}x^2-\frac{5}{4}x+\frac{25}{4}\right)\text{FE}$$

27.6 Die Dreiecke AB_3C_3 und AB_4C_4 haben jeweils einen Flächeninhalt von 6,25 FE.

Ermitteln Sie die Koordinaten der Punkte C_3 und C_4.

28.0 Im gleichschenkligen Dreieck ABC mit $|\overline{AB}|=8$ cm ist der Punkt M der Mittelpunkt der Basis $\overline{AB}$ und es gilt $|\overline{MC}|=5$ cm. Der Punkt F liegt auf der Geraden MC mit $F\notin\overline{MC}$ und $|\overline{FC}|=2$ cm.
Das Dreieck ABC ist die Grundfläche der Pyramide ABCS, deren Spitze S senkrecht über dem Punkt F liegt. Der Winkel SMC hat das Maß 45°.

28.1 Zeichnen Sie das Schrägbild der Pyramide ABCS, wobei die Strecke $\overline{MC}$ auf der Schrägbildachse und der Punkt C links vom Punkt M liegen soll.

Für die Zeichnung gilt: $q=\frac{1}{2}$; $\omega=45°$

28.2 Berechnen Sie das Volumen der Pyramide ABCS.

28.3 Begründen Sie, dass der Winkel MCS das Maß 105,9° hat, wenn $\tan 74{,}1°=3{,}5$ gilt.

28.4 Punkte P_n auf $\overline{MS}$ sind die Spitzen von Pyramiden $ABCP_n$.
Die Winkel MCP_n haben das Maß φ mit $0°<\varphi<105{,}9°$.

Zeichnen Sie die Pyramide $ABCP_1$ für $\varphi=60°$ in das Schrägbild zu Teilaufgabe 28.1 ein.

28.5 Zeigen Sie, dass für die Länge der Strecken $\overline{MP_n}$ in Abhängigkeit von φ gilt:

$$|\overline{MP_n}|(\varphi)=\frac{5\cdot\sin\varphi}{\sin(\varphi+45°)}\text{ cm}$$

28.6 Zeigen Sie, dass für das Volumen der Pyramiden $ABCP_n$ in Abhängigkeit von φ gilt: $V(\varphi)=\dfrac{50\sqrt{2}\cdot\sin\varphi}{3\cdot\sin(\varphi+45°)}\text{ cm}^3$

Lösungsvorschlag

1.1 Man hat für jeden der 4 Ringe 6 Möglichkeiten.

Es gibt also $6 \cdot 6 \cdot 6 \cdot 6 = 1\,296$ Möglichkeiten.

> **TIPP**
>
> $$\begin{array}{r} 36 \cdot 36 \\ \hline 108 \\ 216 \\ \hline 1296 \end{array}$$

1.2 Da die Kombination aus 4 unterschiedlichen Ziffern besteht, hat man für den ersten Ring 6 Möglichkeiten, für den zweiten 5, für den dritten 4 und für den vierten 3.

Es gibt also $6 \cdot 5 \cdot 4 \cdot 3 = 360$ Möglichkeiten.

1.3 Durch Ring 1 ist Ring 4 festgelegt und durch Ring 2 ist Ring 3 festgelegt.

Es gibt also $6 \cdot 6 = 36$ mögliche Kombinationen.

1.4 Es gibt je Ring nun nur noch 2 mögliche Ziffern.

Somit gibt es $2 \cdot 2 \cdot 2 \cdot 2 = 16$ Möglichkeiten.

2 Je Stelle gibt es 2 Möglichkeiten.

Für ein Byte gibt es also $2^8 = 256$ Möglichkeiten.

3.1 „WORT“ besteht aus 4 unterschiedlichen Buchstaben. Somit hat man für den ersten Buchstaben 4 Möglichkeiten, für den zweiten 3, für den dritten 2 und für den vierten 1.

Es gibt also $4 \cdot 3 \cdot 2 \cdot 1 = 24$ Möglichkeiten.

3.2 Würde man die Buchstaben auf Karten schreiben und von 1 bis 4 nummerieren (z. B. P_1, A_2, P_3, A_4), hätte man wie bei Teilaufgabe 3.1 insgesamt 24 Möglichkeiten, die 4 unterschiedlichen Karten anzuordnen.

Da es aber egal ist, ob Karte A_2 oder A_4 für den Buchstaben A gelegt wird, hat man nur noch halb so viele, also 12 Möglichkeiten.

Da es weiter egal ist, ob Karte P_1 oder P_3 für den Buchstaben P gelegt wird, halbiert sich die Anzahl an Möglichkeiten noch einmal.

Es gibt somit insgesamt 6 Möglichkeiten.

Baumdiagramm für die 6 Möglichkeiten:

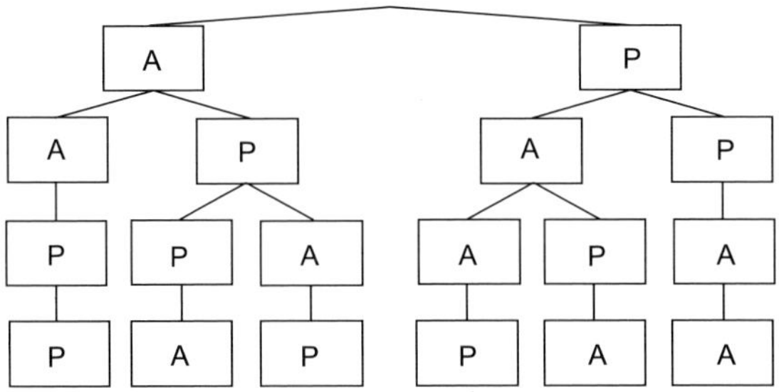

> **TIPP** Da in diesem Fall (anders als in Teilaufgabe 3.3) die Anzahl der Möglichkeiten gering ist, können diese vollständig mit einem Baumdiagramm dargestellt werden. Die Bestimmung der Anzahl wäre hier also auch direkt mit dem Baumdiagramm möglich.

3.3 Würde man die Buchstaben auf Karten schreiben und von 1 bis 5 nummerieren (z. B. H_1, A_2, L_3, L_4, O_5), hätte man insgesamt
$5 \cdot 4 \cdot 3 \cdot 2 \cdot 1 = 120$ Möglichkeiten.

Da es aber egal ist, ob L_3 oder L_4 bei L erscheint, halbiert sich die Anzahl an Möglichkeiten.

Es gibt somit insgesamt 60 Möglichkeiten.

4.1 LELE; ELEL; ELLE

4.2 Es gibt 5 Vokale (A, E, I, O, U). Die restlichen 21 Buchstaben sind Konsonanten. Da jeweils 3 Kombinationen (KVKV, VKVK und VKKV) erlaubt sind, gibt es $5 \cdot 21 \cdot 3 = 315$ mögliche „Wörter“.

5
- ☒ Die Gewinnchance ist fifty-fifty.
- ☒ Die Wahrscheinlichkeit für einen Gewinn beträgt 50 %.
- ☒ Das Verhältnis von Gewinnlosen zu Nieten ist 1 : 1.

6
- ☒ Die Gewinnchance ist 1 : 4.
- ☒ Auf einen Gewinn fallen vier Nieten.
- ☒ Die Wahrscheinlichkeit für einen Gewinn beträgt 20 %.

7.1 Die gesuchte Wahrscheinlichkeit beträgt: $\frac{1}{6}\cdot\frac{1}{6}\cdot\frac{1}{6}=\frac{1}{216}$

7.2 Es gibt 6 Möglichkeiten, 3 Mal die gleiche Zahl zu würfeln (entweder 3 Mal die „1“ oder 3 Mal die „2“ etc.). In jedem dieser 6 Fälle wird die Wahrscheinlichkeit wie in Teilaufgabe 7.1 berechnet.

Die gesuchte Wahrscheinlichkeit beträgt also: $6\cdot\frac{1}{6}\cdot\frac{1}{6}\cdot\frac{1}{6}=\frac{1}{36}$

7.3 Beim ersten Würfeln sind alle 6 Augenzahlen möglich (Faktor $\frac{6}{6}$).

Beim zweiten Würfeln sind nur noch die 5 Augenzahlen erlaubt, die beim ersten Würfeln nicht fielen (Faktor $\frac{5}{6}$).

Beim dritten Würfeln sind nur noch die 4 Augenzahlen erlaubt, die bei den ersten beiden Würfen nicht fielen (Faktor $\frac{4}{6}$).

Die gesuchte Wahrscheinlichkeit beträgt also: $\frac{6}{6}\cdot\frac{5}{6}\cdot\frac{4}{6}=\frac{20}{36}=\frac{5}{9}$

7.4 „Mindestens 2 gleiche Zahlen“ ist das Gegenereignis zu „Nur unterschiedliche Zahlen“ aus Teilaufgabe 7.3.

Die gesuchte Wahrscheinlichkeit beträgt also: $1-\frac{5}{9}=\frac{4}{9}$

oder:

Die Zahl, die beim ersten Wurf fällt, wird mit Z_1 bezeichnet. Wenn die Zahl, die beim zweiten Wurf fällt, sich von Z_1 unterscheidet, dann wird diese mit Z_2 bezeichnet.

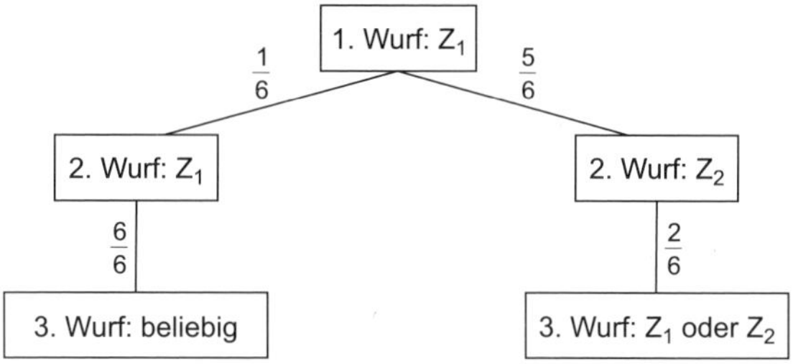

Wahrscheinlichkeit für den linken Pfad: $\frac{1}{6}$

Wahrscheinlichkeit für den rechten Pfad: $\frac{5}{6}\cdot\frac{2}{6}=\frac{10}{36}$

Gesamte Wahrscheinlichkeit: $\frac{1}{6}+\frac{10}{36}=\frac{16}{36}=\frac{4}{9}$

8.1 Von 1 bis 6 gibt es 3 gerade Zahlen. Die Wahrscheinlichkeit, dass bei einem Wurf eine gerade Zahl fällt, ist also $\frac{3}{6}$.

Die Wahrscheinlichkeit, dass bei 3 Würfen nur gerade Zahlen fallen, beträgt somit:

$$\frac{3}{6} \cdot \frac{3}{6} \cdot \frac{3}{6} = \frac{1}{8}$$

8.2 Da der erste Wurf eine „3" ist, müssen die Zahlen des zweiten und dritten Wurfs zusammen 7 ergeben.

> **TIPP** Sind Z_2 und Z_3 die Zahlen, die beim zweiten und dritten Wurf fallen, so kann man dies mit $(Z_2 \mid Z_3)$ übersichtlich darstellen.

Es gibt folgende Möglichkeiten: (1 | 6); (2 | 5); (3 | 4)

Und auch die umgekehrte Reihenfolge ist möglich: (6 | 1); (5 | 2); (4 | 3).

Es gibt also 6 Möglichkeiten.

oder:

Beim ersten Wurf muss eine „3" fallen. Hier gibt es somit nur eine Möglichkeit.

Beim zweiten Wurf sind alle 6 Augenzahlen möglich.

Beim dritten Wurf muss die Zahl fallen, die zusammen mit der Zahl aus dem zweiten Wurf 7 ergibt. Hier gibt es daher nur eine Möglichkeit.

Insgesamt gibt es also 6 Möglichkeiten.

8.3 Es gibt folgende Möglichkeiten:

(1 | 2 | 3); (1 | 2 | 4); (1 | 2 | 5); (1 | 2 | 6)
(1 | 3 | 4); (1 | 3 | 5); (1 | 3 | 6)
(1 | 4 | 5); (1 | 4 | 6)
(1 | 5 | 6) — 10 Möglichkeiten

(2 | 3 | 4); (2 | 3 | 5); (2 | 3 | 6)
(2 | 4 | 5); (2 | 4 | 6)
(2 | 5 | 6) — 6 Möglichkeiten

(3 | 4 | 5); (3 | 4 | 6)
(3 | 5 | 6) — 3 Möglichkeiten

(4 | 5 | 6) — 1 Möglichkeit

Es gibt insgesamt 20 Möglichkeiten, dass die Zahlen immer größer werden.

Die Wahrscheinlichkeit dafür beträgt: $\frac{20}{6 \cdot 6 \cdot 6} = \frac{5}{54}$

9.1

absolute Häufigkeiten	Kakaofüllung	Vanillefüllung	gesamt
dunkler Schokoüberzug	950	300	1 250
weißer Schokoüberzug	350	400	750
gesamt	1 300	700	2 000

▢ gegebene absolute Häufigkeiten

9.2

relative Häufigkeiten	Kakaofüllung	Vanillefüllung	gesamt
dunkler Schokoüberzug	47,5 %	15 %	62,5 %
weißer Schokoüberzug	17,5 %	20 %	37,5 %
gesamt	65,0 %	35,0 %	100 %

TIPP Nebenrechnungen:

$\frac{950}{2\,000} = \frac{95}{200} = \frac{95}{2} \cdot \frac{1}{100} = 47{,}5\,\%$ $\quad\frac{300}{2\,000} = \frac{30}{2} \cdot \frac{1}{100} = 15\,\%$

$\frac{1250}{2\,000} = \frac{125}{2} \cdot \frac{1}{100} = 62{,}5\,\%$ $\quad$ usw.

9.3

relative Häufigkeiten	Kakaofüllung	Vanillefüllung	gesamt
dunkler Schokoüberzug	0,08	0,56	0,64
weißer Schokoüberzug	0,12	0,24	0,36
gesamt	0,2	0,8	1

▢ gegebene relative Häufigkeiten

9.4 80 % ist die Wahrscheinlichkeit, dass eine Praline eine Vanillefüllung hat.

36 % ist die Wahrscheinlichkeit, dass eine Praline einen weißen Schokoüberzug hat.

12 % ist die Wahrscheinlichkeit, dass eine Praline eine Kakaofüllung und einen weißen Schokoüberzug hat.

$\frac{1}{3}$ ist die Wahrscheinlichkeit, dass eine Praline mit weißem Schokoüberzug eine Kakaofüllung hat.

TIPP Die Wahrscheinlichkeit, dass eine Praline mit weißem Schokoüberzug eine Kakaofüllung hat, berechnet man mit:

$\frac{0{,}12}{0{,}36} = \frac{12}{36} = \frac{1}{3}$

10.1

absolute Häufigkeiten	mit Landwirtschaft	ohne Landwirtschaft	gesamt
mit Photovoltaik	25	275	300
ohne Photovoltaik	50	150	200
gesamt	75	425	500

☐ gegebene absolute Häufigkeiten

10.2 a) Von den insgesamt 500 Haushalten betreiben 75 eine Landwirtschaft.
Die gesuchte Wahrscheinlichkeit beträgt somit:

$$\frac{75}{500} \cdot 100\,\% = \frac{75}{5}\,\% = 15\,\%$$

b) Von den insgesamt 500 Haushalten besitzen 300 eine Photovoltaikanlage.
Die gesuchte Wahrscheinlichkeit beträgt somit:

$$\frac{300}{500} \cdot 100\,\% = \frac{300}{5}\,\% = 60\,\%$$

c) Unter den insgesamt 500 Haushalten sind 150, die weder eine Landwirtschaft betreiben noch eine Photovoltaikanlage besitzen.
Die gesuchte Wahrscheinlichkeit beträgt somit:

$$\frac{150}{500} \cdot 100\,\% = \frac{150}{5}\,\% = 30\,\%$$

d) Unter den insgesamt 500 Haushalten sind 25, die sowohl eine Landwirtschaft betreiben als auch eine Photovoltaikanlage besitzen.
Die gesuchte Wahrscheinlichkeit beträgt somit:

$$\frac{25}{500} \cdot 100\,\% = \frac{5}{100} \cdot 100\,\% = 5\,\%$$

10.3 Von den 200 Haushalten ohne Photovoltaikanlage betreiben 150 keine Landwirtschaft.
Die gesuchte Wahrscheinlichkeit beträgt somit:

$$\frac{150}{200} \cdot 100\,\% = \frac{150}{2}\,\% = 75\,\%$$

10.4 Von den 75 Haushalten mit Landwirtschaft besitzen 50 keine Photovoltaikanlage.
Die gesuchte Wahrscheinlichkeit beträgt somit:

$$\frac{50}{75} \cdot 100\,\% = \frac{2}{3} \cdot 100\,\% = 66{,}7\,\%$$

10.5

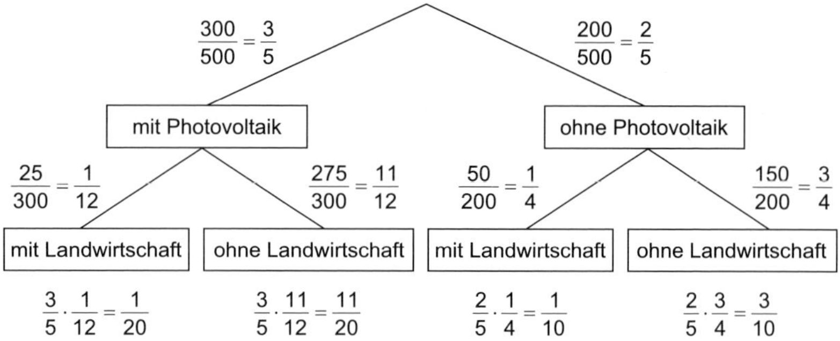

11.1 $\frac{5}{8} \cdot 240 = 5 \cdot 30 = 150$

11.2 $\frac{4}{5} \cdot 150 = 4 \cdot 30 = 120$

11.3 $\frac{3}{8} \cdot \frac{2}{3} \cdot 240 = \frac{1}{4} \cdot 240 = 60$

11.4 a) $\frac{3}{8} \cdot \frac{2}{3} = \frac{1}{4}$ bzw. 25 %

oder:
Mit dem Wert 60 aus Teilaufgabe 11.3 ergibt sich: $\frac{60}{240} \cdot 100\,\% = 25\,\%$

b) $\frac{5}{8} \cdot \frac{4}{5} = \frac{1}{2}$ bzw. 50 %

oder:
Mit dem Wert 120 aus Teilaufgabe 11.2 ergibt sich: $\frac{120}{240} \cdot 100\,\% = 50\,\%$

11.5

absolute Häufigkeiten	Klasse 9	Klasse 10	gesamt
Tor	120	60	180
kein Tor	30	30	60
gesamt	150	90	240

(grau hinterlegt:) gegebene oder bereits berechnete absolute Häufigkeiten

11.6 Gesamtzahl der Treffer: 180 Anzahl der Treffer durch Klasse 10: 60

Die gesuchte Wahrscheinlichkeit beträgt somit:

$\frac{60}{180} \cdot 100\,\% = \frac{1}{3} \cdot 100\,\% = 33{,}3\,\%$

12.1 $3^x = \frac{1}{81}$ $\qquad x \in \mathbb{R}$

$\Leftrightarrow \quad x = \log_3 \frac{1}{81}$

$\Leftrightarrow \quad x = -\log_3 81$

$\Leftrightarrow \quad x = -4$

$L = \{-4\}$

12.2 $4 \cdot 2^{x-1} = 32 \qquad |:4$ $\qquad x \in \mathbb{R}$

$\Leftrightarrow \quad 2^{x-1} = 8$

$\Leftrightarrow \quad x - 1 = \log_2 8$

$\Leftrightarrow \quad x - 1 = 3 \qquad |+1$

$\Leftrightarrow \quad x = 4$

$L = \{4\}$

12.3 $3 \cdot 5^x = 15 \cdot \sqrt{5} \qquad |:3$ $\qquad x \in \mathbb{R}$

$\Leftrightarrow \quad 5^x = 5\sqrt{5}$

$\Leftrightarrow \quad x = \log_5 5\sqrt{5}$

$\Leftrightarrow \quad x = \log_5 5 + \log_5 \sqrt{5}$

$\Leftrightarrow \quad x = 1 + \frac{1}{2}$

$\Leftrightarrow \quad x = 1{,}5$

$L = \{1{,}5\}$

12.4 $\log_4(x-5) = 3$ $\qquad x \in \mathbb{R};\ x > 5$

$\Leftrightarrow \quad x - 5 = 4^3$

$\Leftrightarrow \quad x - 5 = 64 \qquad |+5$

$\Leftrightarrow \quad x = 69$

$L = \{69\}$

12.5 $\log_3 x = -2$ $\qquad x \in \mathbb{R}^+$

$\Leftrightarrow \quad x = 3^{-2}$

$\Leftrightarrow \quad x = \frac{1}{9}$

$L = \left\{\frac{1}{9}\right\}$

12.6 $\frac{2}{x^4} = 32 \qquad \left| \cdot \frac{x^4}{32} \right.$ $\qquad x \in \mathbb{R} \setminus \{0\}$

$\Leftrightarrow \quad x^4 = \frac{2}{32}$

$\Leftrightarrow \quad x^4 = \frac{1}{16}$

$\Leftrightarrow \quad x = -\sqrt[4]{\frac{1}{16}} \ \vee \ x = \sqrt[4]{\frac{1}{16}}$

$\Leftrightarrow \quad x = -\frac{1}{2} \ \vee \ x = \frac{1}{2}$

$L = \left\{-\frac{1}{2}; \frac{1}{2}\right\}$

12.7 $2x^7 = 54x^4 \qquad |: 2x^4$ wegen $x \neq 0$ $\qquad x \in \mathbb{R} \setminus \{0\}$

$\Leftrightarrow \quad x^3 = 27$

$\Leftrightarrow \quad x = \sqrt[3]{27}$

$\Leftrightarrow \quad x = 3$

$L = \{3\}$

12.8 $-3x^5 - 96 = 0 \qquad |+96$ $\qquad x \in \mathbb{R}$

$\Leftrightarrow \quad -3x^5 = 96 \qquad |:(-3)$

$\Leftrightarrow \quad x^5 = -32$

$\Leftrightarrow \quad x = \sqrt[5]{-32}$

$\Leftrightarrow \quad x = -2$

$L = \{-2\}$

12.9

$$\frac{3}{x-2} = x \qquad |\cdot(x-2) \qquad x \in \mathbb{R}\setminus\{2\}$$

$$\Leftrightarrow \quad 3 = x^2 - 2x \qquad |-3$$

$$\Leftrightarrow \quad x^2 - 2x - 3 = 0$$

$$\Leftrightarrow \quad (x+1)\cdot(x-3) = 0$$

$$\Leftrightarrow \quad x = -1 \vee x = 3$$

$L = \{-1; 3\}$

oder:

Bei $x^2 - 2x - 3 = 0$ fortsetzen mit der Lösungsformel:

$$\Leftrightarrow \quad x = \frac{-(-2) - \sqrt{(-2)^2 - 4\cdot 1\cdot(-3)}}{2\cdot 1} \quad \vee \quad x = \frac{-(-2) + \sqrt{(-2)^2 - 4\cdot 1\cdot(-3)}}{2\cdot 1}$$

$$\Leftrightarrow \quad x = \frac{2-\sqrt{16}}{2} \quad \vee \quad x = \frac{2+\sqrt{16}}{2}$$

$$\Leftrightarrow \quad x = -1 \quad \vee \quad x = 3$$

$L = \{-1; 3\}$

13 Geht man von einem Durchmesser des unteren Endes des Stammes von 8 cm aus und nimmt an, dass der Stamm kegelförmig ist, so ergibt sich als Volumen für den Stamm:

$$V = \frac{1}{3}\cdot\pi\cdot r^2\cdot h \quad \text{mit } r = 4\text{ cm} = 0{,}4\text{ dm und } h = 2\text{ m} = 20\text{ dm}$$

$$V = \frac{1}{3}\cdot\pi\cdot 0{,}4^2\cdot 20\text{ dm}^3$$

Rechnet man mit 3 als Näherungswert für π, so erhält man:

$$V = \frac{1}{3}\cdot 3\cdot 0{,}16\cdot 20\text{ dm}^3$$

$$V = 3{,}2\text{ dm}^3$$

Der Stamm ergibt ca. $3{,}2\text{ dm}^3$ Holz.

> **TIPP** Auch andere Durchmesser sind möglich. Entscheidend ist, eine realistische Annahme zu treffen und diese anzugeben.

14 Geht man davon aus, dass die Kugeln einen Radius von ca. 2 cm haben, so hat eine Kugel ein Volumen von:

$V = \frac{4}{3} \cdot r^3 \cdot \pi$ mit r = 2 cm und 3 als Näherungswert für π

$V = \frac{4}{3} \cdot 2^3 \cdot 3\,\text{cm}^3$

$V = 4 \cdot 2^3\,\text{cm}^3$

$V = 32\,\text{cm}^3$

Mit 2 ℓ = 2 000 cm³ ergibt sich für die Anzahl der Kugeln:

$\overset{\frown}{2000}\,\text{cm}^3 : 32\,\text{cm}^3 = 62,\ldots$
$\underline{192}$
 80

Man erhält ca. 60 Kugeln.

> **TIPP** Auch andere Radien sind möglich. Entscheidend ist, eine realistische Annahme zu treffen und diese anzugeben.

15 Nimmt man z. B. an, dass das Wasser in der Wanne einem Quader mit den Maßen ℓ = 1,4 m = 14 dm, b = 0,5 m = 5 dm und h = 0,3 m = 3 dm entspricht, so erhält man als Wasservolumen:

$V = \ell \cdot b \cdot h$

$V = 14 \cdot 5 \cdot 3\,\text{dm}^3$

$V = 210\,\text{dm}^3$, d. h. ca. 200 ℓ

Da das Wasser um 20 °C erwärmt wird, gilt:
Die Erwärmung von 1 ℓ kostet 1 Cent.
Die Erwärmung von 200 ℓ kostet 200 Cent.

Die Energiekosten betragen also ca. 2 €.

16 ☒ 51 Mal

> **TIPP** Überschlag: zwischen $3^3 = 27$ und $4^3 = 64$

17.1 Radius: $r_{neu} = 1{,}5 \cdot r_{alt}$

Oberfläche: $O_{neu} = 1{,}5^2 \cdot O_{alt}$

$O_{neu} = 2{,}25 \cdot O_{alt}$

Die Oberfläche vergrößert sich um 125 %.

oder:

Bei Multiplikation des Radius mit 1,5 multipliziert sich die Oberfläche mit:
$1{,}5^2 = 2{,}25$

Die Oberfläche vergrößert sich um 125 %.

17.2 Radius: $r_{neu} = 1{,}5 \cdot r_{alt}$

Volumen: $V_{neu} = 1{,}5^3 \cdot V_{alt}$

$V_{neu} = 3{,}375 \cdot V_{alt}$

Das Volumen vergrößert sich um 237,5 %.

TIPP Nebenrechnung:

$$\begin{array}{r} \underline{2{,}25 \cdot 1{,}5} \\ 225 \\ \underline{1125} \\ 3{,}375 \end{array}$$

oder $2{,}25 \cdot 1{,}5 = 2{,}25 + 2{,}25 \cdot 0{,}5 = 3{,}375$

oder:

Bei Multiplikation des Radius mit 1,5 multipliziert sich das Volumen mit:
$1{,}5^3 = 3{,}375$

Das Volumen vergrößert sich um 237,5 %.

18 Radius: $r_{neu} = \frac{2}{3} \cdot r_{alt}$

Volumen:

$$V_{neu} = V_{alt}$$

$$\frac{1}{3} \cdot r_{neu}^2 \cdot \pi \cdot h_{neu} = \frac{1}{3} \cdot r_{alt}^2 \cdot \pi \cdot h_{alt} \qquad \left| :\left(\frac{1}{3} \cdot \pi\right)\right.$$

$$r_{neu}^2 \cdot h_{neu} = r_{alt}^2 \cdot h_{alt} \qquad \text{mit } r_{neu} = \frac{2}{3} \cdot r_{alt}$$

$$\frac{4}{9} \cdot r_{alt}^2 \cdot h_{neu} = r_{alt}^2 \cdot h_{alt} \qquad \left| :\left(\frac{4}{9} \cdot r_{alt}^2\right)\right.$$

$$h_{neu} = \frac{9}{4} \cdot h_{alt}$$

Man muss die Höhe mit dem Faktor $\frac{9}{4}$ multiplizieren.

oder:

Bei Multiplikation des Radius mit $\frac{2}{3}$ multipliziert sich das Volumen mit $\frac{4}{9}$.
Damit das Volumen gleich bleibt, muss die Höhe mit dem Faktor $\frac{9}{4}$ multipliziert werden.

19.1 Definitionsmenge: $D=\{x \mid x>5\}$

Wertemenge: $W=\mathbb{R}$

Asymptoten: h: $x=5$

Umkehrfunktion:

$$x = 2\cdot\log_4(y-5) \quad |:2 \qquad x\in\mathbb{R};\ y\in\mathbb{R};\ y>5$$

$$\Leftrightarrow \quad \frac{1}{2}x = \log_4(y-5)$$

$$\Leftrightarrow \quad 4^{\frac{1}{2}x} = y-5 \quad |+5$$

$$\Leftrightarrow \quad (4^{\frac{1}{2}})^x + 5 = y \qquad \text{mit } 4^{\frac{1}{2}} = \sqrt{4} = 2$$

$$\Leftrightarrow \quad y = 2^x + 5$$

f^{-1}: $y = 2^x + 5$

19.2 Definitionsmenge: $D=\mathbb{R}\setminus\{-1\}$

Wertemenge: $W=\mathbb{R}\setminus\{2\}$

Asymptoten: h_1: $x=-1$

h_2: $y=2$

Umkehrfunktion:

$$x = \frac{3}{y+1}+2 \quad |-2 \qquad x\in\mathbb{R};\ x\neq 2;\ y\in\mathbb{R};\ y\neq -1$$

$$\Leftrightarrow \quad x-2 = \frac{3}{y+1} \quad \left|\cdot\frac{y+1}{x-2}\right.$$

$$\Leftrightarrow \quad y+1 = \frac{3}{x-2} \quad |-1$$

$$\Leftrightarrow \quad y = \frac{3}{x-2}-1$$

f^{-1}: $y = \dfrac{3}{x-2}-1$

19.3 Definitionsmenge: $D=\mathbb{R}$

Wertemenge: $W=\{y \mid y>-8\}$

Asymptoten: h: $y=-8$

Umkehrfunktion:

$$x = 4^{y-3} - 8 \quad \Big| +8 \qquad x \in \mathbb{R};\ x > -8;\ y \in \mathbb{R}$$
$$\Leftrightarrow \quad x + 8 = 4^{y-3}$$
$$\Leftrightarrow \quad \log_4(x+8) = y - 3 \quad \Big| +3$$
$$\Leftrightarrow \quad y = \log_4(x+8) + 3$$

f^{-1}: $y = \log_4(x+8) + 3$

20.1 Der Anfangswert bei $x = 0$ ist:
$y_0 = 1\,000$

oder:

TIPP Man ermittelt den Wert für y_0 durch Einsetzen des Wertepaares $(0\,|\,1\,000)$ in die Funktionsgleichung.

$$1\,000 = y_0 \cdot 2^{-0} \qquad y_0 \in \mathbb{R}^+$$
$$\Leftrightarrow \quad 1\,000 = y_0 \cdot 1$$
$$\Leftrightarrow \quad y_0 = 1\,000$$

Berechnung von b:

TIPP Z. B. durch Einsetzen des Wertepaares $(5\,500\,|\,500)$.

$$500 = 1\,000 \cdot 2^{-b \cdot 5\,500} \quad \Big| : 1\,000 \qquad b \in \mathbb{R}^+$$
$$\Leftrightarrow \quad \frac{1}{2} = 2^{-b \cdot 5\,500}$$
$$\Leftrightarrow \quad \log_2 \frac{1}{2} = -b \cdot 5\,500$$
$$\Leftrightarrow \quad -1 = -b \cdot 5\,500 \quad \Big| : (-5\,500)$$
$$\Leftrightarrow \quad b = \frac{1}{5\,500}$$

Funktionsgleichung: $y = 1\,000 \cdot 2^{-\frac{1}{5\,500} \cdot x}$ $\qquad x \in \mathbb{R}_0^+;\ y \in \mathbb{R}^+$

20.2 TIPP Die Abnahme des Luftdrucks von 0 m auf 16 500 m beträgt 1 000 hPa – 125 hPa = 875 hPa. Das sind 87,5 % von 1 000 hPa.

☒ 87,5 %

20.3 Da sich laut Tabelle bei jedem Aufstieg um 5 500 m der Luftdruck halbiert und 125 hPa : 2 = 62,5 hPa gilt, beträgt die Höhe, bei der ein Luftdruck von ca. 63 hPa zu erwarten ist, ca.:

16 500 m + 5 500 m = 22 000 m

21.1 **TIPP** Die Schokopraline setzt sich aus einem Zylinder und einem Kegel zusammen. Beide haben einen Radius der Länge $|\overline{AM}| = 0{,}5 \cdot |\overline{AB}|$ und eine Höhe der Länge $|\overline{AE_n}|$ (wegen $|\overline{MD_n}| = 2 \cdot |\overline{AE_n}|$).
Es sei F_n der Mittelpunkt der Strecke $\overline{E_nC_n}$. Um V zu ermitteln, berechnet man zuerst $|\overline{AE_n}| = |\overline{F_nD_n}|$ im rechtwinkligen Dreieck $E_nF_nD_n$ mithilfe von $\sphericalangle F_nE_nD_n = \varphi - 90°$. $\tan(\varphi - 90°)$ im angegebenen Ergebnis gibt bereits den entscheidenden Hinweis.

Es sei F_n der Mittelpunkt der Strecke $\overline{E_nC_n}$.
Im rechtwinkligen Dreieck $E_nF_nD_n$ gilt:

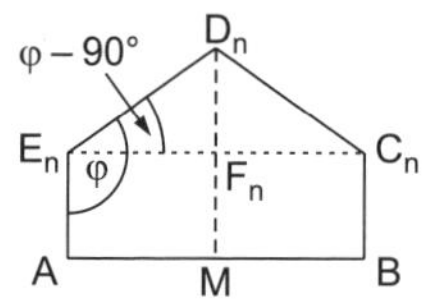

$$\tan(\varphi - 90°) = \frac{|\overline{F_nD_n}|}{|\overline{E_nF_n}|}$$

$$\tan(\varphi - 90°) = \frac{|\overline{AE_n}|}{0{,}5 \cdot |\overline{AB}|} \qquad \Big| \cdot 0{,}5 \cdot |\overline{AB}|$$

$$|\overline{AE_n}| = 0{,}5 \cdot |\overline{AB}| \cdot \tan(\varphi - 90°)$$

$$|\overline{AE_n}| = 0{,}5 \cdot 2 \cdot \tan(\varphi - 90°)\text{ cm}$$

$$|\overline{AE_n}|(\varphi) = \tan(\varphi - 90°)\text{ cm} \qquad \varphi \in [105°; 150°]$$

Somit ergibt sich als Volumen:

$$V = V_{Zylinder} + V_{Kegel}$$

$$V = |\overline{AM}|^2 \cdot \pi \cdot |\overline{AE_n}| + \frac{1}{3} \cdot |\overline{AM}|^2 \cdot \pi \cdot |\overline{AE_n}|$$

$$V = \left(0{,}5 \cdot |\overline{AB}|\right)^2 \cdot \pi \cdot |\overline{AE_n}| + \frac{1}{3} \cdot \left(0{,}5 \cdot |\overline{AB}|\right)^2 \cdot \pi \cdot |\overline{AE_n}|$$

$$V(\varphi) = \left[1^2 \cdot \pi \cdot \tan(\varphi - 90°) + \frac{1}{3} \cdot 1^2 \cdot \pi \cdot \tan(\varphi - 90°)\right]\text{cm}^3 \qquad \varphi \in [105°; 150°]$$

$$V(\varphi) = \frac{4}{3} \cdot \pi \cdot \tan(\varphi - 90°)\text{ cm}^3$$

21.2 TIPP $\frac{4}{3}\cdot\pi\, m\ell = \frac{4}{3}\cdot\pi\,\text{cm}^3$

$$V(\varphi) = \frac{4}{3}\cdot\pi\,\text{cm}^3 \qquad \varphi\in[105°;150°]$$

$$\Leftrightarrow \quad \frac{4}{3}\cdot\pi\cdot\tan(\varphi-90°) = \frac{4}{3}\cdot\pi \qquad \Big|:\left(\frac{4}{3}\cdot\pi\right)$$

$$\Leftrightarrow \quad \tan(\varphi-90°) = 1$$

$$\Leftrightarrow \quad \varphi-90° = 45° \qquad |+90°$$

$$\Leftrightarrow \quad \varphi = 135°$$

$L = \{135°\}$

22.1 Zeichnen der Dreiecke ABC_1 mit $\overline{C_1F_1}$ und ABC_2 mit $\overline{C_2F_2}$

TIPP
- Zunächst zeichnet man die Seite $\overline{AB}$ mit der Länge 6 cm.
- Dann zeichnet man die freien Schenkel bei A mit $\varphi = 30°$ und $\varphi = 45°$ ein.
- Die freien Schenkel bei B zeichnet man mithilfe der folgenden Winkelmaße ein, die man über die Innenwinkelsumme im Dreieck erhält:
  $\sphericalangle ABC_1 = 180° - 30° - 90° = 60°$
  $\sphericalangle ABC_2 = 180° - 45° - 90° = 45°$
  Die jeweiligen Schnittpunkte der freien Schenkel liefern die Punkte C_1 und C_2.
  Alternativ kann man auch verwenden, dass C_1 und C_2 auf dem Thaleskreis über $\overline{AB}$ liegen.
- Dann fällt man die Lote von C_1 und C_2 auf $\overline{AB}$, um F_1 und F_2 zu erhalten.

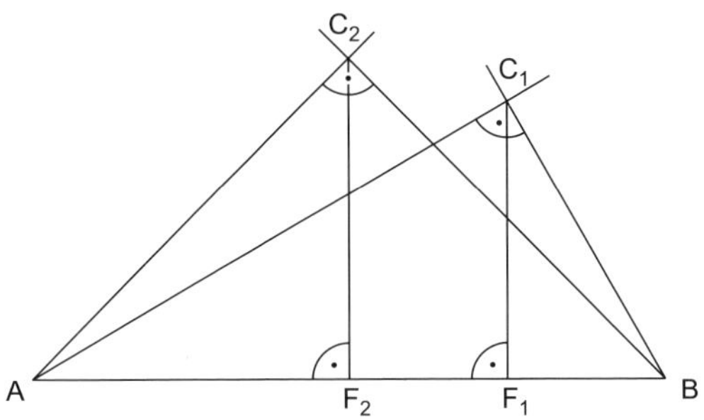

22.2 Berechnung von $|\overline{AC_n}|$ in Abhängigkeit von φ im rechtwinkligen Dreieck ABC_n:

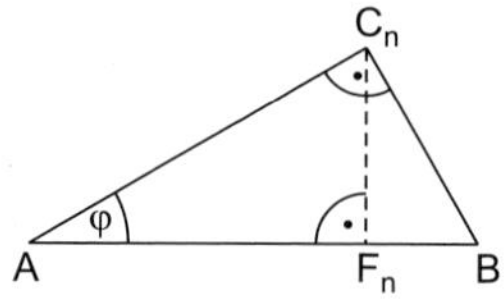

$$\cos\varphi = \frac{|\overline{AC_n}|}{|\overline{AB}|} \qquad \Big| \cdot |\overline{AB}|$$

$$|\overline{AC_n}| = |\overline{AB}| \cdot \cos\varphi$$

$$|\overline{AC_n}|(\varphi) = 6 \cdot \cos\varphi \text{ cm} \qquad \varphi \in]0°; 90°[$$

22.3 **TIPP** Die Rotationskörper setzen sich jeweils aus zwei Kegeln zusammen. Die linken Kegel, die durch Rotation der Dreiecke AF_nC_n entstehen, besitzen die Radien $\overline{C_nF_n}$ und die Höhen $\overline{AF_n}$. Die rechten Kegel, die durch Rotation der Dreiecke F_nBC_n entstehen, besitzen die Radien $\overline{C_nF_n}$ und die Höhen $\overline{F_nB}$.

Berechnung von $|\overline{C_nF_n}|$ in Abhängigkeit von φ im rechtwinkligen Dreieck AF_nC_n:

$$\sin\varphi = \frac{|\overline{C_nF_n}|}{|\overline{AC_n}|} \qquad \Big| \cdot |\overline{AC_n}|$$

$$|\overline{C_nF_n}| = |\overline{AC_n}| \cdot \sin\varphi \qquad \text{mit } |\overline{AC_n}|(\varphi) = 6 \cdot \cos\varphi \text{ cm}$$

$$|\overline{C_nF_n}|(\varphi) = 6 \cdot \sin\varphi \cdot \cos\varphi \text{ cm} \qquad \varphi \in]0°; 90°[$$

Berechnung des Volumens der Rotationskörper:

$$V = V_{Rot_{AF_nC_n}} + V_{Rot_{F_nBC_n}}$$

$$V = \frac{1}{3} \cdot |\overline{C_nF_n}|^2 \cdot \pi \cdot |\overline{AF_n}| + \frac{1}{3} \cdot |\overline{C_nF_n}|^2 \cdot \pi \cdot |\overline{F_nB}|$$

$$V = \frac{1}{3} \cdot \pi \cdot |\overline{C_nF_n}|^2 \cdot \left(|\overline{AF_n}| + |\overline{F_nB}|\right)$$

$$V = \frac{1}{3} \cdot \pi \cdot |\overline{C_nF_n}|^2 \cdot |\overline{AB}|$$

$$V(\varphi) = \frac{1}{3} \cdot \pi \cdot (6 \cdot \sin\varphi \cdot \cos\varphi)^2 \cdot 6 \text{ cm}^3 \qquad \varphi \in]0°; 90°[$$

$$V(\varphi) = 72 \cdot \pi \cdot \sin^2\varphi \cdot \cos^2\varphi \text{ cm}^3$$

22.4 Umformen der gegebenen Gleichung:

$$\sin(2\varphi) = 2 \cdot \sin\varphi \cdot \cos\varphi \qquad |:2 \qquad \varphi \in]0°; 90°[$$

$$\Leftrightarrow \quad \frac{\sin(2\varphi)}{2} = \sin\varphi \cdot \cos\varphi$$

Einsetzen in die Volumenformel aus Teilaufgabe 22.3:

$$V(\varphi) = 72 \cdot \pi \cdot (\sin\varphi \cdot \cos\varphi)^2 \text{ cm}^3 \qquad \varphi \in]0°; 90°[$$

$$V(\varphi) = 72 \cdot \pi \cdot \left(\frac{\sin(2\varphi)}{2}\right)^2 \text{ cm}^3$$

$$V(\varphi) = 18 \cdot \pi \cdot \sin^2(2\varphi) \text{ cm}^3$$

22.5 Da die Dreiecke ABC_n bei C_n rechtwinklig sind, liegen die Punkte C_n auf dem Thaleskreis über der Seite $\overline{AB}$. Die gesuchte Kugel entspricht dem Körper, der durch Rotation des Thaleskreises um die Gerade AB entsteht.

Der Radius des Thaleskreises beträgt $\frac{|\overline{AB}|}{2} = 3$ cm.

23.1

$$\sin\varphi = \frac{d(C_n; AB)}{|\overline{BC_n}|} \qquad \left| \cdot \frac{|\overline{BC_n}|}{\sin\varphi} \right.$$

$$|\overline{BC_n}| = \frac{d(C_n; AB)}{\sin\varphi}$$

$$|\overline{BC_n}|(\varphi) = \frac{3}{\sin\varphi} \text{ cm} \qquad \varphi \in]0°; 180°[$$

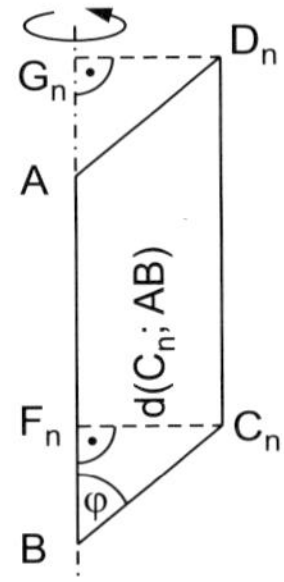

23.2 **TIPP** Die gesuchte Oberfläche setzt sich zusammen aus (vgl. Skizze in Teilaufgabe 23.1):

I) Mantelfläche des Zylinders, der durch Rotation des Rechtecks $F_nC_nD_nG_n$ entsteht

II) Mantelfläche des Kegels, der durch Rotation des Dreiecks AD_nG_n entsteht

III) Mantelfläche des Kegels, der durch Rotation des Dreiecks BC_nF_n entsteht

Da ABC_nD_n ein Parallelogramm ist, sind die Mantelflächen aus ii und iii gleich groß.

$$O = \text{Mantel}_{\text{Zylinder}} + 2 \cdot \text{Mantel}_{\text{Kegel}}$$

$$O = 2 \cdot r \cdot \pi \cdot |\overline{C_nD_n}| + 2 \cdot r \cdot \pi \cdot |\overline{BC_n}| \qquad \text{mit } r = d(C_n; AB); |\overline{C_nD_n}| = |\overline{AB}|$$

$$O(\varphi) = \left(2 \cdot 3 \cdot \pi \cdot 6 + 2 \cdot 3 \cdot \pi \cdot \frac{3}{\sin\varphi}\right) \text{cm}^2 \qquad \varphi \in \left]0°; 180°\right[$$

$$O(\varphi) = \left(36 \cdot \pi + 18 \cdot \pi \cdot \frac{1}{\sin\varphi}\right) \text{cm}^2$$

$$O(\varphi) = 18 \cdot \pi \cdot \left(2 + \frac{1}{\sin\varphi}\right) \text{cm}^2$$

23.3 Die Oberfläche wird minimal, wenn $\sin\varphi$ maximal, also 1 wird.

$$O_{min} = 18 \cdot \pi \cdot \left(2 + \frac{1}{1}\right) \text{cm}^2$$

$$O_{min} = 54 \cdot \pi \text{ cm}^2$$

24.1 Zeichnen der Dreiecke ABC_1 und PMR_1 für $\varphi = 60°$

TIPP

- Wegen $\varphi = 60°$ ist das Dreieck ABC_1 gleichseitig.
- Den Schwerpunkt R_1 erhält man als Schnittpunkt der Seitenhalbierenden von $\overline{AB}$ und $\overline{BC_1}$.
- Der Punkt P liegt auf $\overline{AM}$ und es gilt $|\overline{PM}| = 1$ cm.

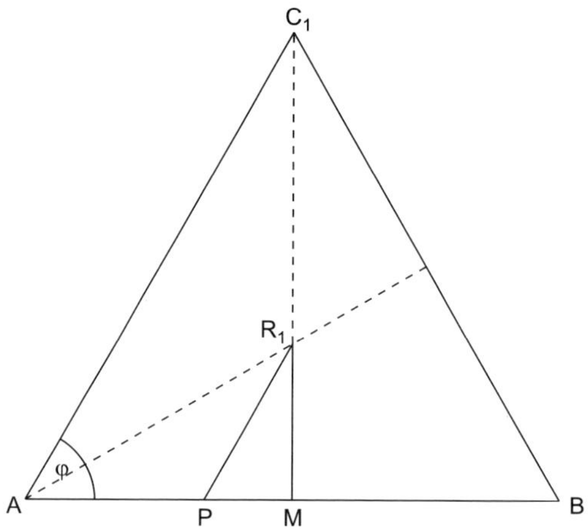

24.2 **TIPP** Es ist zu zeigen, dass $\overline{PR_n}$ und $\overline{AC_n}$ zueinander parallel sind, d. h. der Strahlensatz erfüllt ist:

$$\frac{|\overline{PM}|}{|\overline{AM}|} = \frac{|\overline{MR_n}|}{|\overline{MC_n}|}$$

Es gilt: $\frac{|\overline{PM}|}{|\overline{AM}|} = \frac{|\overline{PM}|}{0{,}5 \cdot |\overline{AB}|} = \frac{1}{3}$

Weil die Schwerpunkte R_n die Strecken $\overline{MC_n}$ im Verhältnis 2 : 1 teilen, gilt:

$\frac{|\overline{MR_n}|}{|\overline{MC_n}|} = \frac{1}{3}$

Insgesamt ist somit der Strahlensatz erfüllt: $\frac{|\overline{PM}|}{|\overline{AM}|} = \frac{|\overline{MR_n}|}{|\overline{MC_n}|}$

Die Seiten $\overline{PR_n}$ und $\overline{AC_n}$ sind daher jeweils parallel zueinander.
Die Vierecke APR_nC_n sind also Trapeze.

oder:

Es gilt: $|\overline{AM}| = 3 \cdot |\overline{PM}|$

Da die Schwerpunkte R_n die Strecken $\overline{MC_n}$ im Verhältnis 2 : 1 teilen, gilt:

$|\overline{MC_n}| = 3 \cdot |\overline{MR_n}|$

Die Strecken $\overline{PR_n}$ lassen sich also durch eine zentrische Streckung mit dem Zentrum M und dem Streckungsfaktor 3 auf die Strecken $\overline{AC_n}$ abbilden.
$\overline{PR_n}$ und $\overline{AC_n}$ sind somit jeweils parallel zueinander.
Die Vierecke APR_nC_n sind deshalb Trapeze.

oder:

Es gilt: $\frac{|\overline{AM}|}{|\overline{PM}|} = 3$

Die Schwerpunkte R_n teilen die Strecken $\overline{MC_n}$ im Verhältnis 2 : 1, d. h.:

$\frac{|\overline{MC_n}|}{|\overline{MR_n}|} = 3$

Die Winkel R_nMP und C_nMA haben jeweils das Maß 90°. Die Dreiecke PMR_n und AMC_n sind also jeweils ähnlich und somit gilt $\sphericalangle MPR_n = \varphi$.
Somit sind $\overline{PR_n}$ und $\overline{AC_n}$ jeweils parallel zueinander.
Die Vierecke APR_nC_n sind also Trapeze.

24.3 Berechnung der Länge von $\overline{AC_n}$ in Abhängigkeit von φ im Dreieck AMC_n:

$$\cos\varphi = \frac{|\overline{AM}|}{|\overline{AC_n}|} \qquad \Big| \cdot \frac{|\overline{AC_n}|}{\cos\varphi}$$

$$|\overline{AC_n}| = \frac{|\overline{AM}|}{\cos\varphi} \qquad \text{mit } |\overline{AM}| = 0{,}5 \cdot |\overline{AB}|$$

$$|\overline{AC_n}|(\varphi) = \frac{3}{\cos\varphi}\,\text{cm} \qquad \varphi \in \,]0°;\,90°[$$

Berechnung der Länge von $\overline{PR_n}$ in Abhängigkeit von φ im Dreieck PMR_n:

$$\cos\varphi = \frac{|\overline{PM}|}{|\overline{PR_n}|} \qquad \Big| \cdot \frac{|\overline{PR_n}|}{\cos\varphi}$$

$$|\overline{PR_n}| = \frac{|\overline{PM}|}{\cos\varphi}$$

$$|\overline{PR_n}|(\varphi) = \frac{1}{\cos\varphi}\,\text{cm} \qquad \varphi \in \,]0°;\,90°[$$

oder:

Wenn in Teilaufgabe 24.2 gezeigt wurde, dass man die Strecken $\overline{PR_n}$ durch eine zentrische Streckung mit dem Zentrum M und dem Streckungsfaktor 3 auf die Strecken $\overline{AC_n}$ abbilden kann, dann gilt:

$$|\overline{PR_n}| = \frac{1}{3} \cdot |\overline{AC_n}| \qquad \text{mit } |\overline{AC_n}|(\varphi) = \frac{3}{\cos\varphi}\,\text{cm}$$

$$|\overline{PR_n}|(\varphi) = \frac{1}{\cos\varphi}\,\text{cm} \qquad \varphi \in \,]0°;\,90°[$$

24.4 **TIPP** Die Oberfläche der Rotationskörper setzt sich jeweils aus zwei Kegelmänteln und einem Kreisring zusammen (vgl. Skizze).

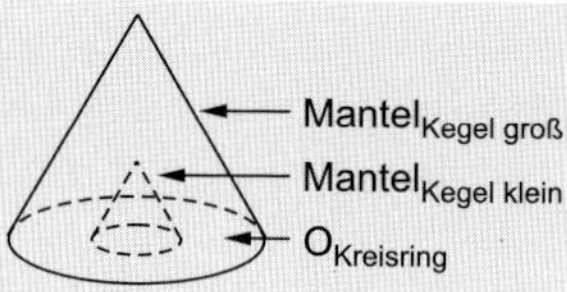

Berechnung der gesuchten Oberfläche:

$$O = \text{Mantel}_{\text{Kegel groß}} + \text{Mantel}_{\text{Kegel klein}} + O_{\text{Kreisring}}$$

$$O = |\overline{AM}| \cdot \pi \cdot |\overline{AC_n}| + |\overline{PM}| \cdot \pi \cdot |\overline{PR_n}| + \left(|\overline{AM}|^2 \cdot \pi - |\overline{PM}|^2 \cdot \pi\right)$$

$$O(\varphi) = \left[3 \cdot \pi \cdot \frac{3}{\cos\varphi} + 1 \cdot \pi \cdot \frac{1}{\cos\varphi} + 3^2 \cdot \pi - 1^2 \cdot \pi\right]\text{cm}^2 \qquad \varphi \in \,]0°;\,90°[$$

$$O(\varphi) = \left(\frac{10 \cdot \pi}{\cos\varphi} + 8 \cdot \pi\right)\text{cm}^2$$

24.5 **TIPP** Für $\varphi = 60°$ sind die Dreiecke ABC_1 und PSR_1 gleichseitig. Das gesuchte Volumen erhält man, indem man das Volumen des kleinen Kegels vom Volumen des großen Kegels abzieht.

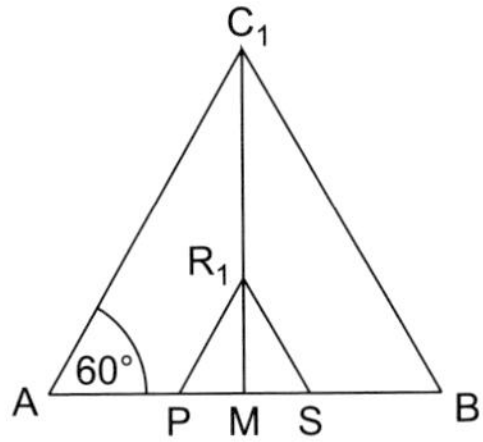

Für die Höhe $\overline{MC_1}$ im gleichseitigen Dreieck ABC_1 gilt:

$|\overline{MC_1}| = \frac{|\overline{AB}|}{2} \cdot \sqrt{3}$

$|\overline{MC_1}| = 3\sqrt{3}$ cm

Für die Höhe $\overline{MR_1}$ im gleichseitigen Dreieck PSR_1 gilt:

$|\overline{MR_1}| = \frac{|\overline{PS}|}{2} \cdot \sqrt{3}$ mit $\frac{|\overline{PS}|}{2} = |\overline{PM}|$

$|\overline{MR_1}| = \sqrt{3}$ cm

Berechnung des gesuchten Volumens:

$V = V_{\text{Kegel groß}} - V_{\text{Kegel klein}}$

$V = \frac{1}{3} \cdot |\overline{AM}|^2 \cdot \pi \cdot |\overline{MC_1}| - \frac{1}{3} \cdot |\overline{PM}|^2 \cdot \pi \cdot |\overline{MR_1}|$

$V = \left(\frac{1}{3} \cdot 3^2 \cdot \pi \cdot 3\sqrt{3} - \frac{1}{3} \cdot 1^2\, \pi \cdot \sqrt{3}\right) \text{cm}^3$

$V = \left(9\sqrt{3} \cdot \pi - \frac{1}{3}\sqrt{3} \cdot \pi\right) \text{cm}^3$

$V = \frac{26\sqrt{3}}{3} \cdot \pi \text{ cm}^3$

25.1 Definitionsmenge: $D = \{x \mid x > -4\}$

Wertemenge: $W = \mathbb{R}$

Asymptote: $h\colon x = -4$

25.2 Einzeichnen des Quadrats $A_1BC_1D_1$ für $x = -2$

TIPP

- $B(0 \mid 0)$ ist fest.
- A_1 hat die x-Koordinate –2 und liegt auf dem Graphen zu f.
- C_1 erhält man durch Drehung von A_1 um B mit dem Drehwinkel –90°.
- D_1 ist der Schnittpunkt der Parallelen zu A_1B durch C_1 mit der Parallelen zu BC_1 durch A_1.

Einzeichnen des Quadrats $A_2BC_2D_2$ für $x = 2$

TIPP
- B(0 | 0) ist fest.
- A_2 hat die x-Koordinate 2 und liegt auf dem Graphen zu f.
- C_2 erhält man durch Drehung von A_2 um B mit dem Drehwinkel –90°.
- D_2 ist der Schnittpunkt der Parallelen zu A_2B durch C_2 mit der Parallelen zu BC_2 durch A_2.

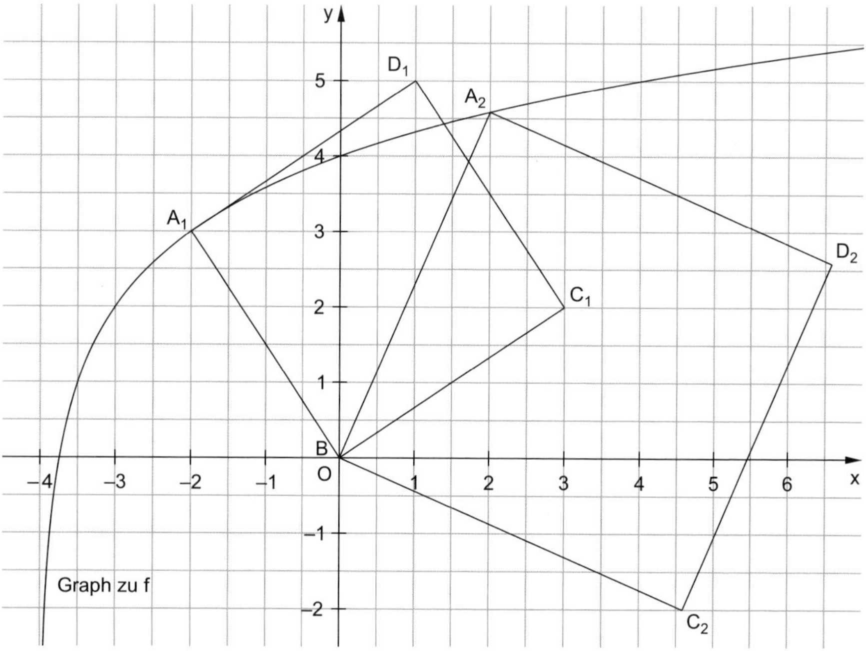

25.3 **TIPP** Die Punkte A_n werden durch Drehung mit dem Drehwinkel –90° um O auf die Punkte C_n abgebildet.

Berechnung der Koordinaten von C_n:

$$\overrightarrow{OA_n} \xmapsto{O(0|0);\ \varphi = -90^\circ} \overrightarrow{OC_n}$$

$$\overrightarrow{OC_n} = \begin{pmatrix} \cos(-90^\circ) & -\sin(-90^\circ) \\ \sin(-90^\circ) & \cos(-90^\circ) \end{pmatrix} \odot \begin{pmatrix} x \\ \log_2(x+4)+2 \end{pmatrix} \qquad x \in \mathbb{R};\ x > -4$$

$$\overrightarrow{OC_n} = \begin{pmatrix} 0 & 1 \\ -1 & 0 \end{pmatrix} \odot \begin{pmatrix} x \\ \log_2(x+4)+2 \end{pmatrix}$$

$\overrightarrow{OC_n} = \begin{pmatrix} \log_2(x+4)+2 \\ -x \end{pmatrix}$

$C_n(\log_2(x+4)+2 \mid -x)$

Berechnung der Gleichung des Trägergraphen:

$x' \in \mathbb{R};\ y' \in \mathbb{R}$
$x \in \mathbb{R};\ x > -4$

$$\begin{array}{|l} x' = \log_2(x+4)+2 \\ \wedge\ y' = -x \end{array} \quad \big| -2$$

$$\Leftrightarrow \begin{array}{|l} x' - 2 = \log_2(x+4) \\ \wedge\ y' = -x \end{array}$$

$$\Leftrightarrow \begin{array}{|l} 2^{x'-2} = x+4 \\ \wedge\ y' = -x \end{array} \quad \big| -4$$

$$\Leftrightarrow \begin{array}{|l} x = 2^{x'-2} - 4 \\ \wedge\ y' = -x \end{array}$$

$$\Rightarrow \quad y' = -\left(2^{x'-2} - 4\right)$$

t: $y = -2^{x-2} + 4$ $\qquad x \in \mathbb{R};\ y \in \mathbb{R}$

25.4 **TIPP** Man stellt $\overrightarrow{OD_3}$ durch Verknüpfung der Vektoren $\overrightarrow{OA_3}$ und $\overrightarrow{OC_3}$ dar.

$A_3(-3 \mid 2)$, d. h. $x = -3$

Für $x = -3$ folgt: $C_3(\log_2(-3+4)+2 \mid -(-3)) \Rightarrow C_3(2 \mid 3)$

$\overrightarrow{OD_3} = \overrightarrow{OA_3} \oplus \overrightarrow{A_3D_3}$ mit $\overrightarrow{A_3D_3} = \overrightarrow{OC_3}$ (da Quadrat vorliegt)

$$\overrightarrow{OD_3} = \begin{pmatrix} -3 \\ 2 \end{pmatrix} \oplus \begin{pmatrix} 2 \\ 3 \end{pmatrix} = \begin{pmatrix} -1 \\ 5 \end{pmatrix}$$

$D_3(-1 \mid 5)$

25.5 Da der Punkt B im Ursprung und der Punkt D_4 auf der Winkelhalbierenden des I. Quadranten liegt, liegt der Punkt A_4 auf der y-Achse (siehe Skizze).

Die x-Koordinate des Punktes A_4 ist somit null:

$A_4(0 \mid \log_2(0+4)+2)$

$A_4(0 \mid 2+2)$

$A_4(0 \mid 4)$

Somit gilt: $D_4(4 \mid 4)$

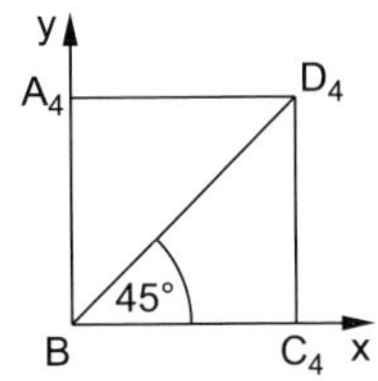

26.1 Berechnung des Pfeils $\overrightarrow{OP_1}$ für $\varphi = 30°$:

$$\overrightarrow{OP_1} = \begin{pmatrix} 3 + 2 \cdot \sin 30° \\ 4 \cdot \cos^2 30° \end{pmatrix}$$

$$\overrightarrow{OP_1} = \begin{pmatrix} 3 + 2 \cdot \frac{1}{2} \\ 4 \cdot \left(\frac{1}{2}\sqrt{3}\right)^2 \end{pmatrix}$$

$$\overrightarrow{OP_1} = \begin{pmatrix} 4 \\ 3 \end{pmatrix}$$

Berechnung des Pfeils $\overrightarrow{OP_2}$ für $\varphi = 90°$:

$$\overrightarrow{OP_2} = \begin{pmatrix} 3 + 2 \cdot \sin 90° \\ 4 \cdot \cos^2 90° \end{pmatrix}$$

$$\overrightarrow{OP_2} = \begin{pmatrix} 3 + 2 \cdot 1 \\ 4 \cdot 0 \end{pmatrix}$$

$$\overrightarrow{OP_2} = \begin{pmatrix} 5 \\ 0 \end{pmatrix}$$

Einzeichnen des Parallelogramms OP_1Q_1R

> **TIPP**
> - $\overrightarrow{OP_1} = \begin{pmatrix} 4 \\ 3 \end{pmatrix}$ und $\overrightarrow{OR} = \begin{pmatrix} -2 \\ 3 \end{pmatrix}$, also $P_1(4\,|\,3)$ und $R(-2\,|\,3)$
> - $\overrightarrow{OQ_1} = \overrightarrow{OP_1} \oplus \overrightarrow{OR}$, also $Q_1(2\,|\,6)$

Einzeichnen des Parallelogramms OP_2Q_2R

> **TIPP**
> - $\overrightarrow{OP_2} = \begin{pmatrix} 5 \\ 0 \end{pmatrix}$ und $\overrightarrow{OR} = \begin{pmatrix} -2 \\ 3 \end{pmatrix}$, also $P_2(5\,|\,0)$ und $R(-2\,|\,3)$
> - $\overrightarrow{OQ_2} = \overrightarrow{OP_2} \oplus \overrightarrow{OR}$, also $Q_2(3\,|\,3)$

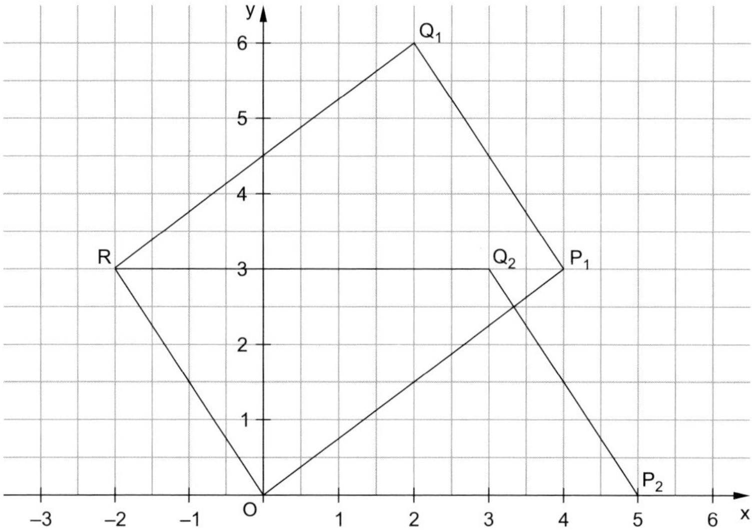

26.2 Mithilfe des Skalarprodukts:

$$\overrightarrow{OP_1} \odot \overrightarrow{OR} = \begin{pmatrix} 4 \\ 3 \end{pmatrix} \cdot \begin{pmatrix} -2 \\ 3 \end{pmatrix} = 4 \cdot (-2) + 3 \cdot 3 = -8 + 9 = 1$$

Wegen $\overrightarrow{OP_1} \odot \overrightarrow{OR} \neq 0$ stehen $\overrightarrow{OP_1}$ und $\overrightarrow{OR}$ nicht senkrecht aufeinander.

Das Parallelogramm OP_1Q_1R ist also kein Rechteck.

oder: mithilfe der Steigungen m_{OP_1} und m_{OR} der Geraden OP_1 und OR

$$m_{OP_1} \cdot m_{OR} = \frac{3}{4} \cdot \left(-\frac{3}{2}\right) = -\frac{9}{8}$$

Wegen $m_{OP_1} \cdot m_{OR} \neq -1$ stehen $\overrightarrow{OP_1}$ und $\overrightarrow{OR}$ nicht senkrecht aufeinander.

Das Parallelogramm OP_1Q_1R ist also kein Rechteck.

26.3

$$4 \cdot \cos^2 \varphi = 2 \qquad |:4 \qquad \varphi \in [0°; 180°]$$

$$\Leftrightarrow \quad \cos^2 \varphi = \frac{1}{2} \qquad |\sqrt{\ }$$

$$\Leftrightarrow \quad \cos \varphi = \sqrt{\frac{1}{2}} \quad \vee \quad \cos \varphi = -\sqrt{\frac{1}{2}}$$

$$\Leftrightarrow \quad \cos \varphi = \frac{1}{2}\sqrt{2} \quad \vee \quad \cos \varphi = -\frac{1}{2}\sqrt{2}$$

$$\Leftrightarrow \quad \varphi = 45° \quad \vee \quad \varphi = 135°$$

$$L = \{45°; 135°\}$$

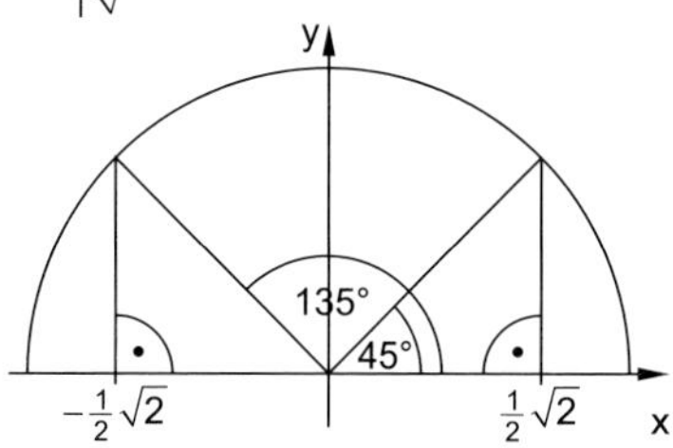

26.4 $\overrightarrow{OQ_n} = \overrightarrow{OP_n} \oplus \overrightarrow{P_nQ_n}$ mit $\overrightarrow{P_nQ_n} = \overrightarrow{OR}$

$$\overrightarrow{OQ_n}(\varphi) = \begin{pmatrix} 3+2\cdot\sin\varphi \\ 4\cdot\cos^2\varphi \end{pmatrix} \oplus \begin{pmatrix} -2 \\ 3 \end{pmatrix} \qquad \varphi \in [0°; 180°]$$

$$\overrightarrow{OQ_n}(\varphi) = \begin{pmatrix} 1+2\cdot\sin\varphi \\ 3+4\cdot\cos^2\varphi \end{pmatrix}$$

$Q_n(1+2\cdot\sin\varphi \,|\, 3+4\cdot\cos^2\varphi)$

26.5 **TIPP** Man setzt $Q_n(x\,|\,y)$ mit der Parameterdarstellung des Punktes Q_n aus Teilaufgabe 26.4 gleich, d. h. $Q_n(x\,|\,y) = Q_n(1+2\cdot\sin\varphi\,|\,3+4\cdot\cos^2\varphi)$. Dann eliminiert man φ.

$$\begin{vmatrix} & x = 1+2\cdot\sin\varphi \\ \wedge & y = 3+4\cdot\cos^2\varphi \end{vmatrix} \quad |-1 \qquad x\in\mathbb{R};\, y\in\mathbb{R};\ \varphi\in[0°;180°]$$

$$\Leftrightarrow \begin{vmatrix} & x-1 = 2\cdot\sin\varphi \\ \wedge & y = 3+4\cdot\cos^2\varphi \end{vmatrix} \quad |:2 \quad \text{mit } \sin^2\varphi+\cos^2\varphi = 1$$

$$\Leftrightarrow \begin{vmatrix} & \sin\varphi = \frac{x-1}{2} \\ \wedge & y = 3+4\cdot(1-\sin^2\varphi) \end{vmatrix}$$

$$\Rightarrow \quad y = 3+4\cdot\left(1-\left(\frac{x-1}{2}\right)^2\right)$$

$$\Leftrightarrow \quad y = 3+4-4\cdot\left(\frac{x-1}{2}\right)^2$$

$$\Leftrightarrow \quad y = 7-4\cdot\frac{(x-1)^2}{4}$$

$$\Leftrightarrow \quad y = -(x-1)^2+7$$

26.6 Der Trägergraph der Punkte P_n ist ebenfalls eine Parabel, da sich die Punkte Q_n durch eine Parallelverschiebung mit dem Vektor $\overrightarrow{Q_nP_n} = -\overrightarrow{OR} = \begin{pmatrix} 2 \\ -3 \end{pmatrix}$ auf die Punkte P_n abbilden lassen.

27.1 Einzeichnen der Geraden g mit Steigung –0,5 und y-Achsenabschnitt 5
Einzeichnen des Dreiecks AB_1C_1

TIPP

- Es gilt A(0 | 0).
- C_1 hat die x-Koordinate –3 und liegt auf g, also $C_1(-3\,|\,6{,}5)$.
- B_1 ist der Schnittpunkt der freien Schenkel der Winkel B_1AC_1 und AC_1B_1, die beide das Maß 45° besitzen.

Einzeichnen des Dreiecks AB_2C_2

TIPP

- Es gilt A(0 | 0).
- C_2 hat die x-Koordinate 4 und liegt auf g, also $C_2(4\,|\,3)$.
- B_2 ist der Schnittpunkt der freien Schenkel der Winkel B_2AC_2 und AC_2B_2, die beide das Maß 45° besitzen.

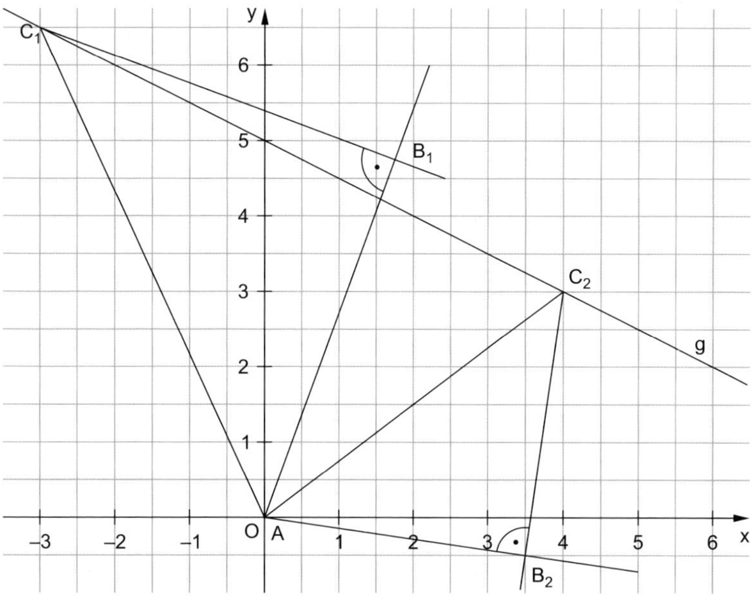

27.2 $\sin 45° = \frac{a}{h} \quad |\cdot h$

$a = h \cdot \sin 45°$

$a = h \cdot \frac{1}{\sqrt{2}}$

oder: mit dem Pythagoras

$h^2 = a^2 + a^2$

$h^2 = 2a^2 \quad |:2$

$a^2 = \frac{1}{2} \cdot h^2 \quad |\sqrt{\ }$

$a = \frac{1}{\sqrt{2}} \cdot h$

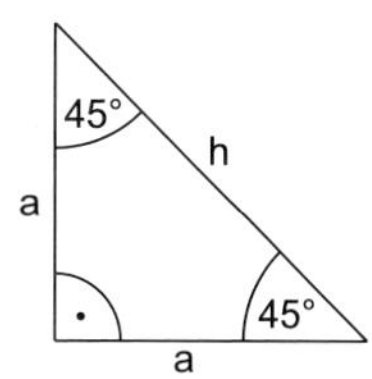

27.3 Drehwinkel: $-45°$; Streckungsfaktor: $\frac{1}{\sqrt{2}}$

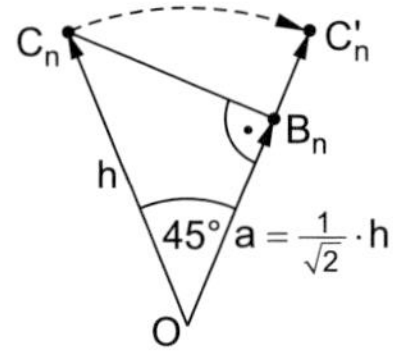

27.4 Berechnung der Koordinaten von B_n:

$$\overrightarrow{OC_n} \xmapsto{O(0|0);\ \varphi=-45°} \overrightarrow{OC'_n} \xmapsto{O(0|0);\ k=\frac{1}{\sqrt{2}}} \overrightarrow{OB_n}$$

$$\overrightarrow{OB_n} = \frac{1}{\sqrt{2}} \cdot \begin{pmatrix} \cos(-45°) & -\sin(-45°) \\ \sin(-45°) & \cos(-45°) \end{pmatrix} \odot \begin{pmatrix} x \\ -0,5x+5 \end{pmatrix} \qquad x \in \mathbb{R}$$

$$\overrightarrow{OB_n} = \frac{1}{\sqrt{2}} \cdot \begin{pmatrix} \frac{1}{2}\sqrt{2} & \frac{1}{2}\sqrt{2} \\ -\frac{1}{2}\sqrt{2} & \frac{1}{2}\sqrt{2} \end{pmatrix} \odot \begin{pmatrix} x \\ -0,5x+5 \end{pmatrix}$$

$$\overrightarrow{OB_n} = \begin{pmatrix} \frac{1}{2} & \frac{1}{2} \\ -\frac{1}{2} & \frac{1}{2} \end{pmatrix} \odot \begin{pmatrix} x \\ -0,5x+5 \end{pmatrix}$$

$$\overrightarrow{OB_n} = \begin{pmatrix} \frac{1}{2}x + \frac{1}{2} \cdot (-0,5x+5) \\ -\frac{1}{2}x + \frac{1}{2} \cdot (-0,5x+5) \end{pmatrix}$$

$$\overrightarrow{OB_n} = \begin{pmatrix} \frac{1}{2}x - \frac{1}{4}x + \frac{5}{2} \\ -\frac{1}{2}x - \frac{1}{4}x + \frac{5}{2} \end{pmatrix}$$

$$\overrightarrow{OB_n} = \begin{pmatrix} \frac{1}{4}x + \frac{5}{2} \\ -\frac{3}{4}x + \frac{5}{2} \end{pmatrix}$$

$$B_n\left(\frac{1}{4}x + \frac{5}{2} \,\middle|\, -\frac{3}{4}x + \frac{5}{2}\right)$$

Bestimmung der Gleichung des Trägergraphen:

$$\left| \begin{array}{l} x' = \frac{1}{4}x + \frac{5}{2} \\ \wedge\ y' = -\frac{3}{4}x + \frac{5}{2} \end{array} \right. \qquad \left| -\frac{5}{2} \right. \qquad x \in \mathbb{R};\ x' \in \mathbb{R};\ y' \in \mathbb{R}$$

$$\Leftrightarrow \left| \begin{array}{l} \frac{1}{4}x = x' - \frac{5}{2} \\ \wedge\ y' = -\frac{3}{4}x + \frac{5}{2} \end{array} \right. \qquad |\cdot 4$$

$$\Leftrightarrow \left| \begin{array}{l} x = 4x' - 10 \\ \wedge\ y' = -\frac{3}{4} \cdot (4x' - 10) + \frac{5}{2} \end{array} \right.$$

$$\Rightarrow \quad y' = -3x' + \frac{15}{2} + \frac{5}{2}$$
$$\Rightarrow \quad y' = -3x' + 10$$
$$h: \; y = -3x + 10 \qquad x \in \mathbb{R};\; y \in \mathbb{R}$$

27.5 **TIPP** Der Flächeninhalt der Dreiecke AB_nC_n ist jeweils halb so groß wie der Flächeninhalt der Quadrate mit der Seitenlänge $|\overline{AB_n}| = |\overline{OB_n}|$.

$$A = \frac{1}{2} \cdot |\overline{OB_n}|^2$$
$$A(x) = \frac{1}{2} \cdot \left[\left(\frac{1}{4}x + \frac{5}{2}\right)^2 + \left(-\frac{3}{4}x + \frac{5}{2}\right)^2\right] \text{FE} \qquad x \in \mathbb{R}$$
$$A(x) = \frac{1}{2} \cdot \left(\frac{1}{16}x^2 + \frac{5}{4}x + \frac{25}{4} + \frac{9}{16}x^2 - \frac{15}{4}x + \frac{25}{4}\right) \text{FE}$$
$$A(x) = \frac{1}{2} \cdot \left(\frac{10}{16}x^2 - \frac{10}{4}x + \frac{50}{4}\right) \text{FE}$$
$$A(x) = \left(\frac{5}{16}x^2 - \frac{5}{4}x + \frac{25}{4}\right) \text{FE}$$

27.6 Wegen $6{,}25 = \frac{25}{4}$ ermittelt man die x-Koordinate, für die $A(x) = \frac{25}{4}$ FE gilt:

$$\frac{5}{16}x^2 - \frac{5}{4}x + \frac{25}{4} = \frac{25}{4} \qquad \left| -\frac{25}{4} \right. \qquad x \in \mathbb{R}$$
$$\Leftrightarrow \quad \frac{5}{16}x^2 - \frac{5}{4}x = 0$$
$$\Leftrightarrow \quad x \cdot \left(\frac{5}{16}x - \frac{5}{4}\right) = 0$$
$$\Leftrightarrow \quad x = 0 \quad \vee \quad \frac{5}{16}x - \frac{5}{4} = 0 \qquad \left| +\frac{5}{4} \right.$$
$$\Leftrightarrow \quad x = 0 \quad \vee \quad \frac{5}{16}x = \frac{5}{4} \qquad \left| \cdot \frac{16}{5} \right.$$
$$\Leftrightarrow \quad x = 0 \quad \vee \quad x = 4$$

$L = \{0; 4\}$

Einsetzen in die Gleichung der Geraden g liefert die Koordinaten:
$C_3(0\,|\,5)$ und $C_4(4\,|\,3)$

TIPP C_4 entspricht dem Punkt C_2 aus Teilaufgabe 27.1.

28.1 Zeichnen des Schrägbildes der Pyramide ABCS

TIPP

- Da $\overline{MC}$ auf der Schrägbildachse liegt, wird $\overline{MC}$ in wahrer Länge angetragen. C liegt links von M.
- M ist der Mittelpunkt von $\overline{AB}$ und $\overline{AB}$ verläuft senkrecht zur Zeichenebene. $\overline{AB}$ wird also um den Faktor 0,5 verkürzt und im Winkel von $\omega = 45°$ zur Schrägbildachse angetragen.
- $\overline{CF}$ liegt auf der Schrägbildachse. F liegt 2 cm links von C.
- S ist der Schnittpunkt der Senkrechten zur Schrägbildachse durch F mit dem freien Schenkel des Winkels SMC mit dem Maß 45°.

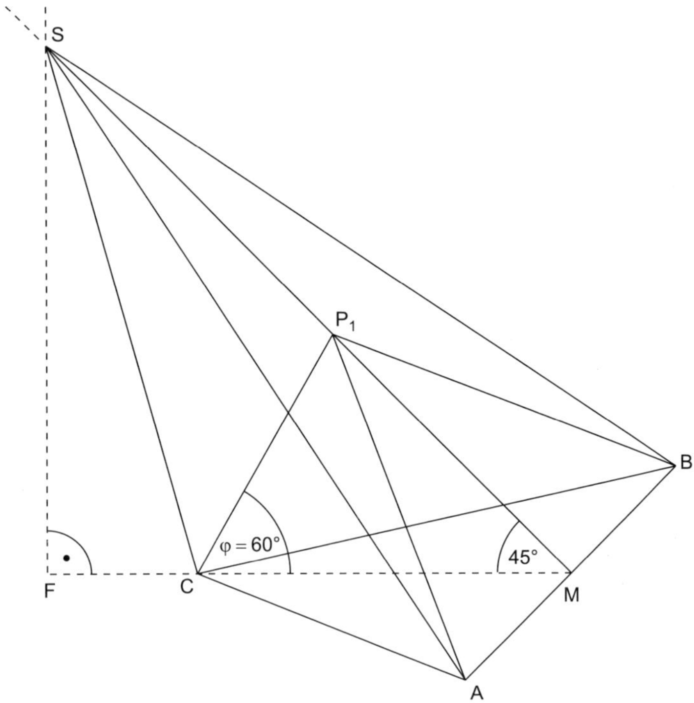

28.2 Wegen $\sphericalangle SMF = 45°$ und $\sphericalangle MFS = 90°$ ist das Dreieck SFM gleichschenklig-rechtwinklig.

Für die Pyramidenhöhe $|\overline{SF}|$ gilt somit:

$|\overline{SF}| = |\overline{MF}|$

$|\overline{SF}| = |\overline{FC}| + |\overline{MC}|$

$|\overline{SF}| = 2\text{ cm} + 5\text{ cm}$

$|\overline{SF}| = 7\text{ cm}$

Berechnung des Volumens V der Pyramide ABCS:

$V = \frac{1}{3} \cdot A_{\Delta ABC} \cdot |\overline{SF}|$

$V = \frac{1}{3} \cdot \frac{1}{2} \cdot |\overline{AB}| \cdot |\overline{MC}| \cdot |\overline{SF}|$

$V = \frac{1}{3} \cdot \frac{1}{2} \cdot 8 \cdot 5 \cdot 7\text{ cm}^3$

$V = \frac{140}{3}\text{ cm}^3$

28.3 **TIPP** Der Winkel MCS ist ein Ergänzungswinkel zum Winkel SCF, dessen Maß man im rechtwinkligen Dreieck FCS ermitteln kann.

Berechnung von $\sphericalangle SCF$ im rechtwinkligen Dreieck FCS:

$\tan \sphericalangle SCF = \frac{|\overline{SF}|}{|\overline{FC}|}$ mit $|\overline{SF}| = 7\text{ cm}$ (vgl. Teilaufgabe 28.2)

$\tan \sphericalangle SCF = \frac{7}{2}$

$\tan \sphericalangle SCF = 3{,}5$

$\sphericalangle SCF = 74{,}1°$

Somit gilt:

$\sphericalangle MCS = 180° - \sphericalangle SCF$

$\sphericalangle MCS = 180° - 74{,}1°$

$\sphericalangle MCS = 105{,}9°$

28.4 Einzeichnen der Pyramide $ABCP_1$ für $\varphi = 60°$

28.5 Mit dem Sinussatz im Dreieck CMP_n folgt:

$$\frac{|\overline{MP_n}|}{\sin\varphi} = \frac{|\overline{MC}|}{\sin \sphericalangle CP_nM} \qquad | \cdot \sin\varphi$$

$$|\overline{MP_n}| = \frac{|\overline{MC}| \cdot \sin\varphi}{\sin \sphericalangle CP_nM} \qquad \text{mit } \sphericalangle CP_nM = 180° - (\varphi + 45°)$$

(Innenwinkelsumme)

$$|\overline{MP_n}|(\varphi) = \frac{5 \cdot \sin\varphi}{\sin(180° - (\varphi + 45°))} \text{ cm} \qquad 0° < \varphi < 105{,}9°$$

$$|\overline{MP_n}|(\varphi) = \frac{5 \cdot \sin\varphi}{\sin(\varphi + 45°)} \text{ cm} \qquad \text{(Supplementbeziehung)}$$

28.6 Es seien L_n die Fußpunkte der Lote von P_n auf MC.
Berechnung der Pyramidenhöhe $|\overline{P_nL_n}|(\varphi)$ im rechtwinkligen Dreieck MP_nL_n:

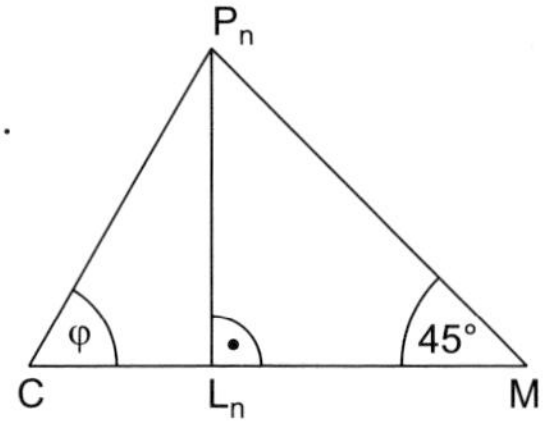

$$\sin \sphericalangle P_nML_n = \frac{|\overline{P_nL_n}|}{|\overline{MP_n}|} \qquad | \cdot |\overline{MP_n}|$$

$$|\overline{P_nL_n}| = |\overline{MP_n}| \cdot \sin \sphericalangle P_nML_n \qquad \text{mit } \sphericalangle P_nML_n = \sphericalangle SMC = 45°$$

$$|\overline{P_nL_n}|(\varphi) = \frac{5 \cdot \sin\varphi}{\sin(\varphi + 45°)} \cdot \frac{1}{2}\sqrt{2} \text{ cm} \qquad 0° < \varphi < 105{,}9°$$

Bestimmung des Volumens $V(\varphi)$ der Pyramide $ABCP_n$:

$$V = \frac{1}{3} \cdot A_{\Delta ABC} \cdot |\overline{P_nL_n}|$$

$$V = \frac{1}{3} \cdot \frac{1}{2} \cdot |\overline{AB}| \cdot |\overline{MC}| \cdot |\overline{P_nL_n}|$$

$$V(\varphi) = \frac{1}{3} \cdot \frac{1}{2} \cdot 8 \cdot 5 \cdot \frac{5 \cdot \sin\varphi}{\sin(\varphi + 45°)} \cdot \frac{1}{2}\sqrt{2} \text{ cm}^3 \qquad 0° < \varphi < 105{,}9°$$

$$V(\varphi) = \frac{50\sqrt{2} \cdot \sin\varphi}{3 \cdot \sin(\varphi + 45°)} \text{ cm}^3$$

Daten und Zufall

1.1 Marianne erinnert sich bei einem Regensburger Autokennzeichen nur noch daran, dass in der Mitte zwei unterschiedliche Buchstaben standen und dann eine dreistellige Zahl folgte. Ob hier gleiche Ziffern vorkamen, konnte sie nicht sagen.

R – XX – XXX

Ermitteln Sie, wie viele Möglichkeiten es für das Kennzeichen gibt.

Hinweis: Als Buchstaben kommen die 26 Großbuchstaben des lateinischen Alphabets in Frage.

1.2 Lea erinnert sich bei einem Augsburger Autokennzeichen nur noch daran, dass in der Mitte zwei gleiche Buchstaben standen und dann eine dreistellige Zahl folgte. Dabei waren die Hunderter- und die Zehnerstelle sicher gleich und es handelte sich um eine gerade Zahl.

A – XX – XXX

Ermitteln Sie, wie viele Möglichkeiten es für das Kennzeichen gibt.

Hinweis: Als Buchstaben kommen die 26 Großbuchstaben des lateinischen Alphabets in Frage.

2 Aus zwölf Eissorten werden je vier verschiedene in einem Becher gekauft. Die Anordnung der Eissorten ist egal.

Bestimmen Sie, wie viele Möglichkeiten es gibt.

3 Eine Klasse besteht aus 24 Schülerinnen und Schülern. In der Klasse gibt es nur einen Felix. Für eine Gruppenarbeit sollen per Losverfahren Vierergruppen gebildet werden.

Ermitteln Sie, wie viele Möglichkeiten der Gruppenzusammensetzung es für die Gruppe gibt, in der der Schüler Felix ist.

4 Bei einem Turnier gibt es elf Teams. Alle Teams sollen genau einmal gegeneinander spielen.

Ermitteln Sie, wie viele Spiele es gibt.

5.0 Beim Spiel „Mastermind professional“ wählt Spieler A aus acht verschiedenfarbigen Stiften fünf aus und ordnet diese in einer Reihe an. Spieler B muss diesen Farb-Code erraten.

5.1 Bestimmen Sie die Gesamtanzahl an möglichen Farb-Codes.

5.2 Spieler B hat bereits beim ersten Versuch erraten, welche Farben Spieler A ausgewählt hat. Er muss nun nur noch die Reihenfolge herausfinden.

Bestimmen Sie die Anzahl der Möglichkeiten, die Farbstifte anzuordnen.

5.3 In den folgenden Teilaufgaben sind für jede der acht Farben fünf Stifte vorhanden.

Bestimmen Sie die Anzahl an möglichen Farb-Codes, wenn die fünf ausgewählten Stifte im Farb-Code nicht verschiedenfarbig sein müssen.

5.4 Bestimmen Sie die Anzahl an möglichen Farb-Codes, wenn der Farb-Code aus vier grünen und einem gelben Stift bestehen soll.

5.5 Bestimmen Sie die Anzahl an möglichen Farb-Codes, wenn der Farb-Code aus drei blauen und zwei grünen Stiften bestehen soll.

6.0 Bei einer Verlosung befinden sich insgesamt 20 Lose in der Trommel. Es wird mit „jedes vierte Los gewinnt“ geworben.

6.1 Bestimmen Sie, wie viele Gewinnlose und wie viele Nieten in der Lostrommel sind.

6.2 Herr Kunz kauft zwei Lose.

Zeichnen Sie ein zugehöriges Baumdiagramm, in dem die Wahrscheinlichkeiten ersichtlich sind. Bestimmen Sie sodann …

a) die Wahrscheinlichkeit, dass Herr Kunz zwei Gewinne zieht.

b) die Wahrscheinlichkeit, dass Herr Kunz zwei Nieten zieht.

c) die Wahrscheinlichkeit, dass Herr Kunz mindestens einen Gewinn zieht.

6.3 Nachdem Herr Klug beobachtet hat, dass Herr Kunz zwei Nieten gezogen hatte, kauft Herr Klug zwei Lose.

Zeichnen Sie ein zugehöriges Baumdiagramm, in dem die Wahrscheinlichkeiten ersichtlich sind. Bestimmen Sie sodann die Wahrscheinlichkeit, dass Herr Klug zwei Gewinne zieht.

7.0 In einem Säckchen befinden sich sechs gleichartige Kugeln, die sich nur durch ihre Farbe unterscheiden. Es sind drei blaue, zwei rote und eine gelbe Kugel. Aus dem Säckchen werden zwei Kugeln **ohne** Zurücklegen gezogen.

7.1 Bestimmen Sie die Wahrscheinlichkeit, dass zwei rote Kugeln gezogen werden.

7.2 Bestimmen Sie die Wahrscheinlichkeit, dass zwei blaue Kugeln gezogen werden.

7.3 Bestimmen Sie die Wahrscheinlichkeit, dass zwei verschiedenfarbige Kugeln gezogen werden.

7.4 Bestimmen Sie die Wahrscheinlichkeit, dass keine rote Kugel gezogen wird.

7.5 Bestimmen Sie die Wahrscheinlichkeit, dass mindestens eine rote Kugel gezogen wird.

8.0 In einem Säckchen befinden sich sechs gleichartige Kugeln, die sich nur durch ihre Farbe unterscheiden. Es sind drei blaue, zwei rote und eine gelbe Kugel. Aus dem Säckchen werden zwei Kugeln **mit** Zurücklegen gezogen.

8.1 Bestimmen Sie die Wahrscheinlichkeit, dass zwei rote Kugeln gezogen werden.

8.2 Bestimmen Sie die Wahrscheinlichkeit, dass zwei blaue Kugeln gezogen werden.

8.3 Bestimmen Sie die Wahrscheinlichkeit, dass zwei verschiedenfarbige Kugeln gezogen werden.

8.4 Bestimmen Sie die Wahrscheinlichkeit, dass keine rote Kugel gezogen wird.

8.5 Bestimmen Sie die Wahrscheinlichkeit, dass mindestens eine rote Kugel gezogen wird.

9.0 Mittags wird ein Menü angeboten, das aus einer Vorspeise, einer Hauptspeise und einem Nachtisch besteht. Dabei kann man aus zwei Vorspeisen wählen, wobei Vorspeise 1 nicht vegetarisch ist und Vorspeise 2 vegetarisch ist. Bei der Hauptspeise stehen zwei Fleischgerichte und ein vegetarisches Gericht zur Auswahl. Schließlich kann man sich noch für eine der zwei vegetarischen Nachspeisen entscheiden.

9.1 Bei der Menüzusammenstellung hat sich gezeigt, dass sich 75 % für Vorspeise 1 entscheiden, die Hauptspeisen gleich wahrscheinlich sind und Nachspeise 1 doppelt so oft gewählt wird wie Nachspeise 2.

Geben Sie die Anzahl an Möglichkeiten für die Menüzusammenstellung an. Zeichnen Sie ein zugehöriges Baumdiagramm und bestimmen Sie damit für alle möglichen Menüzusammenstellungen die jeweiligen Wahrscheinlichkeiten.

9.2 Bestimmen Sie die Wahrscheinlichkeit, dass ein vegetarisches Menü gewählt wird.

10.0 Beim Elfmeterschießen erzielt Spieler 1 mit einer Wahrscheinlichkeit von 80 % ein Tor und Spieler 2 mit einer Wahrscheinlichkeit von 75 %. Beide Spieler schießen einen Elfmeter.

10.1 Zeichnen Sie ein zugehöriges Baumdiagramm, in dem die Wahrscheinlichkeiten ersichtlich sind.

10.2 Bestimmen Sie die Wahrscheinlichkeit in Prozent, dass zwei Tore fallen.

10.3 Bestimmen Sie die Wahrscheinlichkeit in Prozent, dass kein Tor fällt.

10.4 Bestimmen Sie die Wahrscheinlichkeit in Prozent, dass genau ein Tor fällt.

11.0 Eine Firma fertigt mit zwei Maschinen jeweils das gleiche Bauteil. Der Anteil der von Maschine 1 gefertigten Bauteile beträgt p %. Während bei Maschine 1 die Ausschussquote bei 4,5 % liegt, beträgt bei der neueren Maschine 2 die Ausschussquote 2 %. Insgesamt liegt der Ausschuss bei 3 %.

11.1 Zeichnen Sie ein zugehöriges Baumdiagramm, in dem die prozentualen Anteile ersichtlich sind, und berechnen Sie den prozentualen Anteil der von Maschine 1 gefertigten Bauteile.

11.2 Der tägliche Ausschuss bei Maschine 2 beträgt 30 Stück.

Ermitteln Sie, wie viele korrekte Bauteile beide Maschinen zusammen täglich produzieren.

11.3 Unter den korrekten Bauteilen wird zufällig eines ausgewählt.

Bestimmen Sie die Wahrscheinlichkeit in Prozent, dass es von Maschine 2 gefertigt wurde. Runden Sie ggf. auf eine Stelle nach dem Komma.

12.0 Um Spannung in den Schulalltag zu bringen, bietet der Mathematiklehrer seiner Klasse „Hausaufgaben-Lotto“ an. Dabei darf die Klasse drei verschiedene Zahlen von 1 bis 10 nennen. Anschließend werden nach dem Zufallsprinzip drei verschiedene Zahlen von 1 bis 10 gezogen. Bei drei Richtigen wird der Klasse die Hausaufgabe erlassen.
Alle Wahrscheinlichkeiten sind in Prozent anzugeben und auf zwei Nachkommastellen zu runden.

12.1 Ermitteln Sie die Wahrscheinlichkeit, dass drei Richtige getippt werden.

12.2 Ermitteln Sie die Wahrscheinlichkeit, dass keine der drei getippten Zahlen unter den Gewinnzahlen ist.

12.3 Ermitteln Sie die Wahrscheinlichkeit, dass genau eine Zahl richtig getippt wurde.

12.4 Ermitteln Sie die Wahrscheinlichkeit, dass genau zwei Zahlen richtig getippt wurden.

Lösungsvorschlag

1.1 Da die Buchstaben verschieden waren, gibt es hier $26 \cdot 25 = 650$ Möglichkeiten.

Da es eine 3-stellige Zahl war, kommen in Frage:

- für die Hunderterstelle nur die Ziffern 1 bis 9 (9 Möglichkeiten)
- für die Zehner- sowie Einerstelle die Ziffern 0 bis 9 (jeweils 10 Möglichkeiten)

Für die 3-stellige Zahl gibt es also $9 \cdot 10 \cdot 10 = 900$ Möglichkeiten.

Insgesamt gibt es somit $650 \cdot 900 = 585\,000$ Möglichkeiten.

1.2 Da die Buchstaben gleich waren, ist der zweite Buchstabe durch den ersten Buchstaben festgelegt und es gibt hier 26 Möglichkeiten.

Da es eine 3-stellige Zahl war, kommen für die Hunderterstelle nur die Ziffern 1 bis 9 in Frage (9 Möglichkeiten).

Da die Hunderter- und die Zehnerstelle gleich waren, ist die Zehnerstelle durch die Hunderterstelle festgelegt (keine weitere Möglichkeit).

Da die Zahl außerdem gerade war, kommen nur die Einerziffern 0, 2, 4, 6 und 8 in Frage (5 Möglichkeiten).

Für die 3-stellige Zahl gibt es also $9 \cdot 5 = 45$ Möglichkeiten.

Insgesamt gibt es also $26 \cdot 45 = 1\,170$ Möglichkeiten.

2 Für die Auswahl von 4 verschiedenen Eissorten aus den 12 zur Verfügung stehenden gibt es $12 \cdot 11 \cdot 10 \cdot 9 = 11\,880$ Möglichkeiten.

> **TIPP** Da die Anordnung der Eissorten egal ist, muss durch die Anzahl der Anordnungen (Permutationen) geteilt werden.

Es gibt $4! = 4 \cdot 3 \cdot 2 \cdot 1 = 24$ verschiedene Anordnungen von 4 Eissorten.

Die gesuchte Anzahl an Möglichkeiten beträgt also:

$$\frac{11\,880}{24} = 495$$

oder:

Diese Frage ist gleichbedeutend mit: Wie viele Möglichkeiten gibt es, 4 aus 12 zu ziehen?

Es gibt also $\frac{12!}{(12-4)! \cdot 4!} = \frac{12 \cdot 11 \cdot 10 \cdot 9}{4 \cdot 3 \cdot 2 \cdot 1} = 495$ Möglichkeiten.

3 Da Felix in seiner Gruppe feststeht, müssen noch 3 Gruppenmitglieder „gezogen“ werden. Hierfür gibt es $23 \cdot 22 \cdot 21 = 10\,626$ Möglichkeiten.

Da es egal ist, in welcher Reihenfolge die Gruppenmitglieder gezogen werden, und es für 3 Personen $3! = 3 \cdot 2 \cdot 1 = 6$ verschiedene Anordnungen (Permutationen) gibt, beträgt die Anzahl der möglichen Gruppenzusammensetzungen:

$$\frac{10\,626}{6} = 1\,771$$

oder:

Diese Frage ist gleichbedeutend mit: Wie viele Möglichkeiten gibt es, 3 aus 23 zu ziehen?

Es gibt also $\frac{23!}{(23-3)! \cdot 3!} = \frac{23 \cdot 22 \cdot 21}{3 \cdot 2 \cdot 1} = 1\,771$ Möglichkeiten.

4 Jedes der 11 Teams spielt gegen 10 andere. Das wären $11 \cdot 10 = 110$ mögliche Partien.

Da jedes Team genau einmal gegen ein anderes spielt, wird nicht zwischen "Team A gegen Team B" oder "Team B gegen Team A" unterschieden.

Somit halbiert sich die Anzahl an möglichen Partien auf insgesamt 55.

oder:

Team 1 spielt gegen 10 gegnerische Teams.

Team 2 spielt noch gegen 9 weitere Teams
(neben dem bereits stattgefundenen Spiel gegen Team 1).

Team 3 spielt noch gegen 8 weitere Teams
(neben den bereits stattgefundenen Spielen gegen Team 1 und 2).

…

Team 10 spielt noch gegen 1 weiteres Team
(neben den bereits stattgefundenen Spielen gegen die Teams 1 bis 9).

Die Summe an Spielen beträgt somit:

$$10+9+8+7+6+5+4+3+2+1 = \frac{11 \cdot 10}{2} = 55$$

Es finden 55 Spiele statt.

oder:

Diese Frage ist gleichbedeutend mit: Wie viele Möglichkeiten gibt es, 2 aus 11 zu ziehen?

Die Anzahl der Spiele beträgt also:

$$\frac{11!}{(11-2)! \cdot 2!} = \frac{11 \cdot 10}{2} = 55$$

5.1 Es gibt $8 \cdot 7 \cdot 6 \cdot 5 \cdot 4 = 6\,720$ Möglichkeiten.

5.2 Es gibt $5! = 5 \cdot 4 \cdot 3 \cdot 2 \cdot 1 = 120$ Möglichkeiten.

5.3 Es gibt $8 \cdot 8 \cdot 8 \cdot 8 \cdot 8 = 8^5 = 32\,768$ Möglichkeiten.

5.4 Der gelbe Stift kann auf Position 1, 2, 3, 4 oder 5 sein.
Es gibt also 5 Möglichkeiten.

5.5 Würde man die Stiftfarben mit 1 bis 5 nummerieren (z. B. blau_1, blau_2, blau_3, grün_4, grün_5), hätte man insgesamt $5! = 5 \cdot 4 \cdot 3 \cdot 2 \cdot 1 = 120$ Möglichkeiten.

Da es aber egal ist, welche Nummerierung ein blauer Stift besitzt, und es für die blauen Stifte $3! = 3 \cdot 2 \cdot 1 = 6$ mögliche Anordnungen (Permutationen) gibt, erhält man nur noch $120 : 6 = 20$ Möglichkeiten.

Da es auch egal ist, welche Nummerierung ein grüner Stift besitzt, und es für die grünen Stifte $2! = 2 \cdot 1 = 2$ mögliche Anordnungen (Permutationen) gibt, erhält man nur noch $20 : 2 = 10$ Möglichkeiten.

oder:

Wenn ein grüner Stift auf Position 5 steht, gibt es für den zweiten grünen Stift 4 Möglichkeiten (Position 1 bis 4).

Wenn ein grüner Stift auf Position 4 steht, gibt es für den zweiten grünen Stift neben der oben abgedeckten Möglichkeit 3 weitere Möglichkeiten (Position 1 bis 3).

Wenn ein grüner Stift auf Position 3 steht gibt, es für den zweiten grünen Stift neben den oben abgedeckten Möglichkeiten 2 weitere Möglichkeiten (Positionen 1 und 2)

Wenn ein grüner Stift auf Position 2 steht, gibt es für den zweiten grünen Stift neben den oben abgedeckten Möglichkeiten 1 weitere Möglichkeit (Position 1)

Es gibt also insgesamt $4 + 3 + 2 + 1 = 10$ Möglichkeiten.

oder:

Man bestimmt für die beiden grünen Stifte die Anzahl an möglichen Positionen im Farb-Code. Diese entspricht der Anzahl an Möglichkeiten, 2 Positionen aus 5 möglichen auszuwählen.

Somit gibt es insgesamt $\frac{5!}{(5-2)! \cdot 2!} = \frac{5 \cdot 4}{2 \cdot 1} = 10$ Möglichkeiten.

6.1 Die Anzahl an Gewinnlosen beträgt:

$20 : 4 = 5$

Es sind somit 5 Gewinnlose und 15 Nieten in der Trommel.

6.2 a) Mit „G" für Gewinn und „N" für Niete ergibt sich:

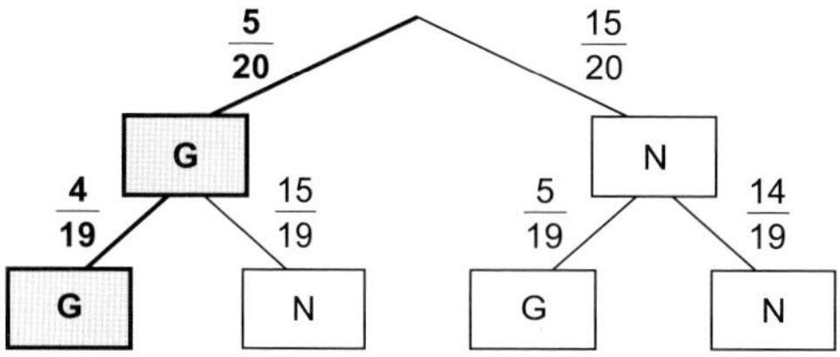

Die Wahrscheinlichkeit für 2 Gewinne beträgt:

$$\frac{5}{20} \cdot \frac{4}{19} = \frac{1}{19}$$

TIPP Der Pfad für 2 Gewinne ist im Baumdiagramm hervorgehoben.

b) Die Wahrscheinlichkeit für 2 Nieten beträgt:

$$\frac{15}{20} \cdot \frac{14}{19} = \frac{21}{38}$$

TIPP Der Pfad für 2 Nieten ist hervorgehoben:

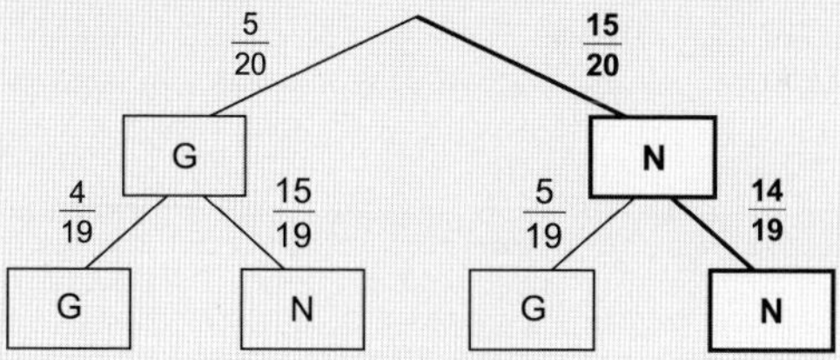

c) „Mindestens ein Gewinn" ist das Gegenereignis zu „2 Nieten" aus Teil b.
Die gesuchte Wahrscheinlichkeit beträgt also:

$$1 - \frac{21}{38} = \frac{17}{38}$$

oder mithilfe der Pfadregeln:

$$\frac{5}{20} \cdot \frac{4}{19} + \frac{5}{20} \cdot \frac{15}{19} + \frac{15}{20} \cdot \frac{5}{19} = \frac{17}{38}$$

TIPP Die benutzen Pfade sind hervorgehoben:

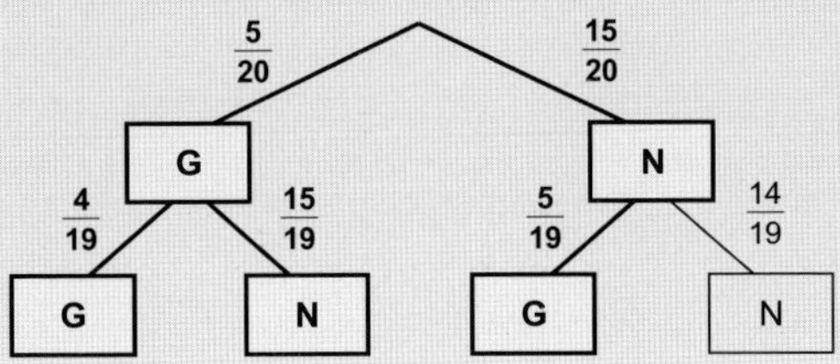

oder kürzer:

$$\frac{5}{20} + \frac{15}{20} \cdot \frac{5}{19} = \frac{17}{38}$$

TIPP Die benutzten Pfade sind hervorgehoben:

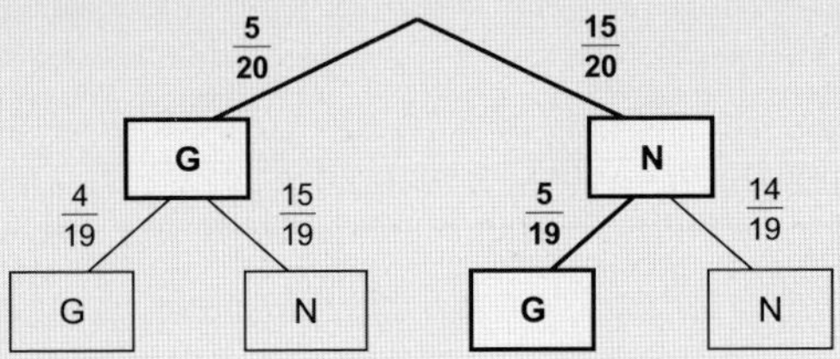

6.3 **TIPP** Nachdem Herr Kunz 2 Nieten gezogen hat, sind von den übrigen 18 Losen in der Trommel 5 Gewinne und 13 Nieten.

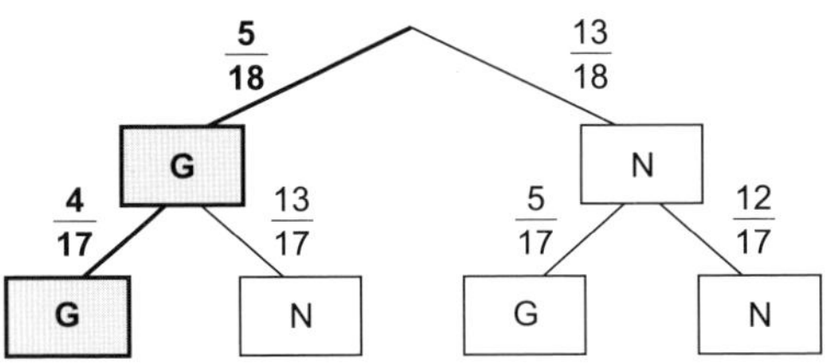

Wahrscheinlichkeit für Herrn Klug, 2 Gewinne zu ziehen:

$$\frac{5}{18} \cdot \frac{4}{17} = \frac{10}{153}$$

7.1 Beim ersten Zug sind 2 der insgesamt 6 Kugeln im Säckchen rot.

Da nicht zurückgelegt wird, ist in diesem Fall beim zweiten Zug 1 der insgesamt 5 Kugeln im Säckchen rot.

Die Wahrscheinlichkeit für 2 rote Kugeln beträgt:

$$\frac{2}{6}\cdot\frac{1}{5}=\frac{1}{15}$$

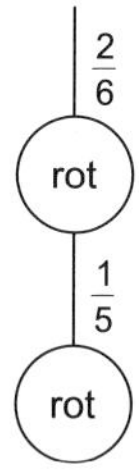

7.2 Beim ersten Zug sind 3 der insgesamt 6 Kugeln im Säckchen blau.

Da nicht zurückgelegt wird, sind in diesem Fall beim zweiten Zug 2 der insgesamt 5 Kugeln im Säckchen blau.

Die Wahrscheinlichkeit für 2 blaue Kugeln beträgt:

$$\frac{3}{6}\cdot\frac{2}{5}=\frac{1}{5}$$

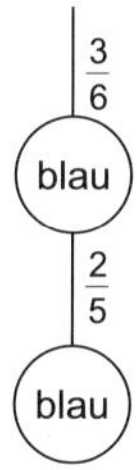

7.3 „2 verschiedenfarbige Kugeln" ist das Gegenereignis zu „2 gleichfarbige Kugeln".

> **TIPP** Die Wahrscheinlichkeit, dass 2 gleichfarbige Kugeln gezogen werden, ist gleich der Wahrscheinlichkeit, dass 2 rote oder 2 blaue Kugeln gezogen werden (Summe der Wahrscheinlichkeiten aus den Teilaufgaben 7.1 und 7.2).

Daher beträgt die gesuchte Wahrscheinlichkeit:

$$1-\left(\frac{1}{15}+\frac{1}{5}\right)=1-\frac{4}{15}=\frac{11}{15}$$

oder:

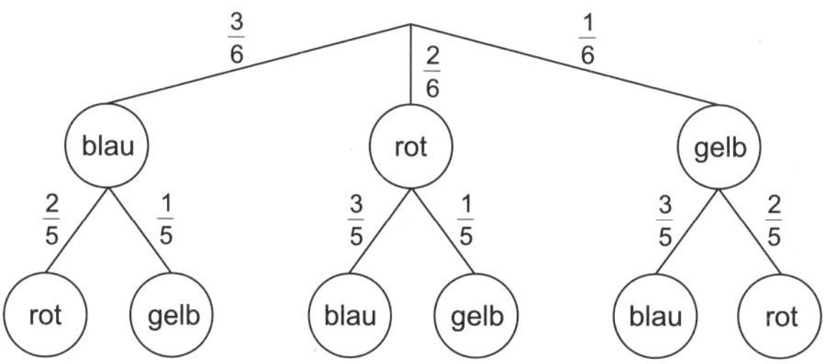

$$\frac{3}{6}\cdot\frac{2}{5}+\frac{3}{6}\cdot\frac{1}{5}+\frac{2}{6}\cdot\frac{3}{5}+\frac{2}{6}\cdot\frac{1}{5}+\frac{1}{6}\cdot\frac{3}{5}+\frac{1}{6}\cdot\frac{2}{5}=$$

$$\frac{6}{30}+\frac{3}{30}+\frac{6}{30}+\frac{2}{30}+\frac{3}{30}+\frac{2}{30}=\frac{22}{30}=\frac{11}{15}$$

7.4 Da nur Blau oder Gelb gezogen werden darf und sich somit 4 mögliche Kugeln im Säckchen befinden, beträgt die Wahrscheinlichkeit beim ersten Zug $\frac{4}{6}$ und beim zweiten Zug $\frac{3}{5}$.

Die Wahrscheinlichkeit, dass keine rote Kugel gezogen wird, beträgt also:

$$\frac{4}{6} \cdot \frac{3}{5} = \frac{2}{5}$$

oder:

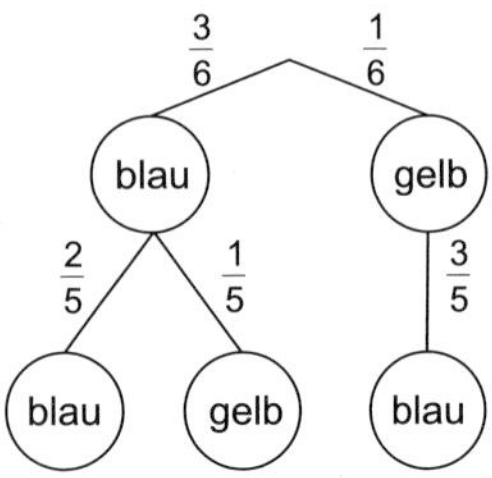

$$\frac{3}{6} \cdot \frac{2}{5} + \frac{3}{6} \cdot \frac{1}{5} + \frac{1}{6} \cdot \frac{3}{5} =$$

$$\frac{6}{30} + \frac{3}{30} + \frac{3}{30} = \frac{12}{30} = \frac{2}{5}$$

7.5 „Mindestens eine rote Kugel" ist das Gegenereignis zu „Keine rote Kugel" aus Teilaufgabe 7.4.

Die Wahrscheinlichkeit, mindestens eine rote Kugel zu ziehen, beträgt also:

$$1 - \frac{2}{5} = \frac{3}{5}$$

oder:

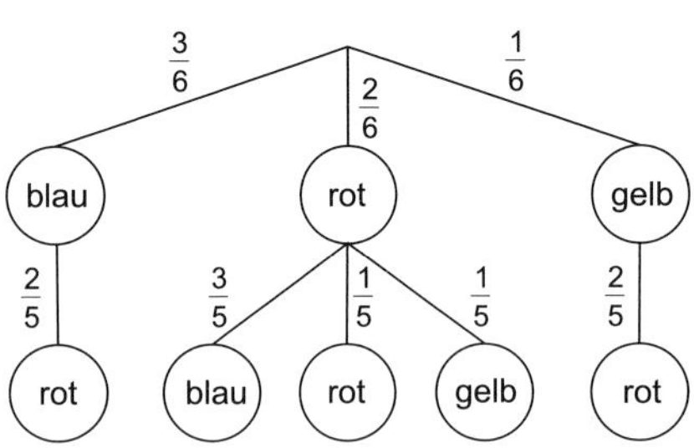

$$\frac{3}{6} \cdot \frac{2}{5} + \frac{2}{6} \cdot \frac{3}{5} + \frac{2}{6} \cdot \frac{1}{5} + \frac{2}{6} \cdot \frac{1}{5} + \frac{1}{6} \cdot \frac{2}{5} =$$

$$\frac{6}{30} + \frac{6}{30} + \frac{2}{30} + \frac{2}{30} + \frac{2}{30} = \frac{18}{30} = \frac{3}{5}$$

8.1 Beim ersten Zug sind 2 der insgesamt 6 Kugeln im Säckchen rot.

Da zurückgelegt wird, sind in diesem Fall auch beim zweiten Zug 2 der insgesamt 6 Kugeln im Säckchen rot.

Die Wahrscheinlichkeit für 2 rote Kugeln beträgt:

$$\frac{2}{6} \cdot \frac{2}{6} = \frac{1}{9}$$

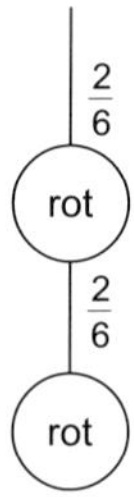

8.2 Beim ersten Zug sind 3 der insgesamt 6 Kugeln im Säckchen blau.

Da zurückgelegt wird, sind in diesem Fall auch beim zweiten Zug 3 der insgesamt 6 Kugeln im Säckchen blau.

Die Wahrscheinlichkeit für 2 blaue Kugeln beträgt:

$$\frac{3}{6} \cdot \frac{3}{6} = \frac{1}{4}$$

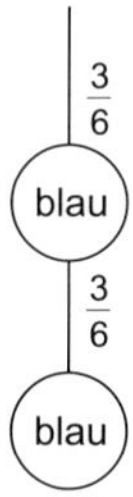

8.3 „2 verschiedenfarbige Kugeln“ ist das Gegenereignis zu „2 gleichfarbige Kugeln“.

> **TIPP** Um die Wahrscheinlichkeit des Gegenereignisses zu bestimmen, fehlt noch die Wahrscheinlichkeit für 2 gelbe Kugeln. Die Wahrscheinlichkeit für 2 rote Kugeln bzw. für 2 blaue Kugeln wurde bereits in Teilaufgabe 8.1 bzw. 8.2 bestimmt.

Beim ersten Zug ist 1 der insgesamt 6 Kugeln im Säckchen gelb.

Da zurückgelegt wird, ist auch beim zweiten Zug 1 der insgesamt 6 Kugeln im Säckchen gelb.

Die Wahrscheinlichkeit für 2 gelbe Kugeln beträgt:

$$\frac{1}{6} \cdot \frac{1}{6} = \frac{1}{36}$$

Daher beträgt die gesuchte Wahrscheinlichkeit:

$$1 - \left(\frac{1}{9} + \frac{1}{4} + \frac{1}{36}\right) = 1 - \left(\frac{4}{36} + \frac{9}{36} + \frac{1}{36}\right) = 1 - \frac{14}{36} = \frac{22}{36} = \frac{11}{18}$$

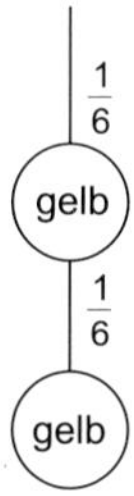

oder:

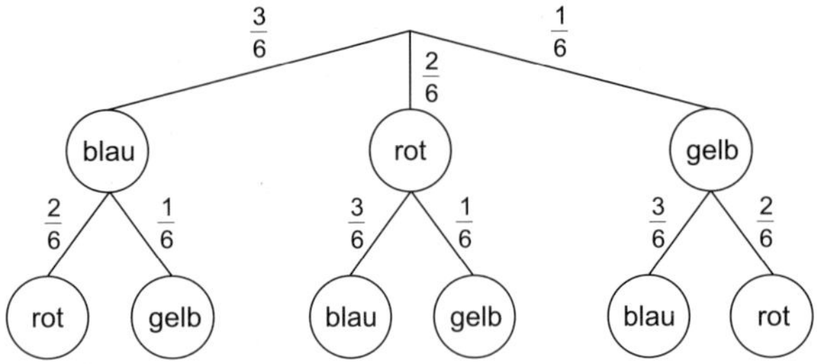

$$\frac{3}{6}\cdot\frac{2}{6} + \frac{3}{6}\cdot\frac{1}{6} + \frac{2}{6}\cdot\frac{3}{6} + \frac{2}{6}\cdot\frac{1}{6} + \frac{1}{6}\cdot\frac{3}{6} + \frac{1}{6}\cdot\frac{2}{6} =$$

$$\frac{6}{36} + \frac{3}{36} + \frac{6}{36} + \frac{2}{36} + \frac{3}{36} + \frac{2}{36} = \frac{22}{36} = \frac{11}{18}$$

8.4 Da nur Blau oder Gelb gezogen werden darf und sich somit 4 mögliche Kugeln im Säckchen befinden, beträgt die Wahrscheinlichkeit beim ersten Zug und beim zweiten Zug jeweils $\frac{4}{6}$.

Die Wahrscheinlichkeit, dass keine rote Kugel gezogen wird, beträgt also:

$$\frac{4}{6}\cdot\frac{4}{6}=\frac{4}{9}$$

oder:

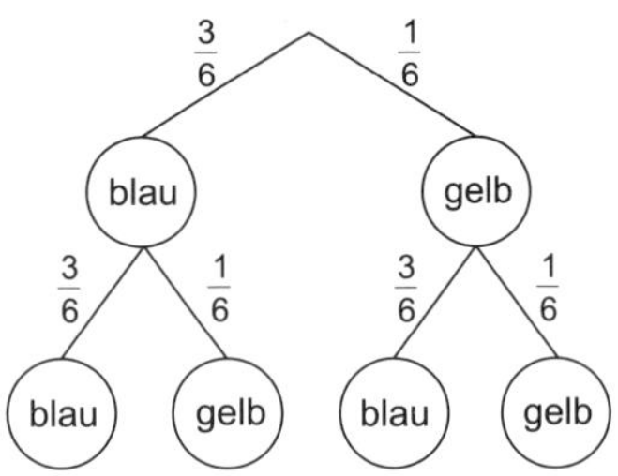

$$\frac{3}{6}\cdot\frac{3}{6} + \frac{3}{6}\cdot\frac{1}{6} + \frac{1}{6}\cdot\frac{3}{6} + \frac{1}{6}\cdot\frac{1}{6} =$$

$$\frac{9}{36} + \frac{3}{36} + \frac{3}{36} + \frac{1}{36} = \frac{16}{36} = \frac{4}{9}$$

8.5 „Mindestens eine rote Kugel“ ist das Gegenereignis zu „Keine rote Kugel“ aus Teilaufgabe 8.4.

Die Wahrscheinlichkeit, mindestens eine rote Kugel zu ziehen, beträgt:

$1-\frac{4}{9}=\frac{5}{9}$

oder:

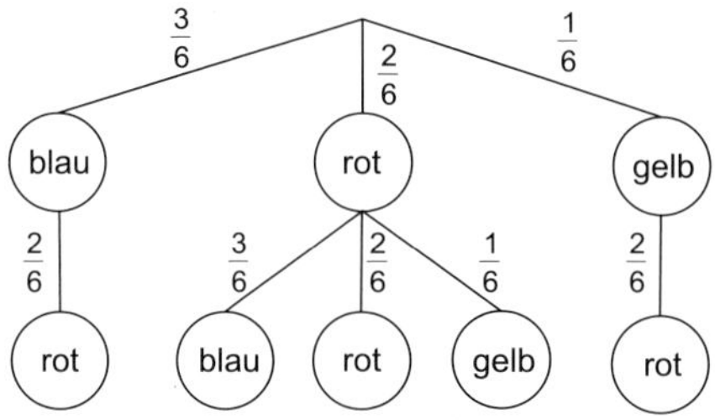

$$\frac{3}{6}\cdot\frac{2}{6}+\frac{2}{6}\cdot\frac{3}{6}+\frac{2}{6}\cdot\frac{2}{6}+\frac{2}{6}\cdot\frac{1}{6}+\frac{1}{6}\cdot\frac{2}{6}=$$

$$\frac{6}{36}+\frac{6}{36}+\frac{4}{36}+\frac{2}{36}+\frac{2}{36}=\frac{20}{36}=\frac{5}{9}$$

9.1 Es gibt insgesamt $2\cdot 3\cdot 2=12$ verschiedene Möglichkeiten für die Menüzusammenstellung.

Zeichnen eines Baumdiagramms:
Vorspeisen werden mit „V“ abgekürzt, Hauptspeisen mit „H“ und Nachspeisen mit „N“. Durch den Zusatz „veg“ wird angegeben, welche davon jeweils vegetarisch sind.

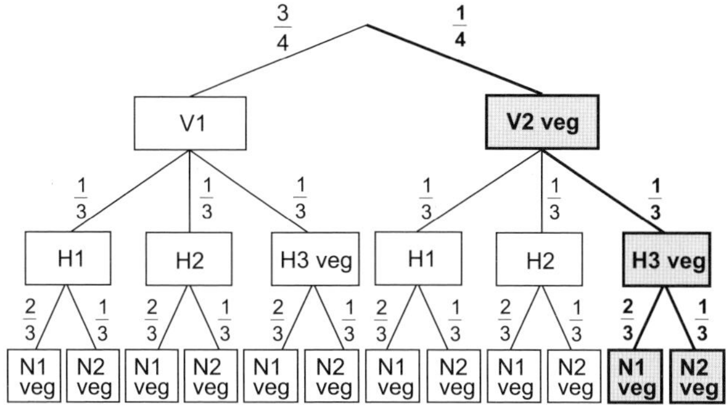

$$\frac{1}{6}\quad\frac{1}{12}\quad\frac{1}{6}\quad\frac{1}{12}\quad\frac{1}{6}\quad\frac{1}{12}\quad\frac{1}{18}\quad\frac{1}{36}\quad\frac{1}{18}\quad\frac{1}{36}\quad\mathbf{\frac{1}{18}}\quad\mathbf{\frac{1}{36}}$$

9.2 Die Wahrscheinlichkeit, dass ein vegetarisches Menü bestellt wird, beträgt:

$$\frac{1}{18}+\frac{1}{36}=\frac{3}{36}=\frac{1}{12}$$

TIPP Die Pfade für die vegetarischen Menüs sind im Baumdiagramm aus Teilaufgabe 9.1 hervorgehoben.

oder:

Da die Nachspeise immer vegetarisch ist, muss nur die Wahl der Vorspeise und der Hauptspeise betrachtet werden und die gesuchte Wahrscheinlichkeit beträgt:

$$\frac{1}{4}\cdot\frac{1}{3}=\frac{1}{12}$$

10.1

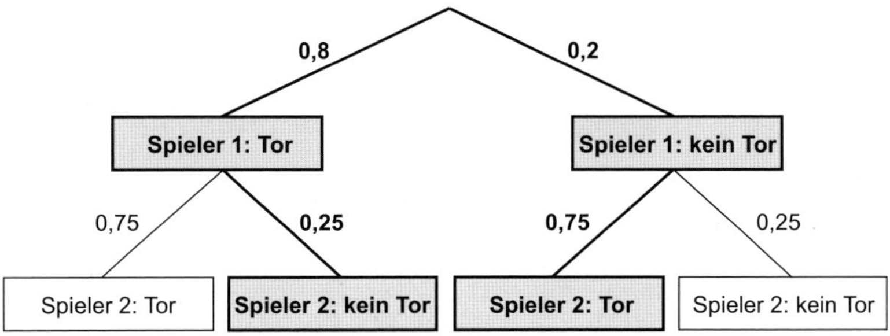

10.2 Die Wahrscheinlichkeit, dass 2 Tore fallen, beträgt:
$0{,}8\cdot 0{,}75=0{,}6$ also 60 %

10.3 Die Wahrscheinlichkeit, dass kein Tor fällt, beträgt:
$0{,}2\cdot 0{,}25=0{,}05$ also 5 %

10.4 Die Wahrscheinlichkeit, dass genau ein Tor fällt, beträgt:
$0{,}8\cdot 0{,}25+0{,}2\cdot 0{,}75=0{,}35$ also 35 %

TIPP Die zugehörigen Pfade sind im Baumdiagramm aus Teilaufgabe 10.2 hervorgehoben.

oder:

„Genau ein Tor“ ist das Gegenereignis zu „2 Tore oder keines“.

TIPP Die benötigten Wahrscheinlichkeiten für 2 Tore und für kein Tor wurden in den Teilaufgaben 10.2 und 10.3 bestimmt.

Die Wahrscheinlichkeit für genau ein Tor beträgt:
$100\,\% - (60\,\% + 5\,\%) = 35\,\%$

11.1 Zeichnen eines Baumdiagramms:

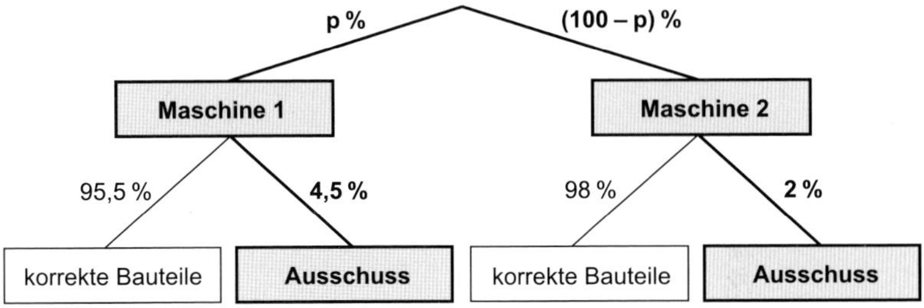

Berechnen des prozentualen Anteils:

TIPP Die beiden Pfade, die zum Ausschuss führen, sind im Baumdiagramm hervorgehoben. Aus diesen beiden Pfaden ergibt sich laut Angabe eine Gesamtausschussquote von 3 %. Das führt zu folgender Gleichung.

$$0{,}03 = \frac{p}{100} \cdot 0{,}045 + \left(1 - \frac{p}{100}\right) \cdot 0{,}02 \qquad p \in [0; 100]$$

$$0{,}03 = \frac{0{,}045p}{100} + 0{,}02 - \frac{0{,}02p}{100} \qquad \left| -0{,}02 \right.$$

$$0{,}01 = \frac{0{,}045p}{100} - \frac{0{,}02p}{100}$$

$$0{,}01 = \frac{0{,}025p}{100} \qquad \left| \cdot \frac{100}{0{,}025} \right.$$

$$p = 40$$

Von Maschine 1 werden 40 % der Bauteile hergestellt.

11.2 **TIPP** Zunächst schließt man von der Anzahl der Ausschussteile von Maschine 2 (30 Stück) mithilfe der Ausschussquote von 2 % auf die Anzahl der täglich insgesamt von Maschine 2 produzierten Bauteile.

Tägliche Gesamtproduktion von Maschine 2:

30 Stück entsprechen 2 %.) :2

15 Stück entsprechen 1 %.) · 100

1 500 Stück entsprechen 100 %.

oder kürzer:

$30 \cdot \frac{100}{2} = 1\,500$

Maschine 2 produziert täglich 1 500 Bauteile.

TIPP Das sind 100 % – 40 % = 60 % der täglichen Gesamtproduktion beider Maschinen zusammen (vgl. Teilaufgabe 11.1).

Tägliche Gesamtproduktion von beiden Maschinen:

1 500 Stück entsprechen 60 %.) :60

25 Stück entsprechen 1 % .) · 100

2 500 Stück entsprechen 100 %.

oder kürzer:

$1\,500 \cdot \frac{100}{60} = 2500$

Beide Maschinen zusammen produzieren täglich 2 500 Bauteile.

Davon sind 100 % – 3 % = 97 % korrekt. D. h., es werden täglich insgesamt $2500 \cdot \frac{97}{100} = 2\,425$ korrekte Bauteile hergestellt.

oder:

Tägliche Gesamtproduktion von Maschine 2:

30 Stück entsprechen 2 %.) $\cdot \frac{100}{2}$

1 500 Stück entsprechen 100 %.

Maschine 2 produziert täglich 1 500 Bauteile.

Tägliche Gesamtproduktion von Maschine 1:

1500 Stück entsprechen 60 %.) $\cdot \frac{40}{60}$

1 000 Stück entsprechen 40 %.

Maschine 1 produziert täglich 1 000 Bauteile.

Tägliche Gesamtproduktion an korrekten Bauteilen von beiden Maschinen:

$$\underbrace{1\,500 \cdot \frac{98}{100}}_{\text{Maschine 1}} + \underbrace{1000 \cdot \frac{95{,}5}{100}}_{\text{Maschine 2}} = 1\,470 + 955 = 2\,425$$

Es werden täglich insgesamt 2 425 korrekte Bauteile hergestellt.

11.3 Wahrscheinlichkeit für ein korrektes Bauteil bei der Gesamtproduktion:
$100\,\% - 3\,\% = 97\,\%$

Wahrscheinlichkeit, dass ein Bauteil von Maschine 2 stammt und korrekt ist:
$60\,\% \cdot 98\,\% = 0{,}6 \cdot 98\,\% = 58{,}8\,\%$

TIPP Der benutzte Pfad im Baumdiagramm aus Teilaufgabe 11.1 (mit p = 40) ist hervorgehoben:

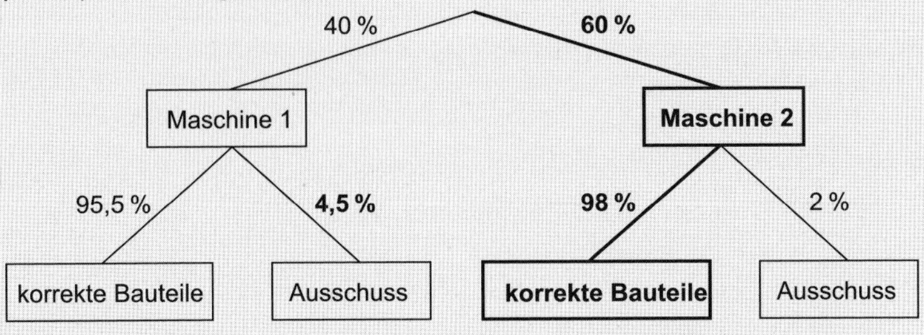

Wahrscheinlichkeit, dass das korrekte Bauteil von Maschine 2 stammt:

$$\frac{58{,}8\,\%}{97\,\%} = 0{,}606 = 60{,}6\,\%$$

12.1 Für die erste zu tippende Zahl gibt es 10 Möglichkeiten, für die zweite zu tippende Zahl 9 Möglichkeiten und für die dritte zu tippende Zahl 8 Möglichkeiten. Da die Reihenfolge der zu tippenden Zahlen egal ist, erhält man

$$\frac{10!}{(10-3)! \cdot 3!} = \frac{10 \cdot 9 \cdot 8}{3 \cdot 2 \cdot 1} = 120 \text{ Möglichkeiten.}$$

3 Richtige erhält man nur bei einer dieser 120 Tipp-Möglichkeiten.

Die Wahrscheinlichkeit für 3 Richtige beträgt somit:

$$\frac{1}{120} \cdot 100\,\% = 0{,}83\,\%$$

12.2 **TIPP** Man bestimmt zunächst, bei wie vielen der 120 Tipp-Möglichkeiten keine der 3 getippten Zahlen unter den Gewinnzahlen ist.

Für die erste falsche Zahl gibt es 7 Möglichkeiten, für die zweite falsche Zahl 6 Möglichkeiten und für die dritte falsche Zahl 5 Möglichkeiten. Da die Reihenfolge der falschen Zahlen egal ist, erhält man

$$\frac{7!}{(7-3)! \cdot 3!} = \frac{7 \cdot 6 \cdot 5}{3 \cdot 2 \cdot 1} = 35 \text{ Möglichkeiten.}$$

Keine Richtigen erhält man also bei 35 der 120 Tipp-Möglichkeiten.

Die Wahrscheinlichkeit für keine Richtigen beträgt somit:

$$\frac{35}{120} \cdot 100\,\% = 29{,}17\,\%$$

12.3 Für die richtige Zahl gibt es 3 Möglichkeiten. Für die erste falsche Zahl gibt es 7 Möglichkeiten und für die zweite falsche Zahl 6 Möglichkeiten. Da die Reihenfolge der Zahlen egal ist, erhält man

$$\underbrace{3}_{\text{Richtige}} \cdot \underbrace{\frac{7!}{(7-2)! \cdot 2!}}_{\text{Falsche}} = 3 \cdot \frac{7 \cdot 6}{2 \cdot 1} = 63 \text{ Möglichkeiten.}$$

Genau eine Richtige erhält man also bei 63 der 120 Tipp-Möglichkeiten.

Die Wahrscheinlichkeit für genau eine Richtige beträgt somit:

$$\frac{63}{120} \cdot 100\,\% = 52{,}50\,\%$$

12.4 Für die erste richtige Zahl gibt es 3 Möglichkeiten und für die zweite noch 2 Möglichkeiten. Für die falsche Zahl gibt es 7 Möglichkeiten. Da die Reihenfolge der Zahlen egal ist, erhält man

$$\underbrace{\frac{3!}{(3-2)! \cdot 2!}}_{\text{Richtige}} \cdot \underbrace{7}_{\text{Falsche}} = \frac{3 \cdot 2}{2 \cdot 1} \cdot 7 = 21 \text{ Möglichkeiten.}$$

Genau 2 Richtige erhält man also bei 21 der 120 Tipp-Möglichkeiten.

Die Wahrscheinlichkeit für genau 2 Richtige beträgt somit:

$$\frac{21}{120} \cdot 100\,\% = 17{,}50\,\%$$

oder:

„2 Richtige" ist das Gegenereignis zu „Entweder 3 Richtige, keine Richtigen oder eine Richtige".

Die Wahrscheinlichkeit für genau 2 Richtige beträgt somit:

$$100\,\% - (0{,}83\,\% + 29{,}17\,\% + 52{,}50\,\%) = 100\,\% - 82{,}50\,\% = 17{,}50\,\%$$

Bayern ▪ Realschule ▪ Beispielaufgaben

Mathematik I – Teil A – ohne Taschenrechner

Daten und Zufall

BE

A 1 In einer Urne befinden sich drei rote und zwei grüne Kugeln gleicher Art. Es werden zwei Kugeln zufällig ohne Zurücklegen entnommen.

Zeichnen Sie ein zugehöriges Baumdiagramm, in dem die Wahrscheinlichkeiten ersichtlich sind.

Bestimmen Sie sodann die Wahrscheinlichkeit, dass zwei gleichfarbige Kugeln gezogen werden. 4

Funktionen

A 2 Die Funktion f hat die Gleichung $y = \log_3(x - 1{,}5)$ mit $x \in \mathbb{R}$ und $y \in \mathbb{R}$.

Bestimmen Sie die nach y aufgelöste Gleichung der Umkehrfunktion zu f. 1,5

Ebene Geometrie

A 3 Die nebenstehende Skizze zeigt das Quadrat ABCD.

Es gilt: $|\overline{AC}| = 6\ \text{cm}$.

Zeigen Sie rechnerisch, dass für die Länge der Strecke $\overline{AB}$ gilt:

$|\overline{AB}| = 3 \cdot \sqrt{2}\ \text{cm}$.

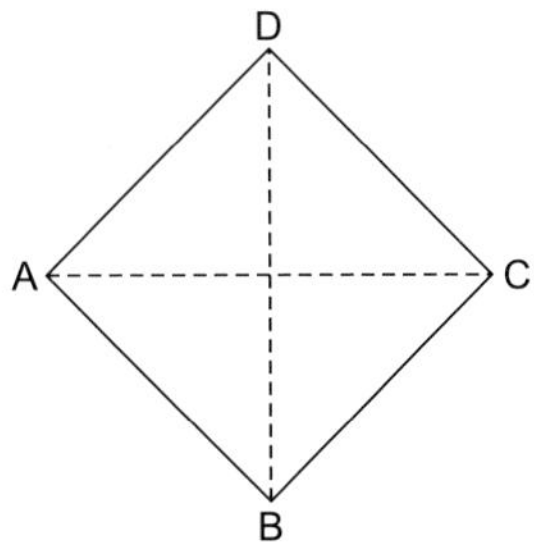

1,5

A 4.0 Gegeben ist ein Schrägbild der Pyramide ABCDS mit der rechteckigen Grundfläche ABCD $\left(|\overline{AB}| = 8\text{ cm}\text{ und } |\overline{BC}| = 6\text{ cm}\right)$ sowie der Höhe $|\overline{DS}| = 7\text{ cm}$.

In der Zeichnung gilt: $q = 0{,}5$ und $\omega = 45°$. $\overline{AB}$ liegt auf der Schrägbildachse.

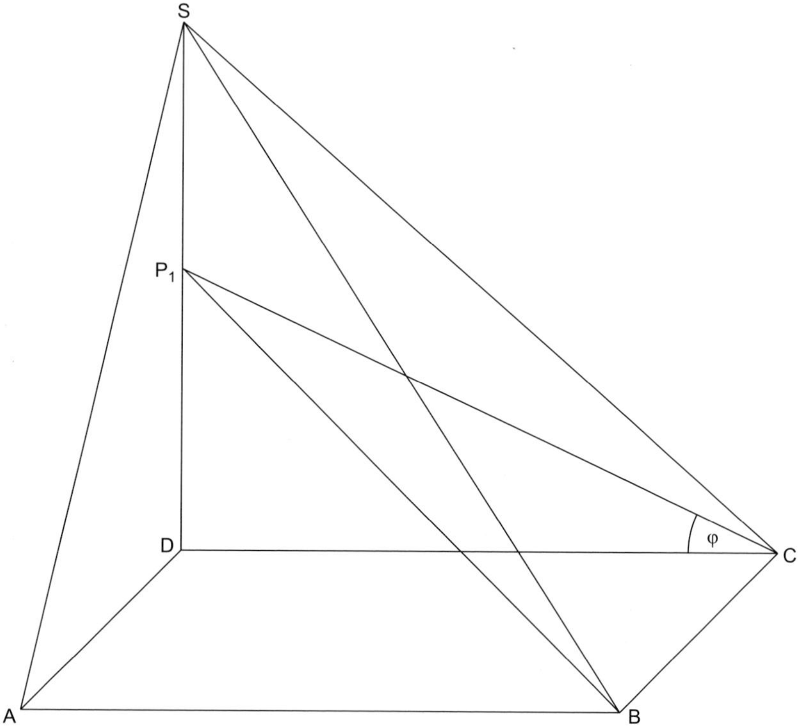

A 4.1 Punkte P_n liegen auf der Strecke $\overline{DS}$ und legen mit den Punkten C und D Winkel P_nCD mit dem Maß φ fest ($\varphi \in [0°; 41{,}19°]$). In der Zeichnung zu A 4.0 ist das Dreieck BCP_1 für $\varphi = 25°$ eingezeichnet.

Berechnen Sie den Flächeninhalt A der Dreiecke BCP_n in Abhängigkeit von φ. 2

A 4.2 Zeichnen Sie ein weiteres Schrägbild der Pyramide ABCDS, sodass die Strecke $\overline{CD}$ auf der Schrägbildachse und der Punkt C links von D liegt.
Es soll gelten: $q = \frac{2}{3}$ und $\omega = 30°$. 2

Lösungsvorschlag

A 1 Baumdiagramm:

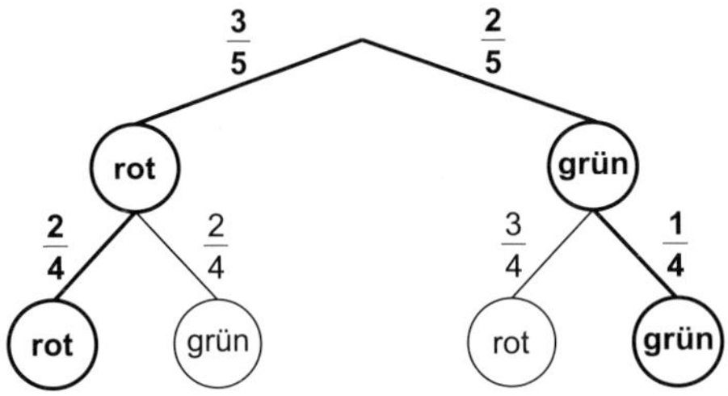

Wahrscheinlichkeit für 2 gleichfarbige Kugeln:

TIPP Die verwendeten Pfade sind in der Zeichnung **hervorgehoben**.

$$\frac{3}{5}\cdot\frac{2}{4}+\frac{2}{5}\cdot\frac{1}{4}=\frac{6}{20}+\frac{2}{20}=\frac{8}{20}$$

oder:

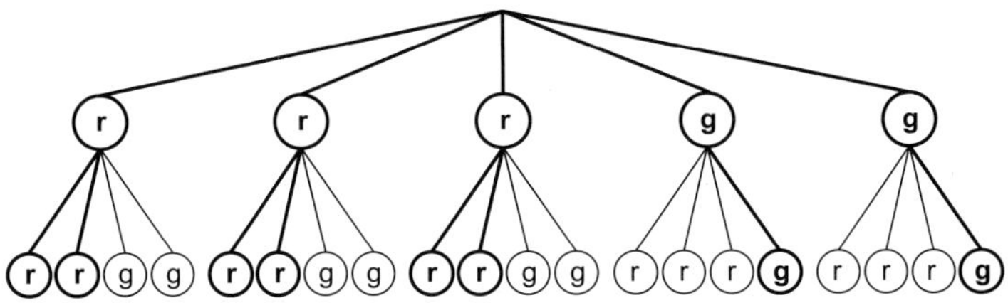

In 8 von 20 Fällen erhält man 2 gleichfarbige Kugeln. Folglich werden 2 gleichfarbige Kugeln mit einer Wahrscheinlichkeit von $\frac{8}{20}$ gezogen.

TIPP Auch gleichwertige Lösungen wie z. B. 40 %, 0,4 oder $\frac{2}{5}$ sind bei derartigen Aufgaben gültig.

A 2 Bestimmung der Gleichung der Umkehrfunktion:

$x = \log_3(y-1{,}5)$ $\qquad$ $x \in \mathbb{R};\ y \in \mathbb{R};\ y > 1{,}5$

$\Leftrightarrow \quad 3^x = y - 1{,}5 \qquad |+1{,}5$

$\Leftrightarrow \quad 3^x + 1{,}5 = y$

$f^{-1}\colon\ y = 3^x + 1{,}5$

A 3 Berechnung von $|\overline{AB}|$ mit dem Pythagoras:

$$|\overline{AB}|^2 = \left(\frac{|\overline{AC}|}{2}\right)^2 + \left(\frac{|\overline{BD}|}{2}\right)^2 \qquad |\sqrt{}$$

$$|\overline{AB}| = \sqrt{\left(\frac{|\overline{AC}|}{2}\right)^2 + \left(\frac{|\overline{BD}|}{2}\right)^2} \qquad \text{mit } |\overline{BD}| = |\overline{AC}| = 6\,\text{cm}$$

$$|\overline{AB}| = \sqrt{\left(\frac{6}{2}\right)^2 + \left(\frac{6}{2}\right)^2}\ \text{cm}$$

$$|\overline{AB}| = \sqrt{3^2 + 3^2}\ \text{cm}$$

$$|\overline{AB}| = \sqrt{2 \cdot 3^2}\ \text{cm}$$

$$|\overline{AB}| = 3 \cdot \sqrt{2}\ \text{cm}$$

A 4.1

> **TIPP** Das Dreieck DCS steht senkrecht auf der Grundfläche ABCD.
> Daher gilt $\sphericalangle P_nCB = 90°$.
> Somit gilt für den Flächeninhalt A der Dreiecke BCP_n:
> $A = 0{,}5 \cdot |\overline{BC}| \cdot |\overline{CP_n}|$
> Zunächst wird $|\overline{CP_n}|$ in Abhängigkeit von φ ermittelt.

Im rechtwinkligen Dreieck DCP_n gilt:

$$\cos\varphi = \frac{|\overline{CD}|}{|\overline{CP_n}|} \qquad \left|\ \cdot \frac{|\overline{CP_n}|}{\cos\varphi}\right.$$

$$|\overline{CP_n}| = \frac{|\overline{CD}|}{\cos\varphi} \qquad \text{mit } |\overline{CD}| = |\overline{AB}|$$

$$|\overline{CP_n}|(\varphi) = \frac{8}{\cos\varphi}\ \text{cm} \qquad \varphi \in [0°; 41{,}19°]$$

Berechnung des Flächeninhalts A der Dreiecke BCP_n:

$$A = 0{,}5 \cdot |\overline{BC}| \cdot |\overline{CP_n}|$$

$$A(\varphi) = 0{,}5 \cdot 6 \cdot \frac{8}{\cos\varphi}\ \text{cm}^2 \qquad \varphi \in [0°; 41{,}19°]$$

$$A(\varphi) = \frac{24}{\cos\varphi}\ \text{cm}^2$$

A 4.2 Zeichnen des Schrägbildes der Pyramide ABCDS

TIPP

- Da $\overline{CD}$ auf der Schrägbildachse liegt, wird $\overline{CD}$ in wahrer Länge $\left(|\overline{CD}| = |\overline{AB}| = 8\text{ cm}\right)$ angetragen. C soll links von D liegen.
- Da $\overline{AD}$ und $\overline{BC}$ senkrecht zur Zeichenebene verlaufen, werden $\overline{AD}$ und $\overline{BC}$ mit dem Faktor $q = \frac{2}{3}$ verkürzt $\left(\frac{2}{3} \cdot 6\text{ cm} = 4\text{ cm}\right)$. Sie schließen mit der Schrägbildachse jeweils den Winkel $\omega = 30°$ ein.
- Die Höhe $\overline{DS}$ liegt in der Zeichenebene und wird somit in wahrer Länge angetragen.

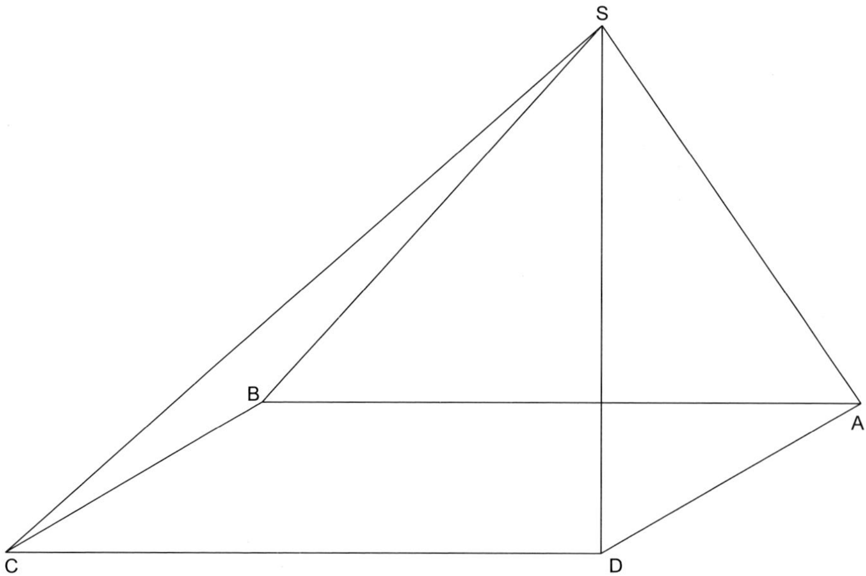

Daten und Zufall

BE

B 1.0 Die Zuschauer bei einem Handballspiel werden danach unterschieden, ob sie Fans der Heimmannschaft („H“) oder nicht Fans der Heimmannschaft („nH“) sind. Der Anteil der erwachsenen („E“) Zuschauer beträgt p % ($p \in \mathbb{R}^+$). Davon sind 70 % Fans der Heimmannschaft. Von den minderjährigen („M“) Zuschauern sind 25 % ebenfalls Fans der Heimmannschaft.

B 1.1 Zeichnen Sie ein zugehöriges Baumdiagramm, in dem die Anteile ersichtlich sind. 2

B 1.2 Von allen Zuschauern sind 65 % Fans der Heimmannschaft.

Zeigen Sie, dass der Anteil p % der erwachsenen Zuschauer gerundet 89 % beträgt. 2

B 1.3 Ein zufällig ausgewählter Fan der Heimmannschaft wird von einem Reporter befragt.

Berechnen Sie, mit welcher Wahrscheinlichkeit dieser Fan erwachsen ist. 2

B 2.0 Gegeben sind die Trapeze B_nCDE_n mit den parallelen Seiten $\overline{CD}$ und $\overline{B_nE_n}$. Die Winkel CB_nE_n haben das Maß φ mit $\varphi \in]0°; 90°[$.
Kreise k_n mit den Mittelpunkten E_n haben die Radien $r_n = |\overline{B_nE_n}|$ und schneiden die Halbgeraden $[DE_n$ in den Punkten A_n.
Die Figuren A_nB_nCD werden von den Kreisbögen $\overset{\frown}{A_nB_n}$ sowie den Strecken $\overline{B_nC}$, $\overline{CD}$ und $\overline{DA_n}$ begrenzt.
Es gilt:
$|\overline{CD}| = 2{,}5$ cm; $|\overline{B_nC}| = 4$ cm; $\sphericalangle E_nDC = 90°$.

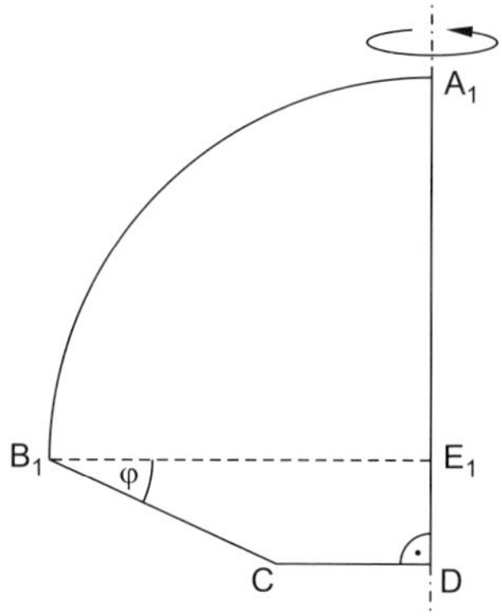

Die nebenstehende Skizze zeigt die Figur A_1B_1CD für $\varphi = 25°$.

B 2.1 Zeigen Sie, dass für die Länge der Strecken $\overline{B_nE_n}$ in Abhängigkeit von φ gilt: $|\overline{B_nE_n}|(\varphi) = (4 \cdot \cos\varphi + 2{,}5)$ cm. 2

B 2.2 Die Figuren A_nB_nCD rotieren um die Geraden A_nD. Bestandteile der entstehenden Rotationskörper sind Halbkugeln. Bei dem Körper, der durch Rotation der Figur A_2B_2CD entsteht, hat die Halbkugel ein Volumen von 135 cm^3.

Bestimmen Sie rechnerisch den Radius r_2 sowie das zugehörige Maß für φ.

Runden Sie auf zwei Stellen nach dem Komma. 3

B 3.0 Gegeben sind die Geraden g mit der Gleichung $y = 0{,}25x + 6$ und h mit der Gleichung $y = x - 1$ ($x, y \in \mathbb{R}$). Punkte $D_n(x \mid x-1)$ mit der Abszisse x liegen auf der Geraden h. Punkte A_n auf der Geraden g haben eine um 2 kleinere Abszisse als die Punkte D_n.
Die Punkte A_n und D_n bilden zusammen mit Punkten B_n und C_n Drachenvierecke $A_nB_nC_nD_n$ mit den Symmetrieachsen A_nC_n.
Es gilt: $\sphericalangle B_nA_nD_n = 90°$; $|\overline{A_nC_n}| = 1{,}5 \cdot |\overline{B_nD_n}|$.
Runden Sie im Folgenden auf zwei Stellen nach dem Komma.

B 3.1 Zeichnen Sie die Geraden g und h sowie die Drachenvierecke $A_1B_1C_1D_1$ für $x = 2$ und $A_2B_2C_2D_2$ für $x = 7$ in ein Koordinatensystem.
Für die Zeichnung: Längeneinheit 1 cm; $-6 \leq x \leq 8$; $-5 \leq y \leq 8$ 4

B 3.2 Berechnen Sie die Koordinaten der Punkte A_n und B_n in Abhängigkeit von der Abszisse x der Punkte D_n.
[Ergebnis: $A_n(x-2 \mid 0{,}25x + 5{,}5)$; $B_n(1{,}75x - 8{,}5 \mid 0{,}25x + 3{,}5)$] 4

B 3.3 Die Diagonale $\overline{B_3D_3}$ des Drachenvierecks $A_3B_3C_3D_3$ liegt parallel zur Geraden g.
Berechnen Sie die Abszisse x des Punktes D_3. 3

B 3.4 Zeigen Sie, dass für den Flächeninhalt A der Drachenvierecke $A_nB_nC_nD_n$ in Abhängigkeit von x gilt:
$A(x) = (0{,}84x^2 - 14{,}63x + 69{,}38)$ FE. 4

B 4.0 Gegeben sind die Funktionen f_1 mit der Gleichung $y = 0{,}12 \cdot 0{,}5^{x-3} - 3$ und f_2 mit der Gleichung $y = 0{,}6 \cdot 0{,}5^x + 2$ $(x, y \in \mathbb{R})$.

B 4.1 Geben Sie die Gleichung der Asymptote der Funktion f_1 an und zeichnen Sie die Graphen zu f_1 und f_2 für $x \in [-3; 6]$ in ein Koordinatensystem.
Für die Zeichnung: Längeneinheit 1 cm; $-3 \le x \le 7$; $-4 \le y \le 7$ 4

B 4.2 Punkte $A_n(x \,|\, 0{,}12 \cdot 0{,}5^{x-3} - 3)$ liegen auf dem Graphen zu f_1. Sie sind für $x > -3{,}01$ zusammen mit Punkten B_n, C_n und D_n Eckpunkte von Parallelogrammen $A_nB_nC_nD_n$. Die Punkte D_n liegen auf dem Graphen zu f_2 und ihre x-Koordinate ist stets um 1 größer als die Abszisse x der Punkte A_n.

Es gilt: $\overrightarrow{A_nB_n} = \begin{pmatrix} 3 \\ -1 \end{pmatrix}$.

Zeichnen Sie die Parallelogramme $A_1B_1C_1D_1$ für $x = -1$ und $A_2B_2C_2D_2$ für $x = 3$ in das Koordinatensystem zu B 4.1 ein. 2

B 4.3 Bestätigen Sie durch Rechnung, dass für die Pfeile $\overrightarrow{A_nD_n}$ in Abhängigkeit von der Abszisse x der Punkte A_n gilt:

$\overrightarrow{A_nD_n}(x) = \begin{pmatrix} 1 \\ -0{,}66 \cdot 0{,}5^x + 5 \end{pmatrix}$. 3

B 4.4 Zeigen Sie, dass für den Flächeninhalt A der Parallelogramme $A_nB_nC_nD_n$ in Abhängigkeit von der Abszisse x der Punkte A_n gilt:
$A(x) = (-1{,}98 \cdot 0{,}5^x + 16)$ FE.

Begründen Sie sodann, dass der Flächeninhalt der Parallelogramme $A_nB_nC_nD_n$ stets kleiner als 16 FE ist. 3

B 4.5 Unter den Parallelogrammen $A_nB_nC_nD_n$ gibt es das Rechteck $A_3B_3C_3D_3$.

Begründen Sie, dass es sich bei dem Rechteck $A_3B_3C_3D_3$ um ein Quadrat handelt.

Bestimmen Sie sodann durch Rechnung die x-Koordinate des Punktes A_3. 5

Lösungsvorschlag

B 1.1 **TIPP** Da sowohl die Erwachsenen als auch die Minderjährigen in „Fans“ und „nicht Fans“ unterteilt werden, ist die erste Ebene des Baumdiagramms die Unterscheidung nach Erwachsenen und Minderjährigen.

Da der Anteil der Erwachsenen p % beträgt, ist der Anteil der Minderjährigen 100 % − p %.

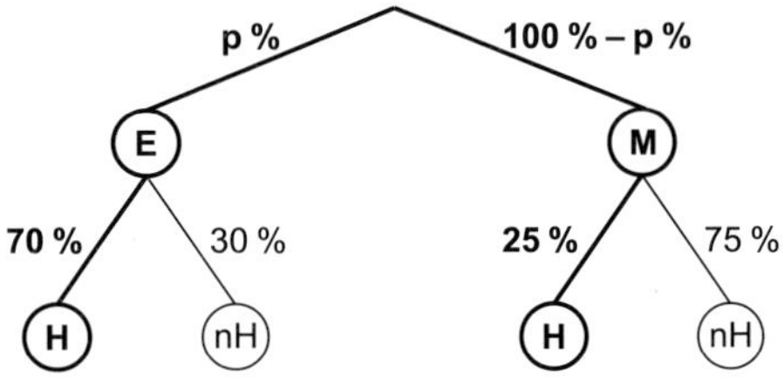

B 1.2 **TIPP** Die verwendeten Pfade sind in der Zeichnung **hervorgehoben**.

$$0{,}65=\frac{p}{100}\cdot 0{,}7+\left(1-\frac{p}{100}\right)\cdot 0{,}25 \qquad p\in \mathbb{R}^+$$

$$\Leftrightarrow \quad 0{,}65=0{,}7\cdot\frac{p}{100}+0{,}25-0{,}25\cdot\frac{p}{100} \qquad |\cdot 100$$

$$\Leftrightarrow \quad 65=0{,}7p+25-0{,}25p \qquad |-25$$

$$\Leftrightarrow \quad 40=0{,}45p \qquad |:0{,}45$$

$$\Leftrightarrow \quad p=89$$

$L=\{89\}$

Der Anteil der erwachsenen Zuschauer beträgt gerundet 89 %.

B 1.3 Anteil der Zuschauer, die Fans der Heimmannschaft sind:
65 % (vgl. Angabe zu Teilaufgabe B 1.2)

Anteil der Zuschauer, die erwachsen und Fans der Heimmannschaft sind:
$0{,}89\cdot 70\,\% = 62\,\%$

Wahrscheinlichkeit, mit der der zufällig ausgewählte Fan der Heimmannschaft erwachsen ist:

$$\frac{62\,\%}{65\,\%}=0{,}95=95\,\%$$

B 2.1 Es sei F_n der jeweilige Fußpunkt des Lotes von C auf $\overline{B_nE_n}$.

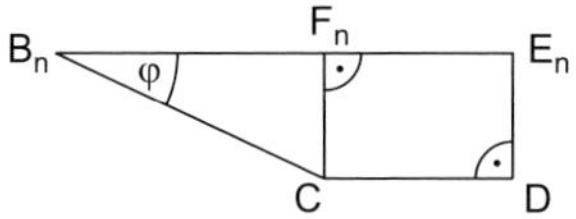

TIPP Da $|\overline{B_nE_n}| = |\overline{B_nF_n}| + |\overline{CD}|$, ermittelt man zunächst $|\overline{B_nF_n}|$.

Berechnung von $|\overline{B_nF_n}|$ im rechtwinkligen Dreieck B_nCF_n in Abhängigkeit von φ:

$$\cos\varphi = \frac{|\overline{B_nF_n}|}{|\overline{B_nC}|} \qquad \left|\cdot |\overline{B_nC}|\right.$$

$$|\overline{B_nF_n}| = |\overline{B_nC}| \cdot \cos\varphi$$

$$|\overline{B_nF_n}|(\varphi) = 4 \cdot \cos\varphi \text{ cm} \qquad \varphi \in]0°; 90°[$$

Berechnung von $|\overline{B_nE_n}|$ in Abhängigkeit von φ:

$$|\overline{B_nE_n}| = |\overline{B_nF_n}| + |\overline{CD}|$$

$$|\overline{B_nE_n}|(\varphi) = (4 \cdot \cos\varphi + 2{,}5) \text{ cm} \qquad \varphi \in]0°; 90°[$$

B 2.2 Mit $V_{Halbkugel} = \frac{1}{2} \cdot \frac{4}{3} \cdot r_2^3 \cdot \pi$ folgt:

$$135 \text{ cm}^3 = \frac{1}{2} \cdot \frac{4}{3} \cdot r_2^3 \cdot \pi \qquad \left| \cdot \frac{3}{2\pi}\right.$$

$$\Leftrightarrow \quad r_2^3 = \frac{405}{2\pi} \text{cm}^3 \qquad \left|\sqrt[3]{}\right.$$

$$\Leftrightarrow \quad r_2 = \sqrt[3]{\frac{405}{2\pi}} \text{ cm}$$

$$\Leftrightarrow \quad r_2 = 4{,}01 \text{ cm}$$

Berechnung von φ:

$$|\overline{B_nE_n}|(\varphi) = 4{,}01 \text{ cm} \qquad \varphi \in]0°; 90°[$$

$$\Leftrightarrow \quad 4 \cdot \cos\varphi + 2{,}5 = 4{,}01 \qquad |-2{,}5$$

$$\Leftrightarrow \quad 4 \cdot \cos\varphi = 1{,}51 \qquad |:4$$

$$\Leftrightarrow \quad \cos\varphi = \frac{1{,}51}{4}$$

$$\Leftrightarrow \quad \varphi = 67{,}82°$$

$L = \{67{,}82°\}$

B 3.1 Einzeichnen der Geraden g und h

> **TIPP** g hat die Steigung 0,25 und den y-Achsenabschnitt 6.
> h hat die Steigung 1 und den y-Achsenabschnitt –1.

Einzeichnen des Drachenvierecks $A_1B_1C_1D_1$ für $x=2$

> **TIPP**
> - D_1 hat die x-Koordinate 2 und liegt auf der Geraden h, also $D_1(2\,|\,1)$.
> - A_1 hat eine um 2 kleinere Abszisse als D_1 und liegt auf der Geraden g, also $A_1(0\,|\,6)$.
> - Da A_1C_1 die Symmetrieachse des Drachenvierecks $A_1B_1C_1D_1$ ist, gilt $|\overline{A_1D_1}|=|\overline{A_1B_1}|$. Da weiterhin $\sphericalangle B_1A_1D_1=90°$ gilt, erhält man B_1 durch Drehung von D_1 um A_1 mit dem Winkel –90°.
> - Es sei M_1 der Mittelpunkt von $\overline{B_1D_1}$. Dann liegt C_1 auf der Geraden A_1M_1 und es gilt $|\overline{A_1C_1}|=1{,}5\cdot|\overline{B_1D_1}|$. Da das Dreieck $A_1B_1M_1$ rechtwinklig-gleichschenklig ist, gilt $|\overline{A_1M_1}|=0{,}5\cdot|\overline{B_1D_1}|$. Man trägt also ausgehend von A_1 die Länge $|\overline{A_1C_1}|=|\overline{A_1M_1}|+|\overline{B_1D_1}|$ auf der Geraden A_1M_1 ab und erhält somit den Punkt C_1.

Einzeichnen des Drachenvierecks $A_2B_2C_2D_2$ für $x=7$

> **TIPP**
> - D_2 hat die x-Koordinate 7 und liegt auf der Geraden h, also $D_2(7\,|\,6)$.
> - A_2 hat eine um 2 kleinere Abszisse als D_2 und liegt auf der Geraden g, also $A_2(5\,|\,7{,}25)$.
> - Da A_2C_2 die Symmetrieachse des Drachenvierecks $A_2B_2C_2D_2$ ist, gilt $|\overline{A_2D_2}|=|\overline{A_2B_2}|$. Da weiterhin $\sphericalangle B_2A_2D_2=90°$ gilt, erhält man B_2 durch Drehung von D_2 um A_2 mit dem Winkel –90°.
> - Es sei M_2 der Mittelpunkt von $\overline{B_2D_2}$. Dann liegt C_2 auf der Geraden A_2M_2 und es gilt $|\overline{A_2C_2}|=1{,}5\cdot|\overline{B_2D_2}|$. Da das Dreieck $A_2B_2M_2$ rechtwinklig-gleichschenklig ist, gilt $|\overline{A_2M_2}|=0{,}5\cdot|\overline{B_2D_2}|$. Man trägt also ausgehend von A_2 die Länge $|\overline{A_2C_2}|=|\overline{A_2M_2}|+|\overline{B_2D_2}|$ auf der Geraden A_2M_2 ab und erhält somit den Punkt C_2.

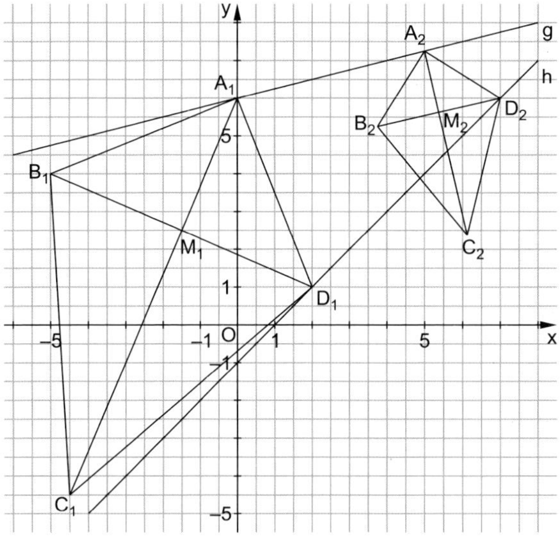

(Darstellung im Maßstab 1 : 2)

B 3.2 Berechnung der Koordinaten der Punkte A_n:

TIPP Die Abszisse von A_n ist um 2 kleiner als die Abszisse von D_n und somit x – 2. Da A_n auf der Geraden g liegt, erhält man die Ordinate von A_n durch Ersetzen von x in der Geradengleichung von g durch x – 2.

$A_n(x-2\,|\,0{,}25\cdot(x-2)+6)$ $\qquad x\in\mathbb{R}$

$A_n(x-2\,|\,0{,}25x-0{,}5+6)$

$A_n(x-2\,|\,0{,}25x+5{,}5)$

TIPP Um die Koordinaten von B_n mithilfe von $\overrightarrow{OB_n}=\overrightarrow{OA_n}\oplus\overrightarrow{A_nB_n}$ ermitteln zu können, bestimmt man $\overrightarrow{A_nB_n}$ durch Drehung von $\overrightarrow{A_nD_n}$ um –90°.

Berechnung von $\overrightarrow{A_nD_n}$ in Abhängigkeit von x:

$$\overrightarrow{A_nD_n}(x)=\begin{pmatrix} x-(x-2) \\ x-1-(0{,}25x+5{,}5) \end{pmatrix} \qquad x\in\mathbb{R}$$

$$\overrightarrow{A_nD_n}(x)=\begin{pmatrix} 2 \\ 0{,}75x-6{,}5 \end{pmatrix}$$

Berechnung von $\overrightarrow{A_nB_n}$ in Abhängigkeit von x:

$$\overrightarrow{A_nD_n} \xmapsto{O;\ \varphi=-90^\circ} \overrightarrow{A_nB_n}$$

$$\overrightarrow{A_nB_n}(x)=\begin{pmatrix}\cos(-90^\circ) & -\sin(-90^\circ)\\ \sin(-90^\circ) & \cos(-90^\circ)\end{pmatrix}\odot\begin{pmatrix}2\\ 0{,}75x-6{,}5\end{pmatrix} \qquad x\in\mathbb{R}$$

$$\overrightarrow{A_nB_n}(x)=\begin{pmatrix}0 & 1\\ -1 & 0\end{pmatrix}\odot\begin{pmatrix}2\\ 0{,}75x-6{,}5\end{pmatrix}$$

$$\overrightarrow{A_nB_n}(x)=\begin{pmatrix}0{,}75x-6{,}5\\ -2\end{pmatrix}$$

Berechnung der Koordinaten der Punkte B_n in Abhängigkeit von x:

$$\overrightarrow{OB_n}=\overrightarrow{OA_n}\oplus\overrightarrow{A_nB_n}$$

$$\overrightarrow{OB_n}(x)=\begin{pmatrix}x-2\\ 0{,}25x+5{,}5\end{pmatrix}\oplus\begin{pmatrix}0{,}75x-6{,}5\\ -2\end{pmatrix} \qquad x\in\mathbb{R}$$

$$\overrightarrow{OB_n}(x)=\begin{pmatrix}1{,}75x-8{,}5\\ 0{,}25x+3{,}5\end{pmatrix}$$

$$B_n(1{,}75x-8{,}5\,|\,0{,}25x+3{,}5)$$

B 3.3

> **TIPP** Im Drachenviereck $A_3B_3C_3D_3$ entspricht die Steigung der Geraden B_3D_3 der Steigung der Geraden g, d. h., es gilt $m_{B_3D_3}=m_g=0{,}25$. Um die Abszisse des Punktes D_3 zu bestimmen, ermittelt man die Steigung $m_{B_nD_n}$ in Abhängigkeit von x mithilfe der Pfeile $\overrightarrow{B_nD_n}$.

Berechnung der Steigung $m_{B_nD_n}$ in Abhängigkeit von x:

$$\overrightarrow{B_nD_n}(x)=\begin{pmatrix}x-(1{,}75x-8{,}5)\\ x-1-(0{,}25x+3{,}5)\end{pmatrix} \qquad x\in\mathbb{R}$$

$$\overrightarrow{B_nD_n}(x)=\begin{pmatrix}-0{,}75x+8{,}5\\ 0{,}75x-4{,}5\end{pmatrix}$$

$$m_{B_nD_n}(x)=\frac{0{,}75x-4{,}5}{-0{,}75x+8{,}5}$$

Berechnung des Wertes für x mit $m_{B_nD_n}(x)=0{,}25$:

$$\frac{0{,}75x-4{,}5}{-0{,}75x+8{,}5}=0{,}25 \qquad |\cdot(-0{,}75x+8{,}5) \qquad x\in\mathbb{R}$$

$$\Leftrightarrow \quad 0{,}75x-4{,}5=0{,}25\cdot(-0{,}75x+8{,}5)$$

$$\Leftrightarrow \quad 0{,}75x-4{,}5=-0{,}19x+2{,}13 \qquad |+0{,}19x+4{,}5$$

$\Leftrightarrow \quad 0{,}94x = 6{,}63 \quad |:0{,}94$

$\Leftrightarrow \quad x = 7{,}05$

$L = \{7{,}05\}$

TIPP Rechnet man mit nicht gerundeten Werten und rundet erst am Schluss, erhält man x = 7,07.

B 3.4 **TIPP** Da $|\overline{A_nC_n}| = 1{,}5 \cdot |\overline{B_nD_n}|$, benötigt man zur Bestimmung des Flächeninhalts $A = 0{,}5 \cdot |\overline{A_nC_n}| \cdot |\overline{B_nD_n}|$ lediglich die Länge $|\overline{B_nD_n}|$.

Berechnung von $|\overline{B_nD_n}|(x)$ mithilfe von $\overrightarrow{B_nD_n}(x)$ aus Teilaufgabe B 3.3:

$|\overline{B_nD_n}|(x) = \sqrt{(-0{,}75x + 8{,}5)^2 + (0{,}75x - 4{,}5)^2}$ LE $\qquad x \in \mathbb{R}$

$|\overline{B_nD_n}|(x) = \sqrt{0{,}56x^2 - 12{,}75x + 72{,}25 + 0{,}56x^2 - 6{,}75x + 20{,}25}$ LE

$|\overline{B_nD_n}|(x) = \sqrt{1{,}12x^2 - 19{,}5x + 92{,}5}$ LE

Berechnung des Flächeninhalts der Drachenvierecke $A_nB_nC_nD_n$ in Abhängigkeit von x:

$A = 0{,}5 \cdot |\overline{A_nC_n}| \cdot |\overline{B_nD_n}| \qquad \text{mit } |\overline{A_nC_n}| = 1{,}5 \cdot |\overline{B_nD_n}|$

$A = 0{,}5 \cdot 1{,}5 \cdot |\overline{B_nD_n}|^2$

$A(x) = 0{,}5 \cdot 1{,}5 \cdot (1{,}12x^2 - 19{,}5x + 92{,}5)$ FE $\qquad x \in \mathbb{R}$

$A(x) = (0{,}84x^2 - 14{,}63x + 69{,}38)$ FE

B 4.1 Gleichung der Asymptote: y = –3

Einzeichnen des Graphen zu f_1, z. B. mithilfe folgender Wertetabelle

x	–3	–2	–1	0	1
$y = 0{,}12 \cdot 0{,}5^{x-3} - 3$	4,68	0,84	–1,08	–2,04	–2,52
x	2	3	4	5	6
$y = 0{,}12 \cdot 0{,}5^{x-3} - 3$	–2,76	–2,88	–2,94	–2,97	–2,99

Einzeichnen des Graphen zu f_2, z. B. mithilfe folgender Wertetabelle

x	–3	–2	–1	0	1
$y = 0{,}6 \cdot 0{,}5^{x} + 2$	6,8	4,4	3,2	2,6	2,3
x	2	3	4	5	6
$y = 0{,}6 \cdot 0{,}5^{x} + 2$	2,15	2,08	2,04	2,02	2,01

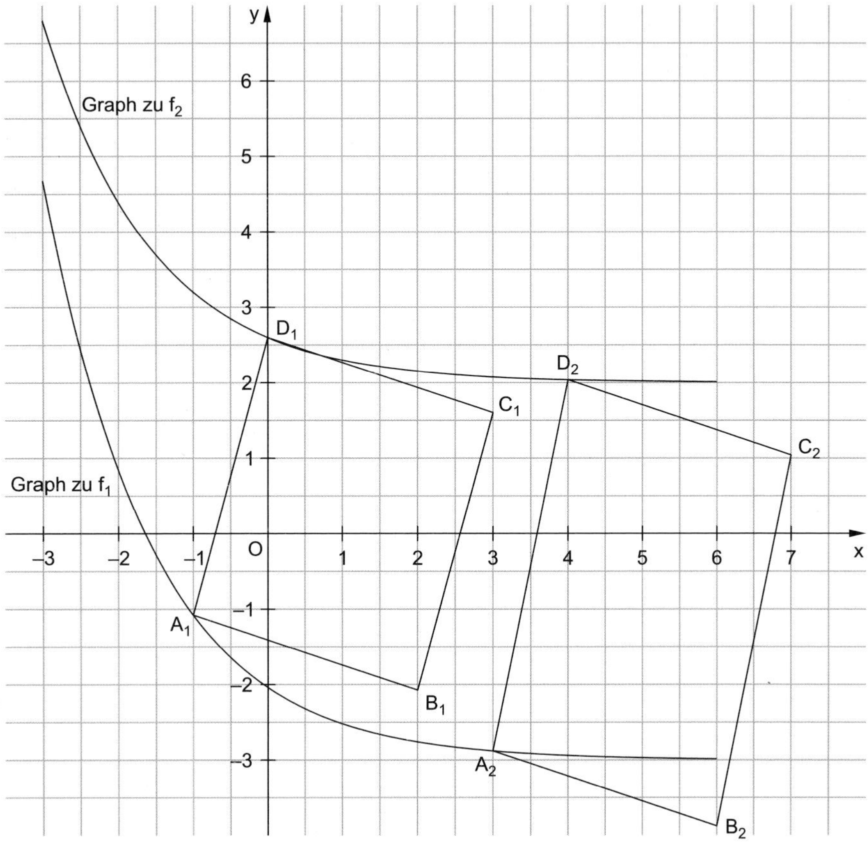

B 4.2 Einzeichnen der Parallelogramme $A_1B_1C_1D_1$ für $x = -1$

TIPP

- A_1 hat die x-Koordinate -1 und liegt auf dem Graphen zu f_1, also $A_1(-1\,|\,-1{,}08)$.
- Es gilt $\overrightarrow{A_1B_1} = \begin{pmatrix} 3 \\ -1 \end{pmatrix}$, also $B_1(2\,|\,-2{,}08)$.
- D_1 liegt auf dem Graphen zu f_2 und hat eine um 1 größere x-Koordinate als A_1, also $D_1(0\,|\,2{,}6)$.
- Da die Vierecke Parallelogramme sind, gilt $\overrightarrow{D_1C_1} = \overrightarrow{A_1B_1} = \begin{pmatrix} 3 \\ -1 \end{pmatrix}$, also $C_1(3\,|\,1{,}6)$.

Einzeichnen der Parallelogramme $A_2B_2C_2D_2$ für $x = 3$

TIPP
- A_2 hat die x-Koordinate 3 und liegt auf dem Graphen zu f_1, also $A_2(3\,|\,-2{,}88)$.
- Es gilt $\overrightarrow{A_2B_2} = \begin{pmatrix} 3 \\ -1 \end{pmatrix}$, also $B_2(6\,|\,-3{,}88)$.
- D_2 liegt auf dem Graphen zu f_2 und hat eine um 1 größere x-Koordinate als A_2, also $D_2(4\,|\,2{,}04)$.
- Da die Vierecke Parallelogramme sind, gilt $\overrightarrow{D_2C_2} = \overrightarrow{A_2B_2} = \begin{pmatrix} 3 \\ -1 \end{pmatrix}$, also $C_2(7\,|\,1{,}04)$.

B 4.3 $A_n(x\,|\,0{,}12 \cdot 0{,}5^{x-3} - 3)$ $\qquad x \in \mathbb{R};\; x > -3{,}01$

TIPP Die Abszisse von D_n ist um 1 größer als die Abszisse von A_n und somit $x+1$. Da D_n auf dem Graphen zu f_2 liegt, erhält man die Ordinate von D_n durch Ersetzen von x in der Funktionsgleichung von f_2 durch $x+1$.

$D_n(x+1\,|\,0{,}6 \cdot 0{,}5^{x+1} + 2)$ $\qquad x \in \mathbb{R};\; x > -3{,}01$

Somit gilt:

$$\overrightarrow{A_nD_n}(x) = \begin{pmatrix} x+1-x \\ 0{,}6 \cdot 0{,}5^{x+1} + 2 - (0{,}12 \cdot 0{,}5^{x-3} - 3 \end{pmatrix} \qquad x \in \mathbb{R};\; x > -3{,}01$$

$$\overrightarrow{A_nD_n}(x) = \begin{pmatrix} 1 \\ 0{,}6 \cdot 0{,}5 \cdot 0{,}5^{x} + 2 - 0{,}12 \cdot 0{,}5^{-3} \cdot 0{,}5^{x} + 3 \end{pmatrix}$$

$$\overrightarrow{A_nD_n}(x) = \begin{pmatrix} 1 \\ 0{,}3 \cdot 0{,}5^{x} - 0{,}96 \cdot 0{,}5^{x} + 5 \end{pmatrix}$$

$$\overrightarrow{A_nD_n}(x) = \begin{pmatrix} 1 \\ -0{,}66 \cdot 0{,}5^{x} + 5 \end{pmatrix}$$

B 4.4 Berechnung des Flächeninhalts der Parallelogramme $A_nB_nC_nD_n$:

$$A = \left| \overrightarrow{A_nB_n} \quad \overrightarrow{A_nD_n} \right| \text{FE}$$

$$A(x) = \begin{vmatrix} 3 & 1 \\ -1 & -0{,}66 \cdot 0{,}5^{x} + 5 \end{vmatrix} \text{FE} \qquad x \in \mathbb{R};\; x > -3{,}01$$

$$A(x) = [3 \cdot (-0{,}66 \cdot 0{,}5^{x} + 5) - (-1) \cdot 1]\ \text{FE}$$

$$A(x) = (-1{,}98 \cdot 0{,}5^{x} + 15 + 1)\ \text{FE}$$

$$A(x) = (-1{,}98 \cdot 0{,}5^{x} + 16)\ \text{FE}$$

Es gilt: $A(x) = (\underbrace{\underbrace{-1{,}98 \cdot 0{,}5^x}_{<0} + 16}_{<16})$ FE $\quad x \in \mathbb{R};\ x > -3{,}01$

Somit ist A(x) stets kleiner als 16 FE.

B 4.5

> **TIPP** Da die x-Koordinate von D_3 um 1 größer ist als die Abszisse x von A_3, gilt: $\overrightarrow{A_3D_3} = \begin{pmatrix} 1 \\ b \end{pmatrix}$ mit noch zu bestimmendem $b \in \mathbb{R}$
> Im Rechteck $A_3B_3C_3D_3$ stehen $\overrightarrow{A_3B_3}$ und $\overrightarrow{A_3D_3}$ senkrecht aufeinander.

Im Rechteck $A_3B_3C_3D_3$ gilt:

$$\overrightarrow{A_3B_3} \odot \overrightarrow{A_3D_3} = 0$$

$$\Leftrightarrow \quad \begin{pmatrix} 3 \\ -1 \end{pmatrix} \odot \begin{pmatrix} 1 \\ b \end{pmatrix} = 0 \qquad b \in \mathbb{R}$$

$$\Leftrightarrow \quad 3 \cdot 1 + (-1) \cdot b = 0$$

$$\Leftrightarrow \quad 3 - b = 0 \qquad | + b$$

$$\Leftrightarrow \quad b = 3$$

$L = \{3\}$

Somit folgt: $\overrightarrow{A_3D_3} = \begin{pmatrix} 1 \\ 3 \end{pmatrix}$

Mit $\overrightarrow{A_3B_3} = \begin{pmatrix} 3 \\ -1 \end{pmatrix}$ folgt: $|\overrightarrow{A_3B_3}| = |\overrightarrow{A_3D_3}|$

> **TIPP** Es gilt: $|\overrightarrow{A_3D_3}| = \sqrt{1^2 + 3^2} = \sqrt{10}$ und $|\overrightarrow{A_3B_3}| = \sqrt{3^2 + (-1)^2} = \sqrt{10}$

Somit ist das Rechteck $A_3B_3C_3D_3$ ein Quadrat.

Bestimmung der x-Koordinate von A_3:

> **TIPP** Gesucht ist der Wert für x mit $\overrightarrow{A_nD_n}(x) = \overrightarrow{A_3D_3}$, d. h., man setzt die y-Koordinaten der Pfeile $\overrightarrow{A_nD_n}(x)$ und $\overrightarrow{A_3D_3}$ gleich.

$$-0{,}66 \cdot 0{,}5^x + 5 = 3 \qquad | -5 \qquad x \in \mathbb{R};\ x > -3{,}01$$

$$\Leftrightarrow \quad -0{,}66 \cdot 0{,}5^x = -2 \qquad | : (-0{,}66)$$

$$\Leftrightarrow \quad 0{,}5^x = 3{,}03$$

$$\Leftrightarrow \quad x = \log_{0{,}5} 3{,}03$$

$$\Leftrightarrow \quad x = \frac{\lg 3{,}03}{\lg 0{,}5}$$

$$\Leftrightarrow \quad x = -1{,}60$$

$L = \{-1{,}60\}$

BE

A 1.0 Ein Glücksrad besteht aus drei kongruenten Sektoren, die mit den Zahlen von 1 bis 3 beschriftet sind. Es wird dreimal am Glücksrad gedreht.

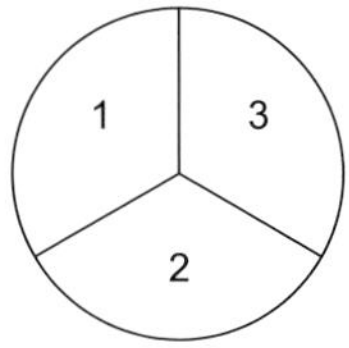

A 1.1 Geben Sie die Wahrscheinlichkeit dafür an, dass genau dreimal die Zahl 1 gedreht wird. 1

A 1.2 Ergänzen Sie das Baumdiagramm mit allen Pfaden, die sich von der Zahl 2 aus ergeben.

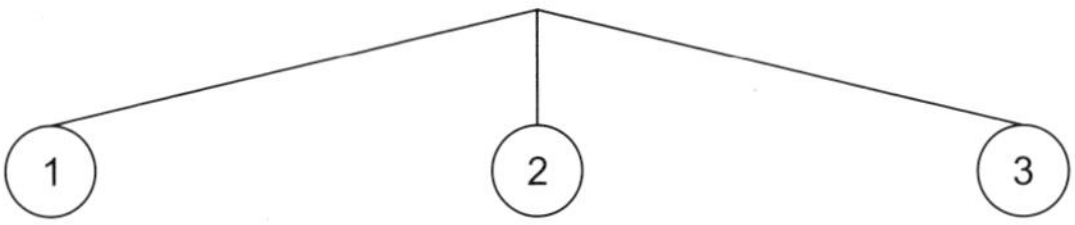

2

A 1.3 Man erhält einen Gewinn, wenn man bei den drei Drehungen Zahlen erhält, deren Summenwert genau 8 ist.

Bestimmen Sie die Wahrscheinlichkeit dafür, dass man diesen Gewinn erhält. 2

A 2.0 Gegeben sind Fünfecke $A_nB_nSD_nE_n$ mit $\overline{A_nE_n} \parallel \overline{B_nS}$. Der Punkt C ist der Fußpunkt der Lote von den Punkten D_n auf die Strecken $\overline{B_nS}$. Die Punkte E_n sind die Mittelpunkte der Strecken $\overline{CD_n}$. Die Winkel D_nSC haben das Maß φ mit $\varphi \in]0°; 90°[$.

Es gilt:
$|\overline{CS}| = 3\,\text{cm}$; $|\overline{CB_n}| = 2 \cdot |\overline{CD_n}|$;
$\sphericalangle CB_nA_n = 90°$.

Die Zeichnung zeigt das Fünfeck $A_1B_1SD_1E_1$ für $\varphi = 34°$.

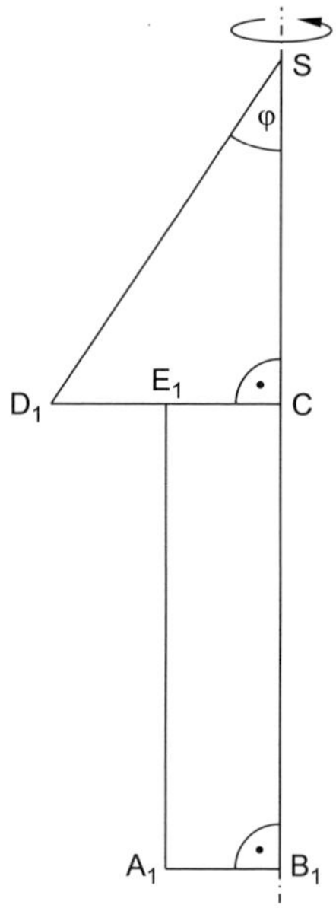

A 2.1 Zeigen Sie, dass für die Länge der Strecken $\overline{CD_n}$ in Abhängigkeit von φ gilt:
$|\overline{CD_n}|(\varphi) = 3 \cdot \tan\varphi\,\text{cm}$. 1

A 2.2 Die Fünfecke $A_nB_nSD_nE_n$ rotieren um die Achse B_nS.
Berechnen Sie das Volumen V der entstehenden Rotationskörper in Abhängigkeit von φ. 3

A 3 Die nebenstehende Skizze zeigt das rechtwinklige Dreieck WKR.

Es gilt:
$|\overline{KR}| = 134\,\text{km}$;
$\sphericalangle WRK = 60°$;
$\sphericalangle RKW = 90°$.

Die Luftlinie Würzburg (W) – Rosenheim (R) wird durch die Strecke $\overline{WR}$ dargestellt.

Berechnen Sie deren Länge. 2

Lösungsvorschlag

A 1.1 $\frac{1}{3} \cdot \frac{1}{3} \cdot \frac{1}{3} = \frac{1}{27}$

A 1.2 **TIPP** Es sind nur alle Pfade von der Zahl 2 aus anzugeben.

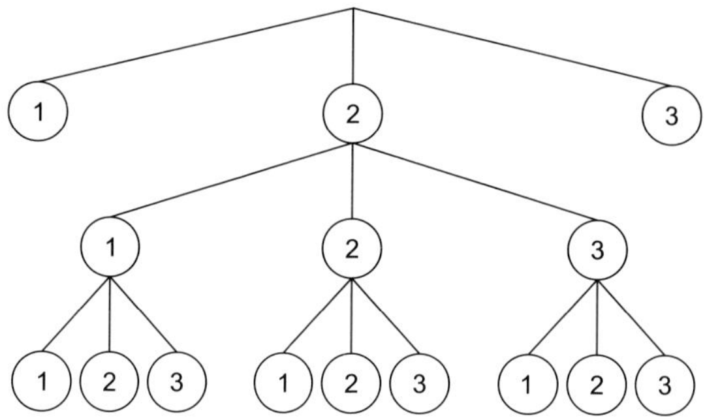

A 1.3 **TIPP** Die Summe 8 kann nur durch die Zahlen 3, 3, 2 gebildet werden: $3+3+2$; $3+2+3$; $2+3+3$

$$\begin{aligned} P(3\,3\,2)+P(3\,2\,3)+P(2\,3\,3) &= \frac{1}{3}\cdot\frac{1}{3}\cdot\frac{1}{3}+\frac{1}{3}\cdot\frac{1}{3}\cdot\frac{1}{3}+\frac{1}{3}\cdot\frac{1}{3}\cdot\frac{1}{3} \\ &= \frac{1}{27}+\frac{1}{27}+\frac{1}{27} \\ &= \frac{3}{27} \end{aligned}$$

TIPP Auch gleichwertige Lösungen wie z. B. $\frac{1}{9}$ oder $11,\overline{1}\,\%$ sind bei derartigen Aufgaben gültig.

A 2.1 Im rechtwinkligen Dreieck D_nCS gilt:

$$\tan\varphi = \frac{|\overline{CD_n}|}{|\overline{CS}|} \qquad \Big|\cdot|\overline{CS}|$$

$$|\overline{CD_n}| = |\overline{CS}|\cdot\tan\varphi$$

$$|\overline{CD_n}|(\varphi) = 3\cdot\tan\varphi \text{ cm} \qquad \varphi\in\,]0°;\,90°[$$

A 2.2 **TIPP** Durch die Rotation des Rechtecks $A_nB_nCE_n$ erhält man einen Zylinder mit dem Radius $|\overline{E_nC}| = \frac{1}{2} \cdot |\overline{CD_n}|$ und der Höhe $|\overline{CB_n}| = 2 \cdot |\overline{CD_n}|$. Durch die Rotation des Dreiecks D_nCS erhält man einen Kegel mit dem Radius $|\overline{CD_n}|$ und der Höhe $|\overline{CS}|$.

$$V = V_{Zylinder} + V_{Kegel}$$

$$V = |\overline{E_nC}|^2 \cdot \pi \cdot |\overline{CB_n}| + \frac{1}{3} \cdot |\overline{CD_n}|^2 \cdot \pi \cdot |\overline{CS}|$$

$$V = \left(\frac{1}{2} \cdot |\overline{CD_n}|\right)^2 \cdot \pi \cdot 2 \cdot |\overline{CD_n}| + \frac{1}{3} \cdot |\overline{CD_n}|^2 \cdot \pi \cdot |\overline{CS}|$$

$$V(\varphi) = \left[\left(\frac{1}{2} \cdot 3 \cdot \tan\varphi\right)^2 \cdot \pi \cdot 2 \cdot 3 \cdot \tan\varphi + \frac{1}{3} \cdot (3 \cdot \tan\varphi)^2 \cdot \pi \cdot 3\right] \text{cm}^3 \qquad \varphi \in \left]0°; 90°\right[$$

$$V(\varphi) = \left[\frac{9}{4} \cdot (\tan\varphi)^2 \cdot \pi \cdot 6 \cdot \tan\varphi + \frac{1}{3} \cdot 9 \cdot (\tan\varphi)^2 \cdot \pi \cdot 3\right] \text{cm}^3$$

$$V(\varphi) = [13{,}5\pi \cdot (\tan\varphi)^3 + 9\pi \cdot (\tan\varphi)^2] \text{ cm}^3$$

A 3 Im rechtwinkligen Dreieck WKR gilt:

$$\cos\sphericalangle WRK = \frac{|\overline{KR}|}{|\overline{WR}|} \qquad \left| \cdot \frac{|\overline{WR}|}{\cos\sphericalangle WRK}\right.$$

$$|\overline{WR}| = \frac{|\overline{KR}|}{\cos\sphericalangle WRK}$$

$$|\overline{WR}| = \frac{134}{\cos 60°} \text{ km}$$

$$|\overline{WR}| = \frac{134}{0{,}5} \text{ km}$$

$$|\overline{WR}| = 268 \text{ km}$$

oder:

Da $\sphericalangle WRK = 60°$ und $\sphericalangle RKW = 90°$, ist das Dreieck WKR ein „halbes gleichseitiges“ Dreieck. Somit gilt:

$$|\overline{WR}| = 2 \cdot |\overline{KR}|$$

$$|\overline{WR}| = 2 \cdot 134 \text{ km}$$

$$|\overline{WR}| = 268 \text{ km}$$

Aufgabe B 1

		BE
B 1.0	Vitamin D kann im menschlichen Körper produziert werden, wenn Sonnenstrahlung unter bestimmten Bedingungen auf die Haut trifft. Im Winterhalbjahr nimmt daher die Konzentration von Vitamin D im Körper normalerweise ab. Bei Andreas wurde Ende September eine Anfangskonzentration von 55 Nanogramm Vitamin D pro Milliliter Blut ($55\,\frac{\text{ng}}{m\ell}$) gemessen. Der Zusammenhang zwischen der Anzahl x der Wochen und der verbleibenden Konzentration $y\,\frac{\text{ng}}{m\ell}$ an Vitamin D lässt sich bei Andreas näherungsweise durch die Funktion f_1 mit der Gleichung $y = 55 \cdot 0{,}93^x \;\; (x \in \mathbb{R}_0^+, y \in \mathbb{R}^+)$ beschreiben.	
B 1.1	Um wie viel Prozent reduziert sich folglich bei Andreas die Konzentration an Vitamin D in einer Woche? Ergänzen Sie. Die Konzentration reduziert sich in einer Woche um [%.]	1
B 1.2	Berechnen Sie mithilfe der Funktion f_1 die Konzentration an Vitamin D bei Andreas nach 21 Tagen. Runden Sie auf zwei Nachkommastellen.	1
B 1.3	Berechnen Sie, in welcher Woche sich die Anfangskonzentration an Vitamin D bei Andreas entsprechend der Funktion f_1 halbiert.	2
B 1.4	Bei Stephan wurde gleichzeitig mit Andreas eine Messung begonnen. Bei Stephan lässt sich der Zusammenhang zwischen der Anzahl x der Wochen und der verbleibenden Konzentration $y\,\frac{\text{ng}}{m\ell}$ an Vitamin D annähernd durch die Funktion f_2 mit der Gleichung $y = 51 \cdot 0{,}91^x \; (x \in \mathbb{R}_0^+, y \in \mathbb{R}^+)$ beschreiben. Ist es unter diesen Voraussetzungen möglich, dass die Konzentrationen an Vitamin D zu einem Zeitpunkt bei Stephan und Andreas den gleichen Wert erreichen? Begründen Sie Ihre Entscheidung ohne Rechnung.	1

Aufgabe B 2

B 2.0 Gegeben ist das Rechteck ABCD.
Punkte E_n auf der Seite $\overline{AB}$ und Punkte F_n auf der Seite $\overline{CD}$ legen zusammen mit dem Punkt D Dreiecke DE_nF_n fest.
Die Winkel ADE_n haben das Maß φ mit $\varphi \in [24{,}30°; 65{,}70°]$.
Es gilt: $|\overline{AB}| = 8\text{ cm}$; $|\overline{AD}| = 3\text{ cm}$; $\sphericalangle F_nE_nD = 90°$.
Die Skizze zeigt das Dreieck DE_1F_1 für $\varphi = 50°$.

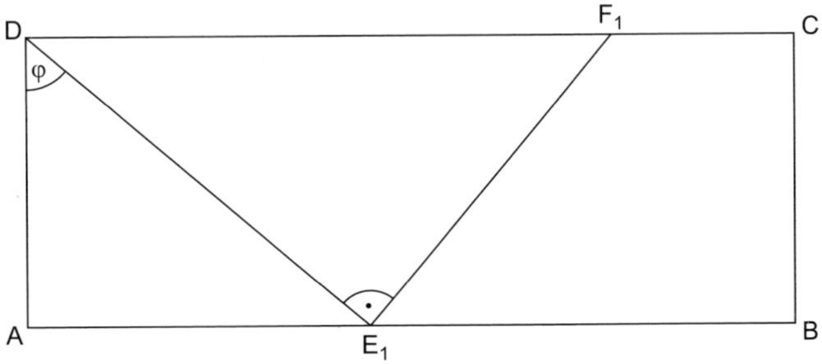

B 2.1 Begründen Sie, weshalb die Winkel DF_nE_n stets das Maß φ haben. 1

B 2.2 Zeigen Sie rechnerisch, dass für die Länge der Strecken $\overline{CF_n}$ in Abhängigkeit von φ gilt:
$|\overline{CF_n}|(\varphi) = \left(8 - \frac{3}{\sin\varphi \cdot \cos\varphi}\right)\text{cm}.$ 3

B 2.3 Berechnen Sie die Länge der Strecke $\overline{CF_1}$.
Runden Sie auf zwei Nachkommastellen. 1

Aufgabe B 3

B 3.0 Gegeben ist die Funktion f_1 mit der Gleichung $y = 2 \cdot \log_3(x+1) - 2$ $(x, y \in \mathbb{R})$.

B 3.1 Geben Sie die Definitionsmenge der Funktion f_1 sowie die Gleichung der Asymptote h an und zeichnen Sie den Graphen zu f_1 für $x \in [-0{,}5; 9]$ in ein Koordinatensystem.

Für die Zeichnung: Längeneinheit 1 cm; $-3 \leq x \leq 9$; $-4 \leq y \leq 7$ 3

B 3.2 Der Graph der Funktion f_1 wird durch Parallelverschiebung mit dem Vektor $\vec{v} = \begin{pmatrix} a \\ 4 \end{pmatrix}$ mit $a \in \mathbb{R}$ auf den Graphen der Funktion f_2 abgebildet.

Der Punkt $P(0|4)$ liegt auf dem Graphen zu f_2.

Berechnen Sie den Wert von a und zeigen Sie rechnerisch, dass für die Gleichung der Funktion f_2 gilt: $y = 2 \cdot \log_3(x+3) + 2$.

Zeichnen Sie sodann den Graphen zu f_2 für $x \in [-2{,}5; 9]$ in das Koordinatensystem zu B 3.1 ein. 4

B 3.3 Punkte $A_n(x|2 \cdot \log_3(x+1) - 2)$ auf dem Graphen zu f_1 und Punkte $C_n(x|2 \cdot \log_3(x+3) + 2)$ auf dem Graphen zu f_2 haben dieselbe Abszisse x und sind für $x > -1$ zusammen mit den Punkten B_n und D_n die Eckpunkte von Rauten $A_nB_nC_nD_n$.

Es gilt: $|\overline{B_nD_n}| = 3$ LE.

Zeichnen Sie die Rauten $A_1B_1C_1D_1$ für $x = 0$ und $A_2B_2C_2D_2$ für $x = 5$ in das Koordinatensystem zu B 3.1 ein. 2

B 3.4 Zeigen Sie rechnerisch, dass für die Koordinaten der Diagonalenschnittpunkte M_n der Rauten $A_nB_nC_nD_n$ in Abhängigkeit von der Abszisse x der Punkte A_n und C_n gilt:
$M_n(x|\log_3(x^2+4x+3))$. 2

B 3.5 Der Diagonalenschnittpunkt M_3 der Raute $A_3B_3C_3D_3$ liegt auf der x-Achse.

Berechnen Sie die Koordinaten der Punkte B_3 und C_3. Runden Sie auf zwei Stellen nach dem Komma. 4

Aufgabe B 4

B 4.0 Das gleichschenklige Dreieck ABC ist die Grundfläche des Prismas ABCDEF mit der Höhe $\overline{AD}$. Der Punkt M ist der Mittelpunkt der Basis $\overline{AC}$ und der Punkt N ist der Mittelpunkt der Strecke $\overline{DF}$.

Es gilt: $|\overline{AC}| = 12$ cm; $|\overline{MB}| = 8$ cm; $|\overline{AD}| = 5$ cm.

Runden Sie im Folgenden auf zwei Stellen nach dem Komma.

B 4.1 Zeichnen Sie das Schrägbild des Prismas ABCDEF, wobei die Strecke $\overline{MB}$ auf der Schrägbildachse und der Punkt M links vom Punkt B liegen soll.

Für die Zeichnung gilt: $q = \frac{1}{2}$; $\omega = 45°$.

Zeichnen Sie sodann die Strecke $\overline{BN}$ ein und berechnen Sie das Maß des Winkels NBM. 3

B 4.2 Punkte P_n liegen auf der Strecke $\overline{MB}$. Die Winkel P_nEB haben das Maß φ mit $\varphi \in \,]0°; 57{,}99°]$. Die Strecken $\overline{BN}$ und $\overline{EP_n}$ schneiden sich in Punkten Q_n.

Zeichnen Sie für $\varphi = 45°$ die Strecke $\overline{EP_1}$ und den Punkt Q_1 in das Schrägbild zu B 4.1 ein.

Begründen Sie sodann rechnerisch die obere Intervallgrenze für φ. 2

B 4.3 Zeigen Sie, dass für die Länge der Strecken $\overline{EQ_n}$ in Abhängigkeit von φ gilt:

$$|\overline{EQ_n}|(\varphi) = \frac{4{,}24}{\sin(\varphi + 57{,}99°)} \text{ cm}.$$

Unter den Strecken $\overline{EQ_n}$ hat die Strecke $\overline{EQ_0}$ die minimale Länge.

Berechnen Sie die Länge der Strecke $\overline{NQ_0}$. 4

B 4.4 Der Punkt A ist die Spitze von Pyramiden Q_nBEA mit den Grundflächen Q_nBE.

Zeichnen Sie die Pyramide Q_1BEA in das Schrägbild zu B 4.1 ein und ermitteln Sie sodann rechnerisch das Volumen V der Pyramiden Q_nBEA in Abhängigkeit von φ.

$$\left[\text{Ergebnis: } V(\varphi) = \frac{21{,}2 \cdot \sin\varphi}{\sin(\varphi + 57{,}99°)} \text{ cm}^3\right]$$ 3

B 4.5 Das Volumen der Pyramide Q_2BEA ist um 95 % kleiner als das Volumen des Prismas ABCDEF.

Berechnen Sie das zugehörige Maß für φ. 4

Lösungsvorschlag

B 1.1

TIPP Die Basis 0,93 gibt an, dass sich die Konzentration in einer Woche auf 93 % verringert. Der gesuchte Prozentsatz, um den verringert wird, beträgt also: 100 % − 93 % = 7 %

Die Konzentration reduziert sich in einer Woche um **7 %**.

B 1.2

TIPP 21 Tage sind 3 Wochen.

$y = 55 \cdot 0{,}93^3$
$y = 44{,}24$

Nach 21 Tagen beträgt die Konzentration an Vitamin D bei Andreas $44{,}24\,\frac{\text{ng}}{m\ell}$.

B 1.3

TIPP Gesucht ist die Belegung von x, für die $y = 55 \cdot 0{,}93^x$ die Hälfte der Anfangskonzentration ergibt.

$$0{,}5 \cdot 55 = 55 \cdot 0{,}93^x \quad |:55 \qquad x \in \mathbb{R}_0^+$$
$$\Leftrightarrow \quad 0{,}5 = 0{,}93^x$$
$$\Leftrightarrow \quad x = \log_{0{,}93} 0{,}5$$
$$\Leftrightarrow \quad x = \frac{\lg 0{,}5}{\lg 0{,}93}$$
$$\Leftrightarrow \quad x = 9{,}6$$

$L = \{9{,}6\}$

Die Konzentration an Vitamin D halbiert sich in der 10. Woche.

B 1.4

TIPP Andreas „startet" mit einer Anfangskonzentration von $55\,\frac{\text{ng}}{m\ell}$, die wöchentlich um 7 % abnimmt. Stephan „startet" mit einer Anfangskonzentration von $51\,\frac{\text{ng}}{m\ell}$, die wöchentlich um 9 % abnimmt.

Stephans Anfangswert ist kleiner und nimmt schneller ab als der von Andreas. Die Konzentrationen können folglich niemals gleichzeitig den gleichen Wert erreichen.

oder: $\underbrace{55}_{>51} \cdot \underbrace{\overbrace{0{,}93}^{>0{,}91}{}^{x}}_{>0{,}91^{x}} > 51 \cdot 0{,}91^{x}$ $\qquad x \in \mathbb{R}_0^+$

Die Konzentrationen können folglich niemals gleichzeitig den gleichen Wert erreichen.

B 2.1

> **TIPP** Das Viereck ABCD ist ein Rechteck. Somit gilt:
> $\sphericalangle E_nDF_n = \sphericalangle ADC - \varphi = 90° - \varphi$

Aufgrund der Innenwinkelsumme im Dreieck DE_nF_n gilt:

$$\sphericalangle DF_nE_n = 180° - \sphericalangle F_nE_nD - \sphericalangle E_nDF_n$$
$$\sphericalangle DF_nE_n = 180° - 90° - (90° - \varphi)$$
$$\sphericalangle DF_nE_n = \varphi$$

B 2.2

> **TIPP** Da $|\overline{CF_n}| = |\overline{CD}| - |\overline{DF_n}| = |\overline{AB}| - |\overline{DF_n}|$, benötigt man noch $|\overline{DF_n}|$. Hierzu ermittelt man zunächst $|\overline{DE_n}|$ im rechtwinkligen Dreieck AE_nD, um dann im rechtwinkligen Dreieck DE_nF_n die Streckenlänge $|\overline{DF_n}|$ zu bestimmen.

Im rechtwinkligen Dreieck AE_nD gilt:

$$\cos\varphi = \frac{|\overline{AD}|}{|\overline{DE_n}|} \qquad \left| \cdot \frac{|\overline{DE_n}|}{\cos\varphi} \right.$$

$$|\overline{DE_n}| = \frac{|\overline{AD}|}{\cos\varphi}$$

$$|\overline{DE_n}|(\varphi) = \frac{3}{\cos\varphi}\text{ cm} \qquad \varphi \in [24{,}30°; 65{,}70°]$$

Im rechtwinkligen Dreieck DE_nF_n gilt:

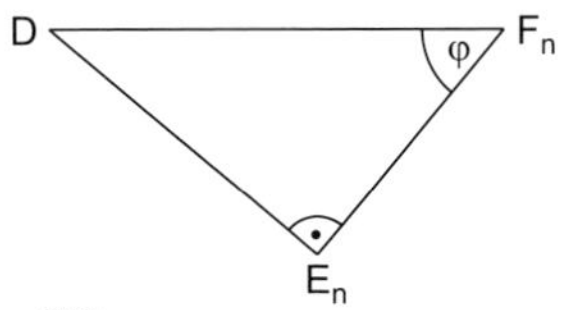

$$\sin\varphi = \frac{|\overline{DE_n}|}{|\overline{DF_n}|} \qquad \left| \cdot \frac{|\overline{DF_n}|}{\sin\varphi} \right.$$

$$|\overline{DF_n}| = \frac{|\overline{DE_n}|}{\sin\varphi} \qquad \text{mit } |\overline{DE_n}|(\varphi) = \frac{3}{\cos\varphi}\text{ cm}$$

$$|\overline{DF_n}|(\varphi) = \frac{\frac{3}{\cos\varphi}}{\sin\varphi}\text{ cm} \qquad \varphi \in [24{,}30°; 65{,}70°]$$

$$|\overline{DF_n}|(\varphi) = \frac{3}{\sin\varphi \cdot \cos\varphi}\text{ cm}$$

Damit ist:

$$|\overline{CF_n}| = |\overline{CD}| - |\overline{DF_n}| \qquad \text{mit } |\overline{CD}| = |\overline{AB}|$$

$$|\overline{CF_n}|(\varphi) = \left(8 - \frac{3}{\sin\varphi \cdot \cos\varphi}\right)\text{cm} \qquad \varphi \in [24{,}30°; 65{,}70°]$$

B 2.3 Für $\varphi = 50°$ ergibt sich:

$$|\overline{CF_1}| = \left(8 - \frac{3}{\sin 50° \cdot \cos 50°}\right)\text{cm}$$

$$|\overline{CF_1}| = 1{,}91\,\text{cm}$$

B 3.1 Definitionsmenge von f_1: $\quad D = \{x \mid x > -1\}$

Gleichung der Asymptote h: $\quad x = -1$

Zeichnen des Graphen zu f_1, z. B. mithilfe einer Wertetabelle

x	−0,5	0	1	2	3
$y = 2 \cdot \log_3(x+1) - 2$	−3,26	−2	−0,74	0	0,52

x	4	6	8	9
$y = 2 \cdot \log_3(x+1) - 2$	0,93	1,54	2	2,19

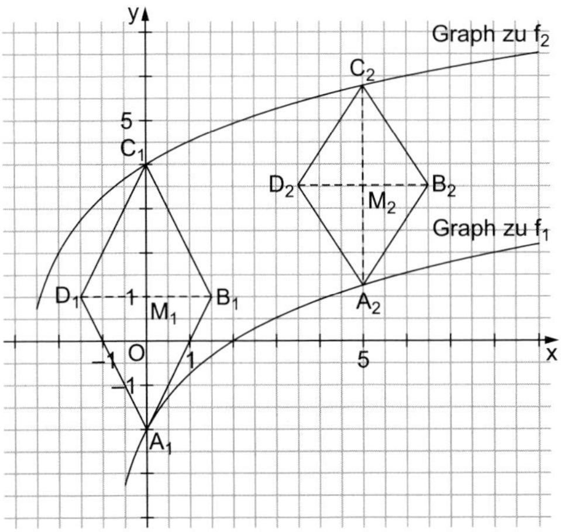

(Darstellung im Maßstab 1 : 2)

B 3.2 Da P(0|4) auf dem Graphen zu f_2 liegt, muss gelten:

$$\overrightarrow{OP} = \begin{pmatrix} x \\ 2 \cdot \log_3(x+1) - 2 \end{pmatrix} \oplus \vec{v} \qquad a \in \mathbb{R};\ x \in \mathbb{R};\ x > -1$$

$$\Leftrightarrow \quad \begin{pmatrix} 0 \\ 4 \end{pmatrix} = \begin{pmatrix} x \\ 2 \cdot \log_3(x+1) - 2 \end{pmatrix} \oplus \begin{pmatrix} a \\ 4 \end{pmatrix}$$

$$\Leftrightarrow \quad \left| \begin{array}{l} 0 = x + a \\ \wedge \quad 4 = 2 \cdot \log_3(x+1) - 2 + 4 \end{array} \right. \quad \begin{array}{l} |-a \\ |-2 \end{array}$$

$$\Leftrightarrow \quad \left| \begin{array}{l} x = -a \\ \wedge \quad 2 = 2 \cdot \log_3(x+1) \end{array} \right. \quad |:2$$

$$\Leftrightarrow \quad \left| \begin{array}{l} x = -a \\ \wedge \quad 1 = \log_3(x+1) \end{array} \right.$$

$$\Leftrightarrow \quad \left| \begin{array}{l} x = -a \\ \wedge \quad 3^1 = x + 1 \end{array} \right. \quad |-1$$

$$\Leftrightarrow \quad \left| \begin{array}{l} x = -a \\ \wedge \quad x = 2 \end{array} \right.$$

$\Rightarrow \ a = -2$

Also: $\vec{v} = \begin{pmatrix} -2 \\ 4 \end{pmatrix}$

Bestimmung der Funktionsgleichung für f_2:

$$\begin{pmatrix} x' \\ y' \end{pmatrix} = \begin{pmatrix} x \\ 2 \cdot \log_3(x+1) - 2 \end{pmatrix} \oplus \begin{pmatrix} -2 \\ 4 \end{pmatrix} \qquad x', y' \in \mathbb{R};\ x \in \mathbb{R};\ x > -1$$

$$\Leftrightarrow \quad \left| \begin{array}{l} x' = x - 2 \\ \wedge \quad y' = 2 \cdot \log_3(x+1) + 2 \end{array} \right. \quad |+2$$

$$\Leftrightarrow \quad \left| \begin{array}{l} x = x' + 2 \\ \wedge \quad y' = 2 \cdot \log_3(x' + 2 + 1) + 2 \end{array} \right.$$

f_2: $y = 2 \cdot \log_3(x+3) + 2$

Einzeichnen des Graphen zu f_2, z. B. mithilfe folgender Wertetabelle

x	–2,5	–1,5	–0,5	0	1	2	3
$y = 2 \cdot \log_3(x+3) + 2$	0,74	2,74	3,67	4	4,52	4,93	5,26

x	4	6	8	9
$y = 2 \cdot \log_3(x+3) + 2$	5,54	6	6,37	6,52

B 3.3 Einzeichnen der Raute $A_1B_1C_1D_1$

> **TIPP**
> - A_1 liegt auf dem Graphen zu f_1 und hat die x-Koordinate 0, also $A_1(0|-2)$.
> - C_1 liegt auf dem Graphen zu f_2 und hat ebenfalls die x-Koordinate 0, also $C_1(0|4)$.
> - Die Strecke $\overline{B_1D_1}$ mit der Länge 3 LE steht senkrecht auf der Strecke $\overline{A_1C_1}$ und die Strecken halbieren sich gegenseitig.

Einzeichnen der Raute $A_2B_2C_2D_2$

> **TIPP**
> - A_2 liegt auf dem Graphen zu f_1 und hat die x-Koordinate 5, also $A_2(5|1{,}26)$.
> - C_2 liegt auf dem Graphen zu f_2 und hat ebenfalls die x-Koordinate 5, also $C_2(5|5{,}79)$.
> - Die Strecke $\overline{B_2D_2}$ mit der Länge 3 LE steht senkrecht auf der Strecke $\overline{A_2C_2}$ und die Strecken halbieren sich gegenseitig.

B 3.4

> **TIPP** Die Punkte M_n sind die Mittelpunkte der Strecken $\overline{A_nC_n}$.

$$M_n\left(\frac{x+x}{2}\,\middle|\,\frac{2\cdot\log_3(x+1)-2+2\cdot\log_3(x+3)+2}{2}\right) \qquad x\in\mathbb{R};\ x>-1$$

$$M_n\left(\frac{2x}{2}\,\middle|\,\frac{2\cdot\log_3(x+1)+2\cdot\log_3(x+3)}{2}\right)$$

$$M_n(x\,|\,\log_3(x+1)+\log_3(x+3))$$

$$M_n(x\,|\,\log_3[(x+1)\cdot(x+3)])$$

$$M_n(x\,|\,\log_3(x^2+4x+3))$$

B 3.5 **TIPP** M_3 soll auf der x-Achse liegen, d. h., die y-Koordinate von M_3 muss 0 sein.

Für die y-Koordinate des Punktes M_3 gilt:

$$\log_3(x^2+4x+3)=0 \qquad x \in \mathbb{R};\ x>-1$$
$$\Leftrightarrow \quad x^2+4x+3=3^0$$
$$\Leftrightarrow \quad x^2+4x+3=1 \qquad |-1$$
$$\Leftrightarrow \quad x^2+4x+2=0$$
$$\Leftrightarrow \quad x=\frac{-4-\sqrt{4^2-4\cdot 1\cdot 2}}{2\cdot 1} \vee x=\frac{-4+\sqrt{4^2-4\cdot 1\cdot 2}}{2\cdot 1}$$
$$\Leftrightarrow \quad (x=-3{,}41 \ \vee)\ x=-0{,}59$$

$L=\{-0{,}59\}$

Berechnung der Koordinaten des Punktes B_3:

TIPP Der Punkt B_3 liegt 1,5 LE rechts von M_3.

$B_3(-0{,}59+1{,}5\,|\,0)$, also: $B_3(0{,}91\,|\,0)$

Berechnung der Koordinaten der Punktes C_3:

TIPP Der Punkt C_3 besitzt die Abszisse −0,59.

$C_3(-0{,}59\,|\,2\cdot\log_3(-0{,}59+3)+2)$, also: $C_3(-0{,}59\,|\,3{,}60)$

B 4.1 Zeichnen des Schrägbildes des Prismas ABCDEF und der Strecke $\overline{BN}$

TIPP

- Da $\overline{MB}$ auf der Schrägbildachse liegt, wird $\overline{MB}$ in wahrer Länge eingezeichnet. M soll links von B liegen.
- Die Strecke $\overline{MB}$ ist eine Höhe im gleichschenkligen Dreieck ABC und steht senkrecht auf $\overline{AC}$. Somit verläuft $\overline{AC}$ senkrecht zur Zeichenebene. Daher wird $\overline{AC}$ mit dem Faktor $q=\frac{1}{2}$ verkürzt eingezeichnet und $\overline{AC}$ schließt mit der Schrägbildachse den Winkel $\omega=45°$ ein. M ist der Mittelpunkt von $\overline{AC}$.
- Da die Höhen $\overline{AD}$, $\overline{BE}$, $\overline{CF}$ und $\overline{MN}$ in der bzw. parallel zur Zeichenebene verlaufen, werden diese in wahrer Länge eingezeichnet.

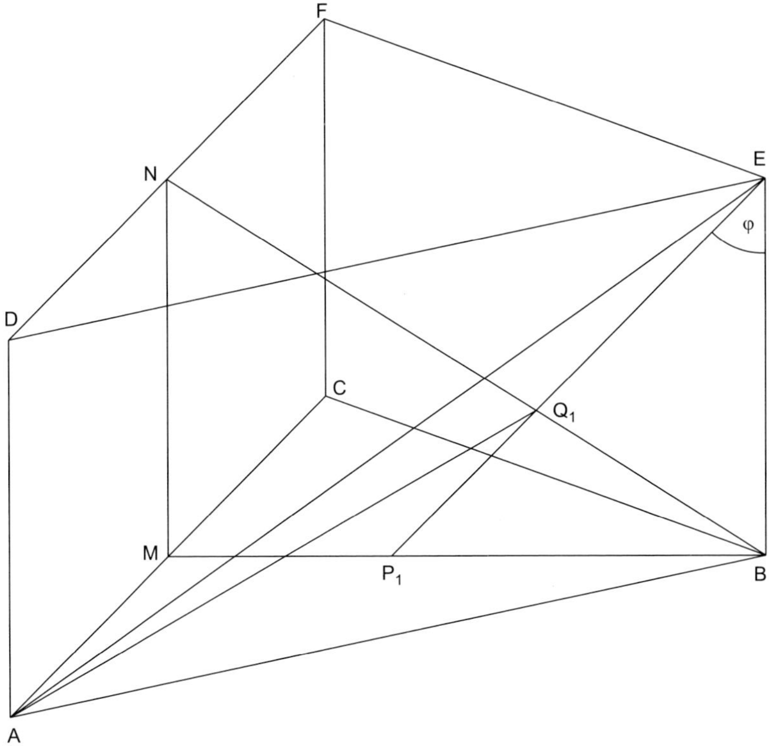

Im rechtwinkligen Dreieck MBN gilt:

$$\tan \sphericalangle NBM = \frac{|\overline{MN}|}{|\overline{MB}|} \qquad \text{mit } |\overline{MN}| = |\overline{AD}|$$

$$\tan \sphericalangle NBM = \frac{5}{8}$$

$$\sphericalangle NBM = 32{,}01°$$

B 4.2 Einzeichnen der Strecke $\overline{EP_1}$ und des Punktes Q_1 für $\varphi = 45°$

> **TIPP** Der Winkel φ wird am größten, wenn P_n auf M liegt.

Die obere Intervallgrenze φ_{max} ergibt sich im rechtwinkligen Dreieck MBE:

$$\tan \varphi_{max} = \frac{|\overline{MB}|}{|\overline{BE}|} \qquad \text{mit } |\overline{BE}| = |\overline{AD}|$$

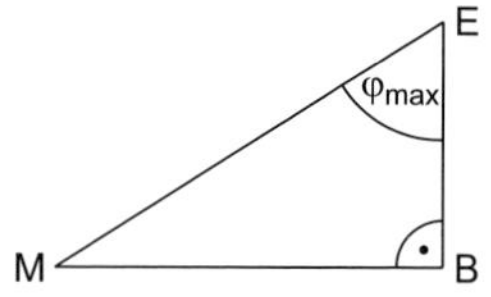

$$\tan \varphi_{max} = \frac{8}{5}$$

$$\varphi_{max} = 57{,}99°$$

oder:

Aufgrund der Symmetrie im Rechteck MBEN gilt:

$$\varphi \leq 90° - \sphericalangle NEM \qquad \text{mit } \sphericalangle NEM = \sphericalangle NBM$$

$$\varphi \leq 90° - 32{,}01°$$

$$\varphi \leq 57{,}99°$$

B 4.3

> **TIPP** Um $|\overline{EQ_n}|$ mithilfe des Sinussatzes im Dreieck Q_nBE berechnen zu können, ermittelt man zunächst das Maß des Winkels EBQ_n.

Berechnung von $\sphericalangle EBQ_n$:

$$\sphericalangle EBQ_n = 90° - \sphericalangle NBM$$

$$\sphericalangle EBQ_n = 90° - 32{,}01°$$

$$\sphericalangle EBQ_n = 57{,}99°$$

Berechnung von $|\overline{EQ_n}|$ in Abhängigkeit von φ mithilfe des Sinussatzes im Dreieck Q_nBE:

$$\frac{|\overline{EQ_n}|}{\sin \sphericalangle EBQ_n} = \frac{|\overline{BE}|}{\sin \sphericalangle BQ_nE} \qquad | \cdot \sin \sphericalangle EBQ_n$$

$$|\overline{EQ_n}| = \frac{\sin \sphericalangle EBQ_n \cdot |\overline{BE}|}{\sin \sphericalangle BQ_nE} \qquad \text{mit } \sphericalangle BQ_nE = 180° - (\varphi + \sphericalangle EBQ_n)$$

(Innenwinkelsumme in ΔQ_nBE)

$$|\overline{EQ_n}|(\varphi) = \frac{\sin 57{,}99° \cdot 5}{\sin(180° - (\varphi + 57{,}99°))} \text{ cm}$$

$$|\overline{EQ_n}|(\varphi) = \frac{4{,}24}{\sin(\varphi + 57{,}99°)} \text{ cm} \qquad \text{(Supplementbeziehung)}$$

Bestimmung der Länge $|\overline{EQ_0}|$:

TIPP $|\overline{EQ_n}|(\varphi)$ wird minimal, wenn $\sin(\varphi + 57{,}99°)$ am größten wird, also $\sin(\varphi + 57{,}99°) = 1$ gilt. In diesem Fall ist Q_0 der Fußpunkt des Lotes von E auf $\overline{BN}$.

$|\overline{EQ_0}| = 4{,}24\text{ cm}$

Bestimmung von $|\overline{NQ_0}|$ mit dem Pythagoras im rechtwinkligen Dreieck NQ_0E:

$$|\overline{NE}|^2 = |\overline{NQ_0}|^2 + |\overline{EQ_0}|^2$$

$$|\overline{NQ_0}| = \sqrt{|\overline{NE}|^2 - |\overline{EQ_0}|^2} \qquad \text{mit } |\overline{NE}| = |\overline{MB}|$$

$$|\overline{NQ_0}| = \sqrt{8^2 - 4{,}24^2}\text{ cm}$$

$$|\overline{NQ_0}| = 6{,}78\text{ cm}$$

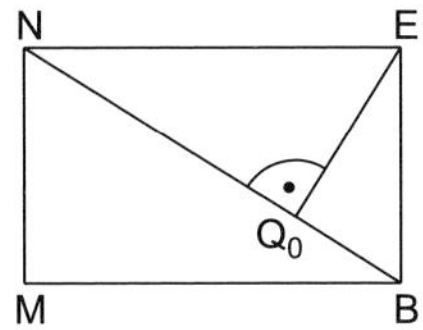

B 4.4 Einzeichnen der Pyramide Q_1BEA

TIPP Die Pyramide Q_1BEA hat die dreieckige Grundfläche Q_1BE und die Spitze A. Da die Grundfläche in der Ebene des Rechtecks MBEN liegt, ist die Höhe der Pyramide das Lot von A auf die Ebene des Rechtecks MBEN, also $\overline{AM}$.

Berechnung des Volumens der Pyramiden Q_nBEA in Abhängigkeit von φ:

$$V = \frac{1}{3} \cdot A_{\Delta Q_nBE} \cdot |\overline{AM}|$$

$$V = \frac{1}{3} \cdot \frac{1}{2} \cdot |\overline{EQ_n}| \cdot |\overline{BE}| \cdot \sin\varphi \cdot |\overline{AM}| \quad \text{mit } |\overline{BE}| = |\overline{AD}|;\ |\overline{AM}| = \frac{1}{2} \cdot |\overline{AC}|$$

$$V(\varphi) = \left(\frac{1}{3} \cdot \frac{1}{2} \cdot \frac{4{,}24}{\sin(\varphi + 57{,}99°)} \cdot 5 \cdot \sin\varphi \cdot 6\right)\text{cm}^3 \qquad \varphi \in \,]0°; 57{,}99°]$$

$$V(\varphi) = \frac{21{,}2 \cdot \sin\varphi}{\sin(\varphi + 57{,}99°)}\text{ cm}^3$$

B 4.5 Berechnung des Volumens des Prismas ABCDEF:

$$V_{ABCDEF} = A_{\Delta ABC} \cdot |\overline{AD}|$$

$$V_{ABCDEF} = \frac{1}{2} \cdot |\overline{AC}| \cdot |\overline{MB}| \cdot |\overline{AD}|$$

$$V_{ABCDEF} = \frac{1}{2} \cdot 12 \cdot 8 \cdot 5\ \text{cm}^3$$

$$V_{ABCDEF} = 240\ \text{cm}^3$$

> **TIPP** Da das Volumen $V(\varphi)$ um 95 % kleiner als V_{ABCDEF} sein soll, muss gelten: $V(\varphi) = 0{,}05 \cdot V_{ABCDEF}$

Berechnung von φ:

$$\frac{21{,}2 \cdot \sin\varphi}{\sin(\varphi + 57{,}99°)} = 0{,}05 \cdot 240 \qquad |\cdot \sin(\varphi + 57{,}99°) \qquad \varphi \in \,]0°; 57{,}99°]$$

$$\Leftrightarrow \quad 21{,}2 \cdot \sin\varphi = 12 \cdot \sin(\varphi + 57{,}99°)$$

$$\Leftrightarrow \quad 21{,}2 \cdot \sin\varphi = 12 \cdot (\sin\varphi \cdot \cos 57{,}99° + \cos\varphi \cdot \sin 57{,}99°) \quad \text{(Additionstheorem)}$$

$$\Leftrightarrow \quad 21{,}2 \cdot \sin\varphi = 12 \cdot (\sin\varphi \cdot 0{,}53 + \cos\varphi \cdot 0{,}85)$$

$$\Leftrightarrow \quad 21{,}2 \cdot \sin\varphi = 6{,}36 \cdot \sin\varphi + 10{,}2 \cdot \cos\varphi \qquad |- 6{,}36 \cdot \sin\varphi$$

$$\Leftrightarrow \quad 14{,}84 \cdot \sin\varphi = 10{,}2 \cdot \cos\varphi \qquad |:(14{,}84 \cdot \cos\varphi)$$

$$\Leftrightarrow \quad \frac{\sin\varphi}{\cos\varphi} = \frac{10{,}2}{14{,}84}$$

$$\Leftrightarrow \quad \tan\varphi = \frac{10{,}2}{14{,}84}$$

$$\Leftrightarrow \quad \varphi = 34{,}50°$$

$L = \{34{,}50°\}$

> **TIPP** Rundungsbedingte Abweichungen sind möglich.

Aufgabe A 1

BE

A 1.0 Es werden zwei Versuche zur Abkühlung von heißem Wasser durchgeführt. Der Temperaturverlauf während dieser Versuche lässt sich jeweils näherungsweise durch eine Exponentialfunktion der Form

$y = (y_A - y_U) \cdot 0{,}9^x + y_U \quad (\mathbb{G} = \mathbb{R}^+ \times \mathbb{R}^+,\ y_A \in \mathbb{R}^+,\ y_U \in \mathbb{R}^+)$

beschreiben.

Dabei ist nach x Minuten die Temperatur des Wassers auf y °C gesunken. Die Anfangstemperatur des Wassers beträgt y_A °C und die Umgebungstemperatur y_U °C.

Runden Sie im Folgenden auf eine Stelle nach dem Komma.

A 1.1 Im ersten Versuch kühlt 95 °C heißes Wasser in einem Raum mit einer Umgebungstemperatur von 20 °C ab.

Berechnen Sie, nach welcher Zeit die Wassertemperatur auf 60 °C gesunken ist. 2

A 1.2 Im zweiten Versuch kühlt 72 °C heißes Wasser in einem ersten Raum mit einer Umgebungstemperatur von 18 °C für 3 Minuten ab. Anschließend wird der Abkühlvorgang in einem zweiten Raum für weitere 8 Minuten fortgesetzt, bis das Wasser eine Temperatur von 39 °C besitzt.

Berechnen Sie die Umgebungstemperatur im zweiten Raum. 3

Aufgabe A 2

A 2.0 Das gleichschenklige Dreieck ABC mit der Basis [BC] und der Höhe [AM] ist die Grundfläche der Pyramide ABCS mit der Spitze S. Der Punkt $D \in [AM]$ ist der Fußpunkt der Pyramidenhöhe [DS], die senkrecht auf der Grundfläche steht.

Es gilt: $\overline{AM} = 8$ cm; $\overline{BC} = 10$ cm; $\overline{AD} = 4{,}5$ cm; $\overline{DS} = 8{,}5$ cm.

Die unten stehende Zeichnung zeigt ein Schrägbild der Pyramide ABCS.

In der Zeichnung gilt: $q = \frac{1}{2}$; $\omega = 45°$; [AM] liegt auf der Schrägbildachse.

Runden Sie im Folgenden auf zwei Stellen nach dem Komma.

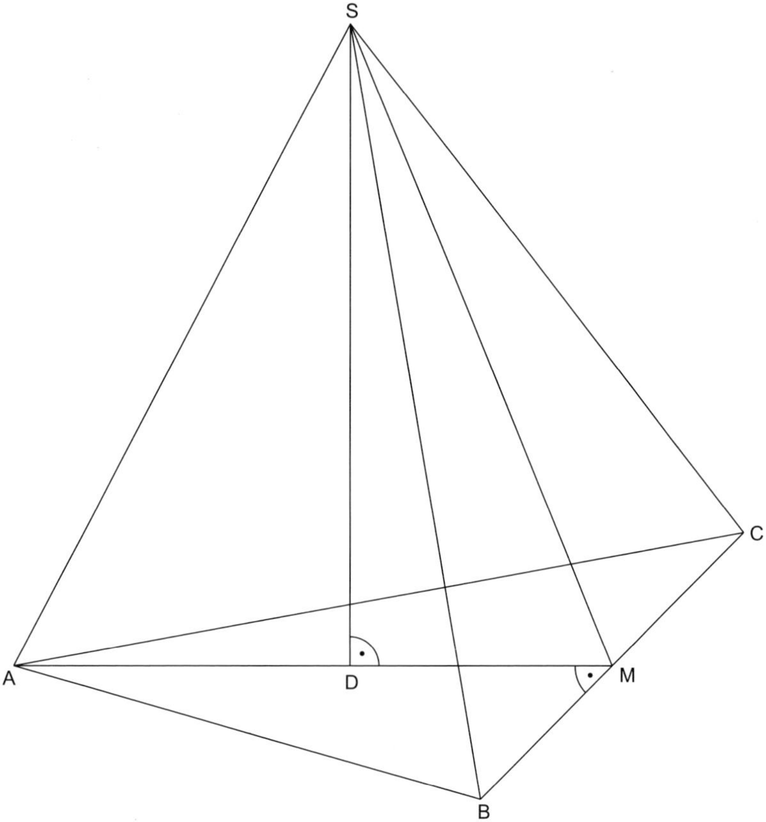

A 2.1 Berechnen Sie das Maß des Winkels MAC.

[Ergebnis: $\sphericalangle MAC = 32{,}01°$] 1

A 2.2 Punkte P_n liegen auf der Strecke [DS]. Die Winkel DAP_n haben das Maß φ mit $\varphi \in]0°; 62{,}10°[$.

Zeichnen Sie den Punkt P_1 und die Strecke $[AP_1]$ für $\varphi = 40°$ in das Schrägbild zu A 2.0 ein. 1

A 2.3 Durch die Punkte P_n verlaufen zur Grundfläche ABC parallele Ebenen, die die Kanten der Pyramide ABCS in Punkten $E_n \in [AS]$, $F_n \in [BS]$ und $G_n \in [CS]$ und die Strecke [MS] in Punkten N_n schneiden. Die Dreiecke $E_nF_nG_n$ sind die Grundflächen von Pyramiden $E_nF_nG_nD$ mit der Spitze D.

Zeichnen Sie die Pyramide $E_1F_1G_1D$ und den Punkt N_1 in das Schrägbild zu A 2.0 ein. 1

A 2.4 Berechnen Sie die Längen der Strecken $[DP_n]$ und $[E_nN_n]$ in Abhängigkeit von φ.

Ergebnisse: $\overline{DP_n}(\varphi) = 4{,}5 \cdot \tan\varphi$ cm; $\overline{E_nN_n}(\varphi) = (8 - 4{,}24 \cdot \tan\varphi)$ cm] 3

A 2.5 Berechnen Sie das Volumen der Pyramide $E_1F_1G_1D$. 3

Aufgabe A 3

A 3.0 Gegeben sind Dreiecke AB_nC mit der Seitenlänge $\overline{AC} = 4$ cm.
Die Winkel B_nAC haben das Maß α mit $\alpha \in]0°; 60°[$.
Das Maß der Winkel ACB_n ist doppelt so groß wie das Maß der Winkel B_nAC.

A 3.1 Ergänzen Sie die Zeichnung zum Dreieck AB_1C für $\alpha = 50°$. 1

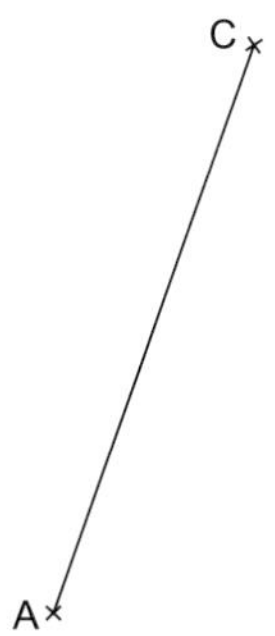

A 3.2 Bestimmen Sie die Länge der Strecken $[B_nC]$ in Abhängigkeit von α und vereinfachen Sie mithilfe einer Supplementbeziehung. 2

A 3.3 Das Dreieck AB_2C ist gleichschenklig mit der Basis $[AB_2]$.
Begründen Sie, dass das Dreieck AB_2C rechtwinklig ist. 2

Lösungsvorschlag

A 1.1 **TIPP** Bei einer Anfangstemperatur von 95 °C und einer Umgebungstemperatur von 20 °C erhält man folgende Funktionsgleichung:
$y = (95-20) \cdot 0{,}9^x + 20$

$$
\begin{aligned}
& 60 = (95-20) \cdot 0{,}9^x + 20 && |-20 && x \in \mathbb{R}^+ \\
\Leftrightarrow\ & 40 = 75 \cdot 0{,}9^x && |:75 \\
\Leftrightarrow\ & \frac{8}{15} = 0{,}9^x \\
\Leftrightarrow\ & x = \log_{0,9} \frac{8}{15} \\
\Leftrightarrow\ & x = \frac{\lg \frac{8}{15}}{\lg 0{,}9} \\
\Leftrightarrow\ & x = 6{,}0
\end{aligned}
$$

$\mathbb{L} = \{6{,}0\}$

Nach 6,0 Minuten ist die Wassertemperatur auf 60 °C gesunken.

A 1.2 **TIPP** Bei einer Anfangstemperatur von 72 °C und einer Umgebungstemperatur von 18 °C erhält man folgende Funktionsgleichung:
$y = (72-18) \cdot 0{,}9^x + 18$

$y = (72-18) \cdot 0{,}9^3 + 18 = 57{,}4$

Temperatur nach 3 Minuten: 57,4 °C

TIPP Nun kühlt das Wasser bei der Anfangstemperatur von 57,4 °C in 8 Minuten auf 39 °C ab. Die entsprechende Umgebungstemperatur ist gesucht.

$$
\begin{aligned}
& 39 = (57{,}4 - y_U) \cdot 0{,}9^8 + y_U && && y_U \in \mathbb{R}^+ \\
\Leftrightarrow\ & 39 = (57{,}4 - y_U) \cdot 0{,}4 + y_U \\
\Leftrightarrow\ & 39 = 23{,}0 - 0{,}4 y_U + y_U \\
\Leftrightarrow\ & 39 = 23{,}0 + 0{,}6 y_U && |-23{,}0 \\
\Leftrightarrow\ & 0{,}6\, y_U = 16{,}0 && |:0{,}6 \\
\Leftrightarrow\ & y_U = 26{,}7
\end{aligned}
$$

$\mathbb{L} = \{26{,}7\}$

Die Umgebungstemperatur im zweiten Raum beträgt 26,7 °C.

TIPP Rundet man erst am Ende der Berechnung, erhält man $y_U = 25{,}1$.

A 2.1 Im rechtwinkligen Dreieck AMC gilt:

$$\tan \sphericalangle MAC = \frac{\overline{MC}}{\overline{AM}} \qquad \text{mit } \overline{MC} = 0{,}5 \cdot \overline{BC}$$

$$\tan \sphericalangle MAC = \frac{0{,}5 \cdot 10\,\text{cm}}{8\,\text{cm}}$$

$$\sphericalangle MAC = 32{,}01°$$

A 2.2 Einzeichnen des Punktes P_1 und der Strecke $[AP_1]$ für $\varphi = 40°$

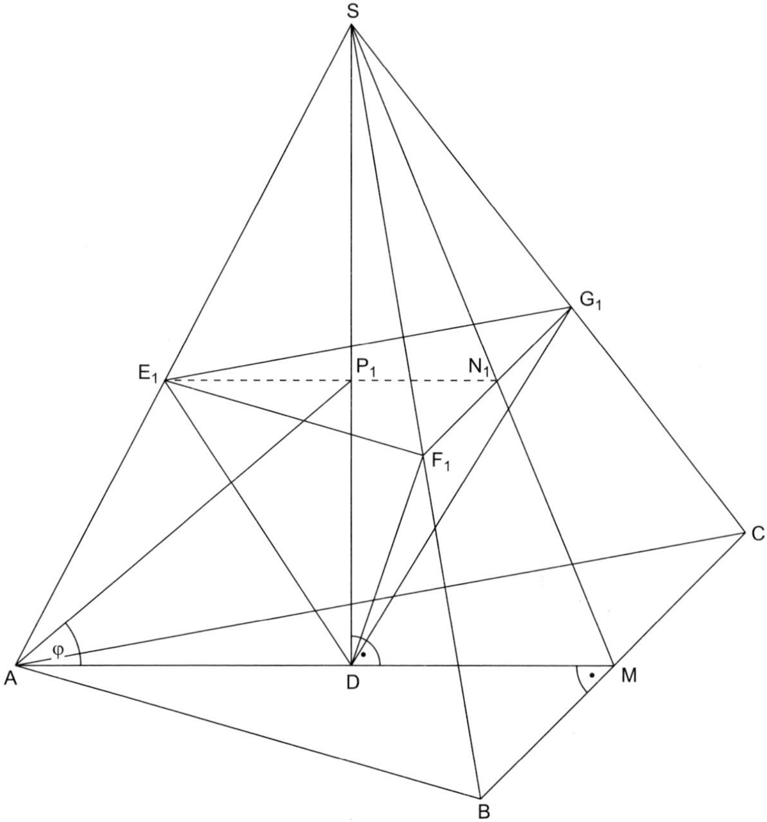

A 2.3 Einzeichnen der Pyramide $E_1F_1G_1D$ und des Punktes N_1

TIPP
- Die Parallele zu AM durch den Punkt P_1 schneidet [AS] im Punkt E_1 und [MS] im Punkt N_1.
- Die Parallele zu BC durch den Punkt N_1 schneidet [BS] im Punkt F_1 und [CS] im Punkt G_1.

A 2.4 Im rechtwinkligen Dreieck ADP_n gilt:

$$\tan\varphi = \frac{\overline{DP_n}}{\overline{AD}} \qquad |\cdot \overline{AD} \qquad \varphi \in\ ]0°; 62,10°[$$

$$\overline{DP_n} = \overline{AD} \cdot \tan\varphi$$

$$\overline{DP_n}(\varphi) = 4,5 \cdot \tan\varphi \text{ cm}$$

Berechnung von $\overline{E_nN_n}(\varphi)$ mithilfe des Strahlensatzes:

$$\frac{\overline{E_nN_n}}{\overline{AM}} = \frac{\overline{SP_n}}{\overline{DS}}$$

$$\frac{\overline{E_nN_n}}{\overline{AM}} = \frac{\overline{DS} - \overline{DP_n}}{\overline{DS}} \qquad |\cdot \overline{AM} \qquad \varphi \in\ ]0°; 62,10°[$$

$$\overline{E_nN_n} = \frac{\left(\overline{DS} - \overline{DP_n}\right)}{\overline{DS}} \cdot \overline{AM}$$

$$\overline{E_nN_n}(\varphi) = \frac{8,5 - 4,5 \cdot \tan\varphi}{8,5} \cdot 8 \text{ cm}$$

$$\overline{E_nN_n}(\varphi) = (8 - 4,24 \cdot \tan\varphi) \text{ cm}$$

A 2.5 TIPP Um das Volumen der Pyramide $E_1F_1G_1D$ zu berechnen, ermittelt man die Pyramidenhöhe $\overline{DP_1}$ sowie die Höhe $\overline{E_1N_1}$ und die Seitenlänge $\overline{F_1G_1}$ im Dreieck $E_1F_1G_1$ (Grundfläche der Pyramide).

Berechnung von $\overline{DP_1}$ für $\varphi = 40°$:

$$\overline{DP_1} = \overline{DP_n}(40°)$$

$$\overline{DP_1} = 4,5 \cdot \tan 40° \text{ cm}$$

$$\overline{DP_1} = 3,78 \text{ cm}$$

Berechnung von $\overline{E_1N_1}$ für $\varphi = 40°$:

$\overline{E_1N_1} = \overline{E_nN_n}(40°)$

$\overline{E_1N_1} = (8 - 4{,}24 \cdot \tan 40°)\text{ cm}$

$\overline{E_1N_1} = 4{,}44\text{ cm}$

Im rechtwinkligen Dreieck $E_1N_1G_1$ gilt:

$$\tan \sphericalangle N_1E_1G_1 = \frac{\frac{1}{2} \cdot \overline{F_1G_1}}{\overline{E_1N_1}} \qquad \Big| \cdot 2 \cdot \overline{E_1N_1}$$

$$\overline{F_1G_1} = 2 \cdot \overline{E_1N_1} \cdot \tan \sphericalangle N_1E_1G_1 \qquad \text{mit } \sphericalangle N_1E_1G_1 = \sphericalangle MAC = 32{,}01°$$

$$\overline{F_1G_1} = 2 \cdot 4{,}44 \cdot \tan 32{,}01°\text{ cm}$$

$$\overline{F_1G_1} = 5{,}55\text{ cm}$$

oder:

TIPP Da die Dreiecke $E_1F_1G_1$ und ABC ähnlich sind, muss jeweils das Verhältnis von Dreiecksbasis und zugehöriger Dreieckshöhe gleich sein.

$$\frac{\overline{F_1G_1}}{\overline{E_1N_1}} = \frac{\overline{BC}}{\overline{AM}} \qquad \Big| \cdot \overline{E_1N_1}$$

$$\overline{F_1G_1} = \frac{\overline{BC} \cdot \overline{E_1N_1}}{\overline{AM}}$$

$$\overline{F_1G_1} = \frac{10\text{ cm} \cdot 4{,}44\text{ cm}}{8\text{ cm}}$$

$$\overline{F_1G_1} = 5{,}55\text{ cm}$$

Berechnung des Volumens der Pyramide $E_1F_1G_1D$:

$$V_{E_1F_1G_1D} = \frac{1}{3} \cdot \frac{1}{2} \cdot \overline{F_1G_1} \cdot \overline{E_1N_1} \cdot \overline{DP_1}$$

$$V_{E_1F_1G_1D} = \frac{1}{3} \cdot \frac{1}{2} \cdot 5{,}55 \cdot 4{,}44 \cdot 3{,}78\text{ cm}^3$$

$$V_{E_1F_1G_1D} = 15{,}52\text{ cm}^3$$

oder:

TIPP Das Dreieck $E_1F_1G_1$ entsteht durch zentrische Streckung des Dreiecks ABC mit dem Streckungsfaktor $k = \frac{\overline{E_1N_1}}{\overline{AM}}$.

Für die Flächeninhalte der Dreiecke gilt:

$$A_{\Delta E_1F_1G_1} = k^2 \cdot A_{\Delta ABC}$$

$$A_{\Delta E_1F_1G_1} = \left(\frac{\overline{E_1N_1}}{\overline{AM}}\right)^2 \cdot \frac{1}{2} \cdot \overline{BC} \cdot \overline{AM}$$

$$A_{\Delta E_1F_1G_1} = \left(\frac{4,44}{8}\right)^2 \cdot \frac{1}{2} \cdot 10 \cdot 8\ \text{cm}^2$$

$$A_{\Delta E_1F_1G_1} = 12,32\ \text{cm}^2$$

Berechnung des Volumens der Pyramide $E_1F_1G_1D$:

$$V_{E_1F_1G_1D} = \frac{1}{3} \cdot A_{\Delta E_1F_1G_1} \cdot \overline{DP_1}$$

$$V_{E_1F_1G_1D} = \frac{1}{3} \cdot 12,32 \cdot 3,78\ \text{cm}^3 = 15,52\ \text{cm}^3$$

A 3.1 Zeichnen des Dreiecks AB_1C für $\alpha = 50°$

TIPP Im Dreieck AB_1C gilt $\sphericalangle B_1AC = \alpha = 50°$ und $\sphericalangle ACB_1 = 2\alpha = 100°$. Die Schenkel $[AB_1$ und $[CB_1$ schneiden sich im Punkt B_1.

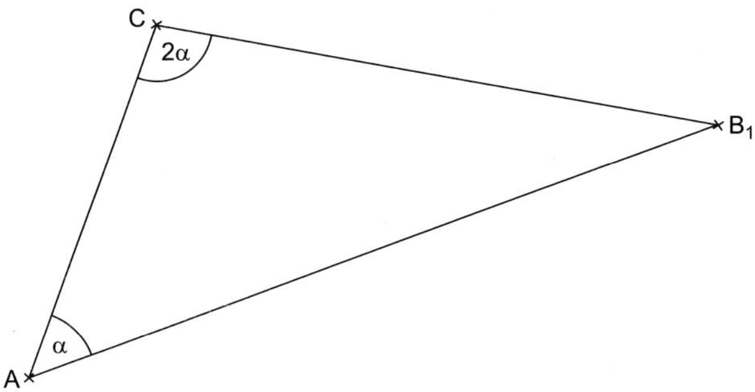

A 3.2 Ermittlung von $\overline{B_nC}(\alpha)$ mithilfe des Sinussatzes:

$$\frac{\overline{B_nC}}{\sin\sphericalangle B_nAC} = \frac{\overline{AC}}{\sin\sphericalangle CB_nA} \qquad |\cdot \sin\sphericalangle B_nAC$$

$$\overline{B_nC} = \frac{\overline{AC} \cdot \sin\sphericalangle B_nAC}{\sin\sphericalangle CB_nA} \qquad \text{mit } \sphericalangle CB_nA = 180° - \alpha - 2\alpha$$

(Innenwinkelsumme)

$$\overline{B_nC}(\alpha) = \frac{4 \cdot \sin\alpha}{\sin(180° - 3\alpha)} \text{ cm} \qquad \alpha \in \,]0°; 60°[$$

$$\overline{B_nC}(\alpha) = \frac{4 \cdot \sin\alpha}{\sin(3\alpha)} \text{ cm}$$

A 3.3 **TIPP** Die Innenwinkelsumme in einem Dreieck beträgt stets 180°. Bei einem gleichschenkligen Dreieck sind zudem die beiden Basiswinkel gleich groß.

Mit $\sphericalangle CB_2A = \sphericalangle B_2AC = \alpha$ und $\sphericalangle ACB_2 = 2\alpha$ ergibt sich:

$$\alpha + 2\alpha + \alpha = 180° \qquad \alpha \in \,]0°; 60°[$$

$$\Leftrightarrow \quad 4\alpha = 180° \qquad |:2$$

$$\Leftrightarrow \quad 2\alpha = 90°$$

Das Dreieck AB_2C ist somit rechtwinklig bei C.

oder:

Wenn das Dreieck AB_2C gleichschenklig mit der Basis $[AB_2]$ ist, gilt:
$\overline{B_2C} = \overline{AC} = 4$ cm

Bestimmen des zugehörigen Winkelmaßes α:

$$\overline{B_2C} = \overline{B_nC}(\alpha) \qquad \alpha \in \,]0°; 60°[$$

$$4 \text{ cm} = \frac{4 \cdot \sin\alpha}{\sin(3\alpha)} \text{ cm} \qquad |:4$$

$$1 = \frac{\sin\alpha}{\sin(3\alpha)} \qquad |\cdot \sin(3\alpha)$$

$$\sin(3\alpha) = \sin\alpha$$

Lösung mit dem GTR:

$$\sin(3\alpha) = \sin\alpha \qquad \alpha \in \,]0°; 60°[$$

$$\Leftrightarrow \quad \sin(3\alpha) - \sin\alpha = 0$$

$$\overset{\text{GTR}}{\Leftrightarrow} \quad \alpha = 45° \quad (\vee \;\; \alpha = 0° \;\; \vee \;\; \alpha = 135°)$$

$$\Leftrightarrow \quad 2\alpha = 90°$$

Aufgabe B 1

BE

✻ **B 1.0**	Gegeben ist die Funktion f_1 mit der Gleichung $y = -2 \cdot \log_{0,5} x - 1{,}5$ $(\mathbb{G} = \mathbb{R} \times \mathbb{R})$. Der Graph der Funktion f_1 wird durch orthogonale Affinität mit der x-Achse als Affinitätsachse und dem Affinitätsmaßstab $k = -0{,}5$ sowie anschließende Parallelverschiebung mit dem Vektor $\vec{v} = \begin{pmatrix} 0 \\ -1{,}5 \end{pmatrix}$ auf den Graphen der Funktion f_2 abgebildet. Runden Sie im Folgenden auf zwei Stellen nach dem Komma.	
✻ **B 1.1**	Zeigen Sie rechnerisch, dass die Funktion f_2 die Gleichung $y = \log_{0,5} x - 0{,}75$ mit $\mathbb{G} = \mathbb{R} \times \mathbb{R}$ hat.	2
B 1.2	Zeichnen Sie die Graphen zu f_1 und f_2 für $x \in [0{,}5;\ 11]$ in ein Koordinatensystem. Berechnen Sie sodann die Nullstelle der Funktion f_1. Für die Zeichnung: Längeneinheit 1 cm; $-1 \leqq x \leqq 12$; $-5 \leqq y \leqq 6$	4
B 1.3	Punkte $A_n(x \mid -2 \cdot \log_{0,5} x - 1{,}5)$ auf dem Graphen zu f_1 haben dieselbe Abszisse x wie Punkte $B_n(x \mid \log_{0,5} x - 0{,}75)$ auf dem Graphen zu f_2. Sie sind für $x > 1{,}19$ zusammen mit Punkten C_n Eckpunkte von Dreiecken $A_nB_nC_n$. Es gilt: $\overrightarrow{A_nC_n} = \begin{pmatrix} 4 \\ -1{,}5 \end{pmatrix}$. Zeichnen Sie das Dreieck $A_1B_1C_1$ für $x = 2$ und das Dreieck $A_2B_2C_2$ für $x = 7$ in das Koordinatensystem zu B 1.2 ein.	2
B 1.4	Das Dreieck $A_3B_3C_3$ ist gleichschenklig mit der Basis $[A_3B_3]$. Bestimmen Sie rechnerisch die x-Koordinate des Punktes A_3.	4
B 1.5	Berechnen Sie die Koordinaten der Schwerpunkte S_n der Dreiecke $A_nB_nC_n$ in Abhängigkeit von der Abszisse x der Punkte A_n und geben Sie die Gleichung des Trägergraphen der Punkte S_n an. Zeichnen Sie sodann die Schwerpunkte S_1 und S_2 der Dreiecke $A_1B_1C_1$ und $A_2B_2C_2$ in das Koordinatensystem zu B 1.2 ein.	5

* Orthogonale Affinitäten sind für die Prüfung ab 2023 nicht relevant. Aufgabe B 1.1 eignet sich daher nicht zur Prüfungsvorbereitung.

Aufgabe B 2

B 2.0 Die Punkte $A(-2\,|\,2)$ und $C(3\,|\,3)$ sind für $x < 8$ gemeinsame Eckpunkte von Vierecken AB_nCD_n. Die Eckpunkte $B_n(x\,|\,0{,}5x)$ liegen auf der Geraden g mit der Gleichung $y = 0{,}5x$ ($\mathbb{G} = \mathbb{R} \times \mathbb{R}$). Der Punkt M ist der Mittelpunkt der Diagonalen [AC].

Für die Diagonalen $[B_nD_n]$ gilt: $M \in [B_nD_n]$ und $\overrightarrow{B_nD_n} = 3{,}5 \cdot \overrightarrow{B_nM}$.

Runden Sie im Folgenden auf zwei Stellen nach dem Komma.

B 2.1 Zeichnen Sie die Gerade g und das Viereck AB_1CD_1 für $x = 0{,}5$ sowie die Diagonalen [AC] und $[B_1D_1]$ in ein Koordinatensystem.

Für die Zeichnung: Längeneinheit 1 cm; $-5 \leqq x \leqq 5$; $-2 \leqq y \leqq 10$ 2

B 2.2 Berechnen Sie die Koordinaten der Punkte D_n in Abhängigkeit von der Abszisse x der Punkte B_n.
[Ergebnis: $D_n(-2{,}5x + 1{,}75\,|\,-1{,}25x + 8{,}75)$] 3

B 2.3 Bestimmen Sie die Gleichung des Trägergraphen der Punkte D_n. 2

B 2.4 Unter den Vierecken AB_nCD_n gibt es das Drachenviereck AB_2CD_2.

Zeigen Sie rechnerisch, dass für die x-Koordinate des Punktes B_2 gilt: $x = 0{,}91$.

Berechnen Sie sodann den Flächeninhalt des Drachenvierecks AB_2CD_2. 5

B 2.5 Der Punkt C' entsteht durch Achsenspiegelung des Punktes C an der Geraden g. Für das Viereck AB_3CD_3 gilt: $B_3 \in [AC']$.

Berechnen Sie die Koordinaten von C' und zeichnen Sie sodann das Viereck AB_3CD_3 in das Koordinatensystem zu B 2.1 ein. 3

B 2.6 Begründen Sie, dass für die Flächeninhalte der Dreiecke AMD_n und MB_nC gilt: $A_{AMD_n} : A_{MB_nC} = 2{,}5 : 1$. 2

Lösungsvorschlag

∗ **B 1.1** $f_1 \xmapsto{\text{x-Achse; } k=-0,5} f' \xmapsto{\vec{v}=\binom{0}{-1,5}} f_2$

Abbildung durch orthogonale Affinität mit der x-Achse als Affinitätsachse und $k=-0,5$:

$$\begin{pmatrix} x' \\ y' \end{pmatrix} = \begin{pmatrix} 1 & 0 \\ 0 & -0,5 \end{pmatrix} \odot \begin{pmatrix} x \\ -2 \cdot \log_{0,5} x - 1,5 \end{pmatrix} \qquad \mathbb{G} = \mathbb{R} \times \mathbb{R};\ x \in \mathbb{R}$$

$$\Leftrightarrow \quad \begin{vmatrix} x' = x \\ \wedge\ y' = -0,5 \cdot (-2 \cdot \log_{0,5} x - 1,5) \end{vmatrix}$$

$$\Leftrightarrow \quad \begin{vmatrix} x' = x \\ \wedge\ y' = \log_{0,5} x + 0,75 \end{vmatrix}$$

$$\Rightarrow \quad y' = \log_{0,5} x' + 0,75$$

Parallelverschiebung mit $\vec{v}$:

$$\begin{pmatrix} x'' \\ y'' \end{pmatrix} = \begin{pmatrix} x' \\ \log_{0,5} x' + 0,75 \end{pmatrix} \oplus \begin{pmatrix} 0 \\ -1,5 \end{pmatrix} \qquad \mathbb{G} = \mathbb{R} \times \mathbb{R};\ x' \in \mathbb{R}$$

$$\begin{pmatrix} x'' \\ y'' \end{pmatrix} = \begin{pmatrix} x' \\ \log_{0,5} x' - 0,75 \end{pmatrix}$$

$$\Rightarrow \quad y'' = \log_{0,5} x'' - 0,75$$

$$f_2\!: \ y = \log_{0,5} x - 0,75 \qquad \mathbb{G} = \mathbb{R} \times \mathbb{R}$$

B 1.2 Einzeichnen des Graphen zu f_1, z. B. mithilfe folgender Wertetabelle:

x	0,5	1	2	3	4	5	7	9	11
$y = -2 \cdot \log_{0,5} x - 1,5$	–3,5	–1,5	0,5	1,67	2,5	3,14	4,11	4,84	5,42

Einzeichnen des Graphen zu f_2, z. B. mithilfe folgender Wertetabelle:

x	0,5	1	2	3	4	5	7	9	11
$y = \log_{0,5} x - 0,75$	0,25	–0,75	–1,75	–2,33	–2,75	–3,07	–3,56	–3,92	–4,21

* Orthogonale Affinitäten sind für die Prüfung ab 2023 nicht relevant. Aufgabe B 1.1 eignet sich daher nicht zur Prüfungsvorbereitung.

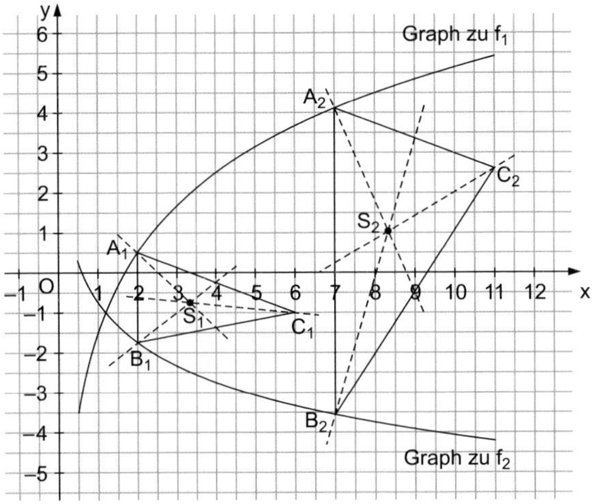

(Darstellung im Maßstab 1 : 2)

Berechnung der Nullstelle von f_1:

$$-2 \cdot \log_{0,5} x - 1,5 = 0 \quad \Big| +1,5 \qquad \mathbb{G} = \mathbb{R}$$

$$\Leftrightarrow \quad -2 \cdot \log_{0,5} x = 1,5 \quad \Big| : (-2)$$

$$\Leftrightarrow \quad \log_{0,5} x = -0,75$$

$$\Leftrightarrow \quad x = 0,5^{-0,75}$$

$$\Leftrightarrow \quad x = 1,68$$

$\mathbb{L} = \{1,68\}$

B 1.3 Einzeichnen des Dreiecks $A_1B_1C_1$ für $x = 2$

TIPP

- A_1 liegt auf dem Graphen zu f_1 und hat die x-Koordinate 2, also $A_1(2\,|\,0,5)$.
- B_1 liegt auf dem Graphen zu f_2 und hat ebenfalls die x-Koordinate 2, also $B_1(2\,|\,-1,75)$.
- $\overrightarrow{A_1C_1} = \begin{pmatrix} 4 \\ -1,5 \end{pmatrix}$, also $C_1(6\,|\,-1)$.

Einzeichnen des Dreiecks $A_2B_2C_2$ für $x = 7$

TIPP
- A_2 liegt auf dem Graphen zu f_1 und hat die x-Koordinate 7, also $A_2(7\,|\,4{,}11)$.
- B_2 liegt auf dem Graphen zu f_2 und hat ebenfalls die x-Koordinate 7, also $B_2(7\,|\,-3{,}56)$.
- $\overrightarrow{A_2C_2} = \begin{pmatrix} 4 \\ -1{,}5 \end{pmatrix}$, also $C_2(11\,|\,2{,}61)$.

B 1.4

TIPP Wegen $\overrightarrow{A_3C_3} = \begin{pmatrix} 4 \\ -1{,}5 \end{pmatrix}$ muss für das gleichschenklige Dreieck $A_3B_3C_3$ mit der Basis $[A_3B_3]$ gelten: $\overrightarrow{B_3C_3} = \begin{pmatrix} 4 \\ +1{,}5 \end{pmatrix}$

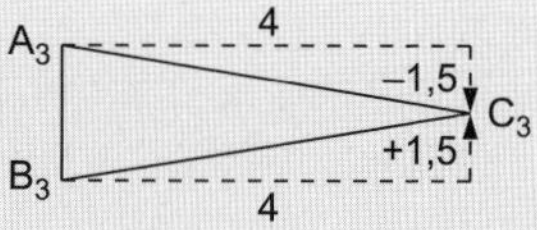

Für das Dreieck $A_3B_3C_3$ gilt:

$\overline{A_3B_3} = 2 \cdot 1{,}5\ \text{LE}$

$\overline{A_3B_3} = 3\ \text{LE}$

TIPP Um die x-Koordinate von A_3 berechnen zu können, bestimmt man zunächst die Länge $\overline{A_nB_n}$ in Abhängigkeit von x. Diese Länge setzt man dann mit der oben ermittelten Länge $\overline{A_3B_3}$ gleich.

Ermittlung von $\overline{A_nB_n}$ in Abhängigkeit von x:

TIPP Da die Punkte A_n und B_n dieselbe x-Koordinate haben, kann $\overline{A_nB_n}$ über die y-Koordinaten berechnet werden.

$$\overline{A_nB_n} = (y_{A_n} - y_{B_n})\ \text{LE}$$

$$\overline{A_nB_n}(x) = [-2 \cdot \log_{0,5} x - 1{,}5 - (\log_{0,5} x - 0{,}75)]\ \text{LE} \qquad x \in \mathbb{R};\ x > 1{,}19$$

$$\overline{A_nB_n}(x) = (-2 \cdot \log_{0,5} x - 1{,}5 - \log_{0,5} x + 0{,}75)\ \text{LE}$$

$$\overline{A_nB_n}(x) = (-3 \cdot \log_{0,5} x - 0{,}75)\ \text{LE}$$

Berechnung der x-Koordinate von A_3:

$$\overline{A_nB_n} = \overline{A_3B_3}$$

$$\Leftrightarrow \quad -3 \cdot \log_{0,5} x - 0,75 = 3 \qquad |+0,75 \qquad \mathbb{G} = \mathbb{R} \times \mathbb{R};\ x \in \mathbb{R};\ x > 1,19$$

$$\Leftrightarrow \quad -3 \cdot \log_{0,5} x = 3,75 \qquad |:(-3)$$

$$\Leftrightarrow \quad \log_{0,5} x = -1,25$$

$$\Leftrightarrow \quad x = 0,5^{-1,25}$$

$$\Leftrightarrow \quad x = 2,38$$

$\mathbb{L} = \{2,38\}$

B 1.5 **TIPP** Um die Koordinaten der Schwerpunkte berechnen zu können, benötigt man die Koordinaten der Punkte C_n.

$$\overrightarrow{OC_n} = \overrightarrow{OA_n} \oplus \overrightarrow{A_nC_n}$$

$$\overrightarrow{OC_n} = \begin{pmatrix} x \\ -2 \cdot \log_{0,5} x - 1,5 \end{pmatrix} \oplus \begin{pmatrix} 4 \\ -1,5 \end{pmatrix} \qquad x \in \mathbb{R};\ x > 1,19$$

$$\overrightarrow{OC_n} = \begin{pmatrix} x + 4 \\ -2 \cdot \log_{0,5} x - 3 \end{pmatrix}$$

$C_n(x+4 \mid -2 \cdot \log_{0,5} x - 3)$

Berechnung der Koordinaten der Schwerpunkte S_n:

$$S_n\left(\frac{x_{A_n} + x_{B_n} + x_{C_n}}{3} \,\middle|\, \frac{y_{A_n} + y_{B_n} + y_{C_n}}{3}\right)$$

$$S_n\left(\frac{x + x + x + 4}{3} \,\middle|\, \frac{-2 \cdot \log_{0,5} x - 1,5 + \log_{0,5} x - 0,75 - 2 \cdot \log_{0,5} x - 3}{3}\right)$$

$$S_n\left(\frac{3x + 4}{3} \,\middle|\, \frac{-3 \cdot \log_{0,5} x - 5,25}{3}\right) \qquad x \in \mathbb{R};\ x > 1,19$$

$S_n(x + 1,33 \mid -\log_{0,5} x - 1,75)$

Ermittlung des Trägergraphen der Schwerpunkte S_n:

$$\begin{array}{|l} x_{S_n} = x + 1,33 \qquad |-1,33 \\ \wedge \quad y_{S_n} = -\log_{0,5} x - 1,75 \end{array} \qquad \mathbb{G} = \mathbb{R} \times \mathbb{R};\ x \in \mathbb{R};\ x > 1,19$$

$$\Leftrightarrow \begin{array}{|l} x = x_{S_n} - 1,33 \\ \wedge \quad y_{S_n} = -\log_{0,5} x - 1,75 \end{array}$$

$$\Rightarrow \quad y_{S_n} = -\log_{0,5}(x_{S_n} - 1,33) - 1,75$$

Gleichung des Trägergraphen:
$y = -\log_{0,5}(x - 1,33) - 1,75$

Einzeichnen der Schwerpunkte S_1 und S_2

TIPP Die Schwerpunkte sind jeweils die Schnittpunkte der Seitenhalbierenden.

oder:

Man bestimmt die Koordinaten der Schwerpunkte rechnerisch.
Für $x = 2$ ergibt sich:
$S_1(2 + 1,33 \mid -\log_{0,5} 2 - 1,75)$

$S_1(3,33 \mid -0,75)$

Für $x = 7$ ergibt sich:
$S_2(7 + 1,33 \mid -\log_{0,5} 7 - 1,75)$

$S_2(8,33 \mid 1,06)$

B 2.1 Einzeichnen der Geraden g

TIPP g ist eine Ursprungsgerade mit der Steigung 0,5.

Einzeichnen des Vierecks AB_1CD_1 für $x = 0,5$

TIPP

- $A(-2 \mid 2)$ und $C(3 \mid 3)$ sind gegeben.
- B_1 liegt auf der Geraden g und hat die y-Koordinate 0,5, also $B_1(0,5 \mid 0,25)$.
- M ist Mittelpunkt von [AC], also $M(0,5 \mid 2,5)$. Siehe die Berechnung in Teilaufgabe B 2.2.
- $\overrightarrow{B_1M} = \begin{pmatrix} 0,5 - 0,5 \\ 2,5 - 0,25 \end{pmatrix} = \begin{pmatrix} 0 \\ 2,25 \end{pmatrix}$
- Da $\overrightarrow{B_nD_n} = 3,5 \cdot \overrightarrow{B_nM}$, gilt $\overrightarrow{B_1D_1} = 3,5 \cdot \begin{pmatrix} 0 \\ 2,25 \end{pmatrix} = \begin{pmatrix} 0 \\ 7,88 \end{pmatrix}$.
- Man trägt von B_1 ausgehend den Vektor $\overrightarrow{B_1D_1}$ an und erhält D_1, also $D_1(0,5 \mid 8,13)$.

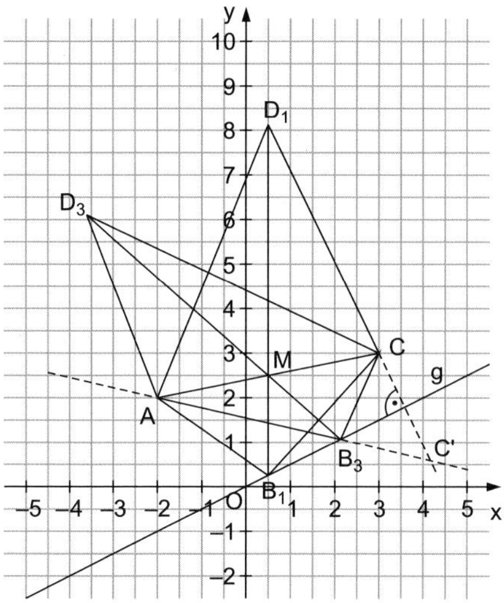

(Darstellung im Maßstab 1 : 2)

B 2.2 **TIPP** Um die Koordinaten von D_n zu bestimmen, berechnet man zunächst die Koordinaten von M, ermittelt sodann $\overrightarrow{B_nM}$ in Abhängigkeit von x und kann dann die Koordinaten der Punkte D_n bestimmen, da $\overrightarrow{OD_n} = \overrightarrow{OB_n} \oplus 3{,}5 \cdot \overrightarrow{B_nM}$ gilt.

Berechnung der Koordinaten von M:

$$M\left(\frac{-2+3}{2} \,\middle|\, \frac{2+3}{2}\right) = M(0{,}5 \mid 2{,}5)$$

Ermittlung von $\overrightarrow{B_nM}$ in Abhängigkeit von x:

$$\overrightarrow{B_nM}(x) = \begin{pmatrix} 0{,}5 - x \\ 2{,}5 - 0{,}5x \end{pmatrix} \qquad x \in \mathbb{R};\; x < 8$$

Bestimmung der Koordinaten von D_n in Abhängigkeit von x:

$$\overrightarrow{OD_n} = \overrightarrow{OB_n} \oplus 3{,}5 \cdot \overrightarrow{B_nM}$$

$$\overrightarrow{OD_n}(x) = \begin{pmatrix} x \\ 0{,}5x \end{pmatrix} \oplus 3{,}5 \cdot \begin{pmatrix} 0{,}5 - x \\ 2{,}5 - 0{,}5x \end{pmatrix} \qquad x \in \mathbb{R};\; x < 8$$

$$\overrightarrow{OD_n}(x) = \begin{pmatrix} x + 3{,}5 \cdot 0{,}5 - 3{,}5x \\ 0{,}5x + 3{,}5 \cdot 2{,}5 - 3{,}5 \cdot 0{,}5x \end{pmatrix}$$

$$\overrightarrow{OD_n}(x) = \begin{pmatrix} -2{,}5x + 1{,}75 \\ -1{,}25x + 8{,}75 \end{pmatrix}$$

$$D_n(-2{,}5x + 1{,}75 \mid -1{,}25x + 8{,}75)$$

oder:

Da $\overrightarrow{B_nD_n} = 3{,}5 \cdot \overrightarrow{B_nM}$ und $\overrightarrow{MD_n} = \overrightarrow{B_nD_n} \ominus \overrightarrow{B_nM}$, gilt $\overrightarrow{MD_n} = 2{,}5 \cdot \overrightarrow{B_nM}$.

Bestimmung der Koordinaten von D_n in Abhängigkeit von x:

$$\overrightarrow{OD_n} = \overrightarrow{OM} \oplus \overrightarrow{MD_n}$$

$$\overrightarrow{OD_n} = \overrightarrow{OM} \oplus 2{,}5 \cdot \overrightarrow{B_nM}$$

$$\overrightarrow{OD_n}(x) = \begin{pmatrix} 0{,}5 \\ 2{,}5 \end{pmatrix} \oplus 2{,}5 \cdot \begin{pmatrix} 0{,}5 - x \\ 2{,}5 - 0{,}5x \end{pmatrix} \qquad x \in \mathbb{R};\ x < 8$$

$$\overrightarrow{OD_n}(x) = \begin{pmatrix} 0{,}5 + 2{,}5 \cdot 0{,}5 - 2{,}5x \\ 2{,}5 + 2{,}5 \cdot 2{,}5 - 2{,}5 \cdot 0{,}5x \end{pmatrix}$$

$$\overrightarrow{OD_n}(x) = \begin{pmatrix} -2{,}5x + 1{,}75 \\ -1{,}25x + 8{,}75 \end{pmatrix}$$

$$D_n(-2{,}5x + 1{,}75 \mid -1{,}25x + 8{,}75)$$

B 2.3 Bestimmung des Trägergraphen der Punkte D_n:

$$\begin{vmatrix} x_{D_n} = -2{,}5x + 1{,}75 \\ \wedge\ y_{D_n} = -1{,}25x + 8{,}75 \end{vmatrix} \quad \left| -1{,}75 \right. \qquad \mathbb{G} = \mathbb{R} \times \mathbb{R};\ x \in \mathbb{R};\ x < 8$$

$$\Leftrightarrow \begin{vmatrix} -2{,}5x = x_{D_n} - 1{,}75 \\ \wedge\ y_{D_n} = -1{,}25x + 8{,}75 \end{vmatrix} \quad \left| :(-2{,}5) \right.$$

$$\Leftrightarrow \begin{vmatrix} x = -0{,}4x_{D_n} + 0{,}7 \\ \wedge\ y_{D_n} = -1{,}25x + 8{,}75 \end{vmatrix}$$

$$\Rightarrow\ y_{D_n} = -1{,}25 \cdot (-0{,}4x_{D_n} + 0{,}7) + 8{,}75$$

$$\Rightarrow\ y_{D_n} = 0{,}5x_{D_n} + 7{,}88$$

Gleichung des Trägergraphen: $y = 0{,}5x + 7{,}88 \qquad \mathbb{G} = \mathbb{R} \times \mathbb{R}$

B 2.4 **TIPP** Man berechnet zunächst $\overrightarrow{AC}$ und benutzt dann, dass in einem Drachenviereck die Diagonalen senkrecht zueinander verlaufen, d. h. $B_2M \perp AC$.

Berechnung von $\overrightarrow{AC}$:

$$\overrightarrow{AC} = \begin{pmatrix} 3 - (-2) \\ 3 - 2 \end{pmatrix}$$

$$\overrightarrow{AC} = \begin{pmatrix} 5 \\ 1 \end{pmatrix}$$

Berechnung der x-Koordinate von B_2:

$$\overrightarrow{B_nM} \odot \overrightarrow{AC} = 0$$

$$\Leftrightarrow \quad \begin{pmatrix} 0{,}5 - x \\ 2{,}5 - 0{,}5x \end{pmatrix} \odot \begin{pmatrix} 5 \\ 1 \end{pmatrix} = 0 \qquad x \in \mathbb{R};\; x < 8$$

$$\Leftrightarrow \quad (0{,}5x - x) \cdot 5 + (2{,}5 - 0{,}5x) \cdot 1 = 0$$

$$\Leftrightarrow \quad 2{,}5 - 5x + 2{,}5 - 0{,}5x = 0$$

$$\Leftrightarrow \quad 5 - 5{,}5x = 0 \qquad | + 5{,}5x$$

$$\Leftrightarrow \quad 5{,}5x = 5 \qquad | : 5{,}5$$

$$\Leftrightarrow \quad x = 0{,}91$$

$\mathbb{L} = \{0{,}91\}$

oder:

TIPP B_2 liegt auf der Geraden g und auf der zu AC senkrechten Geraden h durch M.

Bestimmen der Steigung der Geraden AC:

$$\overrightarrow{AC} = \begin{pmatrix} 5 \\ 1 \end{pmatrix} \quad \Rightarrow \quad m_{AC} = \frac{1}{5}$$

Bestimmen der Steigung der zur Geraden AC senkrechten Geraden h durch M:

$$m_{\perp AC} = -\frac{1}{\frac{1}{5}} = -5$$

Bestimmen des y-Achsenabschnitts t der Geraden h: $y = m_{\perp AC} \cdot x + t$ durch Einsetzen von $M(0{,}5 \,|\, 2{,}5)$:

$$2{,}5 = -5 \cdot 0{,}5 + t$$

$$\Leftrightarrow \quad 2{,}5 = -2{,}5 + t \qquad | + 2{,}5$$

$$\Leftrightarrow \quad t = 5$$

$\Rightarrow$ h: $y = -5x + 5$

Schnittstelle der Geraden g und der zur Geraden AC senkrechten Geraden h durch M:

$$0{,}5x = -5x + 5 \qquad | + 5x \qquad x \in \mathbb{R};\; x < 8$$

$$\Leftrightarrow \quad 5{,}5x = 5 \qquad | : 5{,}5$$

$$\Leftrightarrow \quad x = 0{,}91$$

$\mathbb{L} = \{0{,}91\}$

TIPP Um den Flächeninhalt von AB_2CD_2 zu berechnen, bestimmt man zunächst die Längen von [AC] und $[B_2M]$.

Bestimmung von $\overline{AC}$:

$$\overline{AC} = \sqrt{5^2 + 1^2}\ \text{LE}$$
$$\overline{AC} = 5{,}10\ \text{LE}$$

Bestimmung von $\overline{B_2M}$ für $x = 0{,}91$:

$$\overrightarrow{B_2M} = \begin{pmatrix} 0{,}5 - 0{,}91 \\ 2{,}5 - 0{,}5 \cdot 0{,}91 \end{pmatrix}$$
$$\overrightarrow{B_2M} = \begin{pmatrix} -0{,}41 \\ 2{,}05 \end{pmatrix}$$
$$\overline{B_2M} = \sqrt{(-0{,}41)^2 + 2{,}05^2}\ \text{LE}$$
$$\overline{B_2M} = 2{,}09\ \text{LE}$$

Für den Flächeninhalt von AB_2CD_2 gilt:

$$A_{AB_2CD_2} = \frac{1}{2} \cdot \overline{AC} \cdot \overline{B_2D_2}$$
$$A_{AB_2CD_2} = \frac{1}{2} \cdot \overline{AC} \cdot 3{,}5 \cdot \overline{B_2M}$$
$$A_{AB_2CD_2} = \frac{1}{2} \cdot 5{,}10 \cdot 3{,}5 \cdot 2{,}09\ \text{FE}$$
$$A_{AB_2CD_2} = 18{,}65\ \text{FE}$$

B 2.5 $C \xmapsto{g} C'$

TIPP Um die Koordinaten von C' mithilfe der Abbildungsgleichung der Achsenspiegelung an g zu ermitteln, berechnet man zunächst das Maß φ des Winkels, den g mit der positiven x-Achse einschließt.

$$\tan \varphi = 0{,}5$$
$$\varphi = 26{,}57°$$

Bestimmen der Koordinaten von C' mithilfe der Abbildungsgleichung der Achsenspiegelung an g:

$$\begin{pmatrix} x' \\ y' \end{pmatrix} = \begin{pmatrix} \cos(2 \cdot 26{,}57°) & \sin(2 \cdot 26{,}57°) \\ \sin(2 \cdot 26{,}57°) & -\cos(2 \cdot 26{,}57°) \end{pmatrix} \odot \begin{pmatrix} 3 \\ 3 \end{pmatrix} \qquad \mathbb{G} = \mathbb{R} \times \mathbb{R}$$

$$\begin{pmatrix} x' \\ y' \end{pmatrix} = \begin{pmatrix} 0{,}60 & 0{,}80 \\ 0{,}80 & -0{,}60 \end{pmatrix} \odot \begin{pmatrix} 3 \\ 3 \end{pmatrix}$$

$$\begin{pmatrix} x' \\ y' \end{pmatrix} = \begin{pmatrix} 3 \cdot 0{,}60 + 3 \cdot 0{,}80 \\ 3 \cdot 0{,}80 - 3 \cdot 0{,}60 \end{pmatrix}$$

$$\begin{pmatrix} x' \\ y' \end{pmatrix} = \begin{pmatrix} 4{,}20 \\ 0{,}60 \end{pmatrix}$$

$C' = (4{,}20 \,|\, 0{,}60)$

Einzeichnen des Vierecks AB_3CD_3

TIPP

- $A(-2\,|\,2)$ und $C(3\,|\,3)$ sind gegeben.
- Man erhält C' durch Spiegelung von C an der Geraden g.
- B_3 ist der Schnittpunkt von g und [AC'].
- Es gilt $\overrightarrow{B_3D_3} = 3{,}5 \cdot \overrightarrow{B_3M}$. Man trägt also von B_3 ausgehend den Vektor $\overrightarrow{B_3M}$ 3,5-mal an und erhält D_3.

B 2.6 Flächeninhalt des Dreiecks MB_nC:

$$A_{MB_nC} = 0{,}5 \cdot \overline{CM} \cdot \overline{B_nM} \cdot \sin\sphericalangle B_nMC$$

Flächeninhalt des Dreiecks AMD_n:

$$A_{AMD_n} = 0{,}5 \cdot \overline{AM} \cdot \overline{MD_n} \cdot \sin\sphericalangle D_nMA \qquad \text{mit } \overline{AM} = \overline{CM}$$

$$A_{AMD_n} = 0{,}5 \cdot \overline{CM} \cdot \overline{MD_n} \cdot \sin\sphericalangle D_nMA \qquad \text{mit } \sphericalangle D_nMA = \sphericalangle B_nMC$$

$$A_{AMD_n} = 0{,}5 \cdot \overline{CM} \cdot \overline{MD_n} \cdot \sin\sphericalangle B_nMC \qquad \text{mit } \overline{MD_n} = \overline{B_nD_n} - \overline{B_nM}$$

$$A_{AMD_n} = 0{,}5 \cdot \overline{CM} \cdot (\overline{B_nD_n} - \overline{B_nM}) \cdot \sin\sphericalangle B_nMC \qquad \text{mit } \overline{B_nD_n} = 3{,}5 \cdot \overline{B_nM}$$

$$A_{AMD_n} = 0{,}5 \cdot \overline{CM} \cdot 2{,}5 \cdot \overline{B_nM} \cdot \sin\sphericalangle B_nMC$$

$$A_{AMD_n} = 1{,}25 \cdot \overline{CM} \cdot \overline{B_nM} \cdot \sin\sphericalangle B_nMC$$

Bestimmung des Verhältnisses der Flächeninhalte:

$$\frac{A_{AMD_n}}{A_{MB_nC}} = \frac{1{,}25 \cdot \overline{CM} \cdot \overline{B_nM} \cdot \sin\sphericalangle B_nMC}{0{,}5 \cdot \overline{CM} \cdot \overline{B_nM} \cdot \sin\sphericalangle B_nMC}$$

$$\frac{A_{AMD_n}}{A_{MB_nC}} = \frac{1{,}25}{0{,}5}$$

$$\frac{A_{AMD_n}}{A_{MB_nC}} = 2{,}5$$

Somit stehen die Flächeninhalte der Dreiecke AMD_n und MB_nC stets im Verhältnis 2,5 : 1.

Bayern ▪ Realschule ▪ Abschlussprüfung 2019

Mathematik I – Teil A – mit Taschenrechner

Aufgabe A 1

BE

A 1.0 Gegeben ist das Drachenviereck ABCD mit der Symmetrieachse BD und dem Diagonalenschnittpunkt M.
Es gilt:

$\overline{AM} = \overline{DM} = 2\text{ cm}$ und $\overline{BD} = 6\text{ cm}$.

Punkte E_n auf der Strecke [BM] legen zusammen mit den Punkten A, C und D die Drachenvierecke AE_nCD fest. Die Winkel CE_nA haben das Maß φ mit $\varphi \in [53{,}13°;\ 180°[$.
Die Zeichnung zeigt das Drachenviereck ABCD und das Drachenviereck AE_1CD für $\varphi = 100°$.

Runden Sie im Folgenden auf zwei Stellen nach dem Komma.

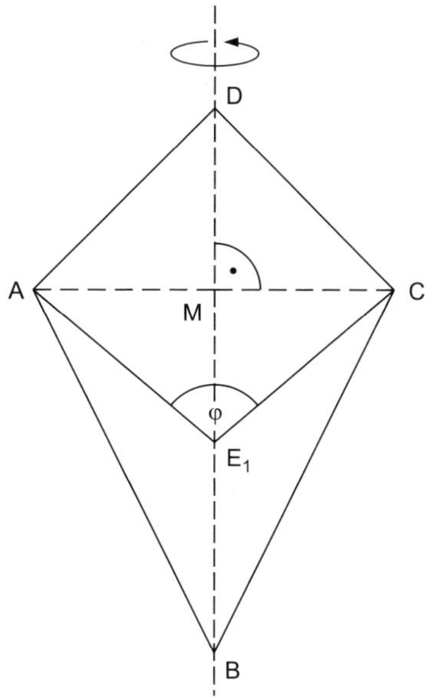

A 1.1 Zeichnen Sie das Drachenviereck AE_2CD für $\varphi = 70°$ in die Zeichnung zu A 1.0 ein. Bestätigen Sie sodann die untere Intervallgrenze für φ durch Rechnung. 2

A 1.2 Die Drachenvierecke AE_nCD rotieren um die Gerade BD.

Zeigen Sie, dass für das Volumen V der entstehenden Rotationskörper in Abhängigkeit von φ gilt:

$$V(\varphi) = \frac{8}{3} \cdot \pi \cdot \left(1 + \frac{1}{\tan(0{,}5 \cdot \varphi)}\right)\text{cm}^3.$$ 2

A 1.3 Das Drachenviereck AE_3CD ist ein Quadrat.

Bestimmen Sie das Volumen des zugehörigen Rotationskörpers. 1

Aufgabe A 2

A 2.0 Der Punkt $A(2|-1)$ legt zusammen mit den Pfeilen

$\overrightarrow{AB_n}(\varphi)=\begin{pmatrix}-3\cdot\sin\varphi+2\\ 2\cdot\sin\varphi+2\end{pmatrix}$ und Punkten C_n gleichschenklige

Dreiecke AB_nC_n mit den Basen $[B_nC_n]$ fest ($\varphi\in[0°;\,360°]$).

Es gilt: $\sphericalangle B_nAC_n=30°$.

Runden Sie im Folgenden auf zwei Stellen nach dem Komma.

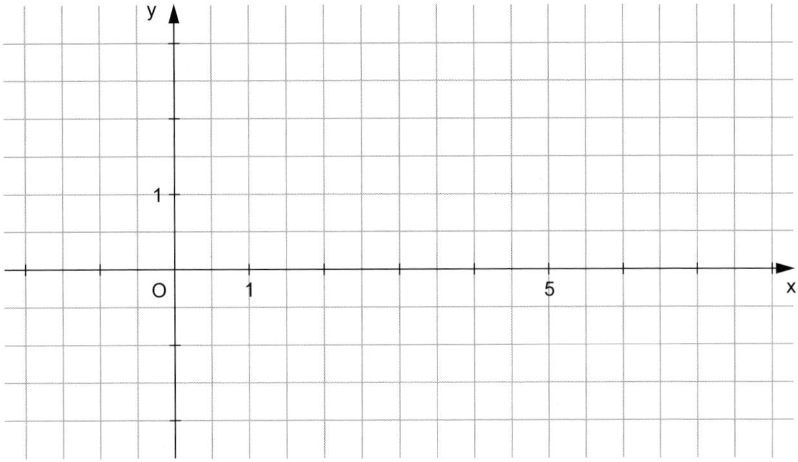

A 2.1 Berechnen Sie die Koordinaten des Pfeils $\overrightarrow{AB_1}$ für $\varphi=210°$ und zeichnen Sie das zugehörige Dreieck AB_1C_1 in das Koordinatensystem zu A 2.0 ein. 2

A 2.2 Bestimmen Sie rechnerisch die Koordinaten der Punkte C_n in Abhängigkeit von φ.

[Ergebnis: $C_n(-3{,}60\cdot\sin\varphi+2{,}73\,|\,0{,}23\cdot\sin\varphi+1{,}73)$] 3

A 2.3 Für welches Maß von φ wird die Abszisse der Punkte C_n minimal?

Kreuzen Sie an.

☐ 0° ☐ 45° ☐ 90° ☐ 180° ☐ 270° 1

A 2.4 Für $\varphi\in[0°;\,120°]$ gibt es das Dreieck AB_2C_2, dessen Punkt C_2 auf der y-Achse liegt.

Berechnen Sie die Koordinaten des Punktes B_2. 3

Aufgabe A 3

A 3.0 Vitamin D kann im menschlichen Körper produziert werden, wenn Sonnenstrahlung unter bestimmten Bedingungen auf die Haut trifft. Im Winterhalbjahr nimmt daher die Konzentration von Vitamin D im Körper normalerweise ab.

Bei Andreas wurde Ende September eine Anfangskonzentration von 55 Nanogramm Vitamin D pro Milliliter Blut $\left(55\,\frac{\text{ng}}{m\ell}\right)$ gemessen.

Der Zusammenhang zwischen der Anzahl x der Wochen und der verbleibenden Konzentration y $\frac{\text{ng}}{m\ell}$ an Vitamin D lässt sich bei Andreas näherungsweise durch die Funktion f_1 mit der Gleichung $y = 55 \cdot 0{,}93^x$ $(\mathbb{G} = \mathbb{R}^+ \times \mathbb{R}^+)$ beschreiben.

A 3.1 Um wie viel Prozent reduziert sich folglich bei Andreas die Konzentration an Vitamin D in einer Woche? Ergänzen Sie.

Die Konzentration reduziert sich in einer Woche um [%.] 1

A 3.2 Berechnen Sie mithilfe der Funktion f_1 die Konzentration an Vitamin D bei Andreas nach 21 Tagen.

Runden Sie auf zwei Nachkommastellen. 1

A 3.3 Berechnen Sie, in welcher Woche sich die Anfangskonzentration an Vitamin D bei Andreas entsprechend der Funktion f_1 halbiert. 2

A 3.4 Bei Stephan wurde gleichzeitig mit Andreas eine Messung begonnen. Bei Stephan lässt sich der Zusammenhang zwischen der Anzahl x der Wochen und der verbleibenden Konzentration y $\frac{\text{ng}}{m\ell}$ an Vitamin D annähernd durch die Funktion f_2 mit der Gleichung $y = 51 \cdot 0{,}91^x$ $(\mathbb{G} = \mathbb{R}_0^+ \times \mathbb{R}_0^+)$ beschreiben.

Ist es unter diesen Voraussetzungen möglich, dass die Konzentrationen an Vitamin D zu einem Zeitpunkt bei Stephan und Andreas den gleichen Wert erreichen?

Begründen Sie Ihre Entscheidung ohne Rechnung. 1

Lösungsvorschlag

A 1.0

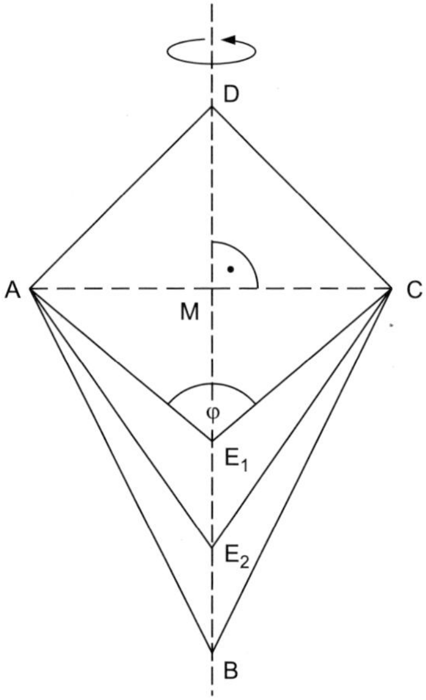

A 1.1 Einzeichnen des Drachenvierecks AE_2CD

> **TIPP** Da $\varphi = 70°$ gelten soll, müssen die Basiswinkel im gleichschenkligen Dreieck AE_2C das Maß $(180° - 70°) : 2 = 55°$ haben.

Bestätigung der unteren Intervallgrenze für φ:

> **TIPP** Der kleinstmögliche Wert φ_{min} ergibt sich, wenn E_n auf B liegt, d. h., es gilt: $\varphi_{min} = 2 \cdot \sphericalangle MBA$

Im rechtwinkligen Dreieck ABM gilt:

$$\tan \sphericalangle MBA = \frac{\overline{AM}}{\overline{BM}} \qquad \text{mit } \overline{BM} = \overline{BD} - \overline{DM} = (6-2)\text{ cm} = 4\text{ cm}$$

$$\text{und } \sphericalangle MBA = 0{,}5 \cdot \varphi_{min}$$

$$\tan(0{,}5 \cdot \varphi_{min}) = \frac{2\text{ cm}}{4\text{ cm}}$$

$$\varphi_{min} = 53{,}13°$$

A 1.2 **TIPP** Die Rotationskörper bestehen aus dem Kegel mit dem Axialschnitt ACD und den Kegeln mit den Axialschnitten AE_nC.
Um die Volumina der Kegel mit den Axialschnitten AE_nC bestimmen zu können, ermittelt man zunächst deren Höhe $\overline{ME_n}$ in Abhängigkeit von φ.

Im rechtwinkligen Dreieck AE_nM gilt:

$$\tan \sphericalangle ME_nA = \frac{\overline{AM}}{\overline{ME_n}} \qquad \text{mit } \sphericalangle ME_nA = 0{,}5 \cdot \varphi$$

$$\tan(0{,}5 \cdot \varphi) = \frac{\overline{AM}}{\overline{ME_n}} \qquad \left| \cdot \frac{\overline{ME_n}}{\tan(0{,}5 \cdot \varphi)} \right. \qquad \varphi \in [53{,}13°;\ 180°[$$

$$\overline{ME_n}(\varphi) = \frac{\overline{AM}}{\tan(0{,}5 \cdot \varphi)}$$

$$\overline{ME_n}(\varphi) = \frac{2}{\tan(0{,}5 \cdot \varphi)}\ \text{cm}$$

Bestimmung des Volumens V der entstehenden Rotationskörper:

$$V = V_{Rot_{ACD}} + V_{Rot_{AE_nC}}$$

$$V = \frac{1}{3} \cdot \pi \cdot \overline{AM}^2 \cdot \overline{DM} + \frac{1}{3} \cdot \pi \cdot \overline{AM}^2 \cdot \overline{ME_n}$$

$$V(\varphi) = \left(\frac{1}{3} \cdot \pi \cdot 2^2 \cdot 2 + \frac{1}{3} \cdot \pi \cdot 2^2 \cdot \frac{2}{\tan(0{,}5 \cdot \varphi)} \right) \text{cm}^3 \qquad \varphi \in [53{,}13°;\ 180°[$$

$$V(\varphi) = \frac{1}{3} \cdot \pi \cdot 2^3 \cdot \left(1 + \frac{1}{\tan(0{,}5 \cdot \varphi)} \right) \text{cm}^3$$

$$V(\varphi) = \frac{8}{3} \cdot \pi \cdot \left(1 + \frac{1}{\tan(0{,}5 \cdot \varphi)} \right) \text{cm}^3$$

A 1.3 Wenn AE_3CD ein Quadrat ist, muss $\varphi = 90°$ gelten.
Für das zugehörige Volumen gilt dann:

$$V(90°) = \frac{8}{3} \cdot \pi \cdot \left(1 + \frac{1}{\tan(0{,}5 \cdot 90°)} \right) \text{cm}^3$$

$$V(90°) = 16{,}76\ \text{cm}^3$$

A 2.0

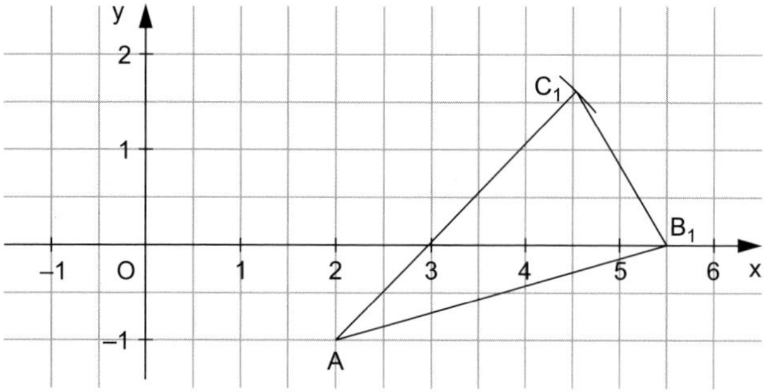

A 2.1 Berechnung von $\overrightarrow{AB_1}$ für $\varphi = 210°$:

$$\overrightarrow{AB_1} = \begin{pmatrix} -3 \cdot \sin 210° + 2 \\ 2 \cdot \sin 210° + 2 \end{pmatrix}$$

$$\overrightarrow{AB_1} = \begin{pmatrix} 3{,}5 \\ 1 \end{pmatrix}$$

Einzeichnen des Dreiecks AB_1C_1

> **TIPP**
> - $A(2\,|\,-1)$ ist fest.
> - Es gilt $\overrightarrow{AB_1} = \begin{pmatrix} 3{,}5 \\ 1 \end{pmatrix}$, also $B_1(5{,}5\,|\,0)$.
> - Das Dreieck AB_1C_1 ist gleichschenklig mit $[B_1C_1]$ als Basis, also $\overline{AC_1} = \overline{AB_1}$, und es gilt $\sphericalangle B_1AC_1 = 30°$.

A 2.2

> **TIPP** Um die Koordinaten von C_n zu bestimmen, ermittelt man zunächst die Vektoren $\overrightarrow{AC_n}$, die durch Drehung der Vektoren $\overrightarrow{AB_n}$ gegen den Uhrzeigersinn mit Drehwinkel $\alpha = 30°$ hervorgehen.

Bestimmung der Vektoren $\overrightarrow{AC_n}$ in Abhängigkeit von φ:

$$\overrightarrow{AB_n} \xmapsto{\alpha = 30°} \overrightarrow{AC_n}$$

$$\overrightarrow{AC_n}(\varphi) = \begin{pmatrix} \cos 30° & -\sin 30° \\ \sin 30° & \cos 30° \end{pmatrix} \odot \begin{pmatrix} -3 \cdot \sin\varphi + 2 \\ 2 \cdot \sin\varphi + 2 \end{pmatrix} \qquad \varphi \in [0°; 360°]$$

$$\overrightarrow{AC_n}(\varphi) = \begin{pmatrix} \frac{\sqrt{3}}{2} & -0{,}5 \\ 0{,}5 & \frac{\sqrt{3}}{2} \end{pmatrix} \odot \begin{pmatrix} -3 \cdot \sin\varphi + 2 \\ 2 \cdot \sin\varphi + 2 \end{pmatrix}$$

$$\overrightarrow{AC_n}(\varphi) = \begin{pmatrix} \frac{\sqrt{3}}{2} \cdot (-3 \cdot \sin\varphi + 2) - 0{,}5 \cdot (2 \cdot \sin\varphi + 2) \\ 0{,}5 \cdot (-3 \cdot \sin\varphi + 2) + \frac{\sqrt{3}}{2} \cdot (2 \cdot \sin\varphi + 2) \end{pmatrix}$$

$$\overrightarrow{AC_n}(\varphi) = \begin{pmatrix} -2{,}60 \cdot \sin\varphi + 1{,}73 - \sin\varphi - 1 \\ -1{,}5 \cdot \sin\varphi + 1 + 1{,}73 \cdot \sin\varphi + 1{,}73 \end{pmatrix}$$

$$\overrightarrow{AC_n}(\varphi) = \begin{pmatrix} -3{,}60 \cdot \sin\varphi + 0{,}73 \\ 0{,}23 \cdot \sin\varphi + 2{,}73 \end{pmatrix}$$

Bestimmung der Koordinaten von C_n in Abhängigkeit von φ:

$$\overrightarrow{OC_n} = \overrightarrow{OA} \oplus \overrightarrow{AC_n}$$

$$\overrightarrow{OC_n}(\varphi) = \begin{pmatrix} 2 \\ -1 \end{pmatrix} \oplus \begin{pmatrix} -3{,}60 \cdot \sin\varphi + 0{,}73 \\ 0{,}23 \cdot \sin\varphi + 2{,}73 \end{pmatrix} \qquad \varphi \in [0°; 360°]$$

$$\overrightarrow{OC_n}(\varphi) = \begin{pmatrix} -3{,}60 \cdot \sin\varphi + 2{,}73 \\ 0{,}23 \cdot \sin\varphi + 1{,}73 \end{pmatrix}$$

$$C_n(-3{,}60 \cdot \sin\varphi + 2{,}73 \mid 0{,}23 \cdot \sin\varphi + 1{,}73) \qquad \varphi \in [0°; 360°]$$

A 2.3

TIPP Die Abszisse der Punkte C_n (also der Wert für die x-Koordinate) wird minimal, wenn $-3{,}60 \cdot \sin\varphi + 2{,}73$ minimal wird, also $\sin\varphi = 1$ ist.

☒ 90°

A 2.4

TIPP Da der Punkt C_2 auf der y-Achse liegen soll, muss seine x-Koordinate null sein.

$$-3{,}60 \cdot \sin\varphi + 2{,}73 = 0 \qquad \left| -2{,}73 \right. \qquad \varphi \in [0°; 120°]$$

$$\Leftrightarrow \quad -3{,}60 \cdot \sin\varphi = -2{,}73 \qquad \left| :(-3{,}60) \right.$$

$$\Leftrightarrow \quad \sin\varphi = \frac{2{,}73}{3{,}60}$$

$$\Leftrightarrow \quad \varphi = 49{,}32° \qquad (\vee \ \varphi = 130{,}68°)$$

$$\mathbb{L} = \{49{,}32°\}$$

Bestimmung der Koordinaten von B_2:

$$\overrightarrow{OB_2} = \overrightarrow{OA} \oplus \overrightarrow{AB_2}$$

$$\overrightarrow{OB_2} = \begin{pmatrix} 2 \\ -1 \end{pmatrix} \oplus \begin{pmatrix} -3 \cdot \sin 49{,}32° + 2 \\ 2 \cdot \sin 49{,}32° + 2 \end{pmatrix}$$

$$\overrightarrow{OB_2} = \begin{pmatrix} 1{,}72 \\ 2{,}52 \end{pmatrix}$$

$$B_2(1{,}72 \mid 2{,}52)$$

A 3.1 **TIPP** Die Basis 0,93 gibt an, dass sich die Konzentration in einer Woche auf 93 % verringert. Der gesuchte Prozentsatz, um den verringert wird, beträgt also: 100 % − 93 % = 7 %

Die Konzentration reduziert sich in einer Woche um **7** %.

A 3.2 **TIPP** 21 Tage sind 3 Wochen.

$y = 55 \cdot 0{,}93^3 = 44{,}24$

Nach 21 Tagen beträgt die Konzentration an Vitamin D bei Andreas $44{,}24\,\frac{\text{ng}}{m\ell}$.

A 3.3 **TIPP** Gesucht ist die Belegung von x, für die $y = 55 \cdot 0{,}93^x$ die Hälfte der Anfangskonzentration ergibt.

$$0{,}5 \cdot 55 = 55 \cdot 0{,}93^x \quad |:55 \qquad x \in \mathbb{R}^+$$
$$\Leftrightarrow \quad 0{,}5 = 0{,}93^x$$
$$\Leftrightarrow \quad x = \log_{0{,}93} 0{,}5$$
$$\Leftrightarrow \quad x = \frac{\lg 0{,}5}{\lg 0{,}93}$$
$$\Leftrightarrow \quad x = 9{,}6$$
$$\mathbb{L} = \{9{,}6\}$$

Die Konzentration an Vitamin D halbiert sich in der 10. Woche.

A 3.4 **TIPP** Andreas „startet" mit einer Anfangskonzentration von $55\,\frac{\text{ng}}{m\ell}$, die wöchentlich um 7 % abnimmt. Stephan „startet" mit einer Anfangskonzentration von $51\,\frac{\text{ng}}{m\ell}$, die wöchentlich um 9 % abnimmt.

Stephans Anfangswert ist kleiner und nimmt schneller ab als der von Andreas. Die Konzentrationen können folglich niemals gleichzeitig den gleichen Wert erreichen.

oder: $$\underbrace{55}_{>51} \cdot \overbrace{\underbrace{0{,}93}_{>0{,}91}{}^x}^{>0{,}91^x} > 51 \cdot 0{,}91^x \qquad x \in \mathbb{R}_0^+$$

Die Konzentrationen können folglich niemals gleichzeitig den gleichen Wert erreichen.

Aufgabe B 1

BE

B 1.0 Gegeben ist die Funktion f_1 mit der Gleichung $y = 10 \cdot 0{,}5^{x+3} + 2$ $(\mathbb{G} = \mathbb{R} \times \mathbb{R})$.
Runden Sie im Folgenden auf zwei Stellen nach dem Komma.

B 1.1 Geben Sie die Definitionsmenge der Funktion f_1 an.
Zeichnen Sie sodann den Graphen zu f_1 für $x \in [-2{,}5; 5]$ in ein Koordinatensystem.
Für die Zeichnung: Längeneinheit 1 cm; $-5 \leqq x \leqq 5$; $-6 \leqq y \leqq 10$ 2

B 1.2 Der Graph der Funktion f_1 wird durch Achsenspiegelung an der x-Achse sowie anschließende Parallelverschiebung mit dem Vektor $\vec{v} = \begin{pmatrix} -2 \\ 1 \end{pmatrix}$ auf den Graphen der Funktion f_2 abgebildet.
Zeigen Sie rechnerisch, dass die Funktion f_2 die Gleichung $y = -10 \cdot 0{,}5^{x+5} - 1$ mit $\mathbb{G} = \mathbb{R} \times \mathbb{R}$ besitzt.
Geben Sie sodann die Gleichung ihrer Asymptote an und zeichnen Sie den Graphen zu f_2 für $x \in [-4; 5]$ in das Koordinatensystem zu B 1.1 ein. 4

B 1.3 Punkte $A_n(x \mid 10 \cdot 0{,}5^{x+3} + 2)$ auf dem Graphen zu f_1 und Punkte $C_n(x \mid -10 \cdot 0{,}5^{x+5} - 1)$ auf dem Graphen zu f_2 haben dieselbe Abszisse x und sind zusammen mit Punkten B_n und D_n die Eckpunkte von Parallelogrammen $A_nB_nC_nD_n$. Die Punkte D_n liegen ebenfalls auf dem Graphen zu f_1, ihre Abszisse ist um 2 größer als die Abszisse x der Punkte A_n.
Zeichnen Sie die Parallelogramme $A_1B_1C_1D_1$ für $x = -2$ und $A_2B_2C_2D_2$ für $x = 1{,}5$ in das Koordinatensystem zu B 1.1 ein. 2

B 1.4 Berechnen Sie das Maß des Winkels $A_1D_1C_1$. 4

B 1.5 Zeigen Sie rechnerisch, dass für die Koordinaten der Punkte B_n in Abhängigkeit von der Abszisse x der Punkte A_n gilt:
$B_n(x-2 \mid 5 \cdot 0{,}5^{x+3} - 1)$.
[Teilergebnis: $D_n(x+2 \mid 10 \cdot 0{,}5^{x+5} + 2)$] 3

B 1.6 Unter den Parallelogrammen $A_nB_nC_nD_n$ gibt es die Raute $A_3B_3C_3D_3$.
Berechnen Sie die x-Koordinate des Punktes A_3. 3

Aufgabe B 2

B 2.0 Das Quadrat ABCD mit dem Diagonalenschnittpunkt M ist die Grundfläche des geraden Prismas ABCDEFGH mit der Höhe [AE]. Der Schnittpunkt der Diagonalen [EG] und [FH] des Quadrats EFGH ist der Punkt N.

Es gilt: $\overline{AB} = 7$ cm; $\overline{AE} = 9$ cm.

Runden Sie im Folgenden auf zwei Stellen nach dem Komma.

B 2.1 Zeigen Sie, dass für die Länge der Strecke [AC] gilt: $\overline{AC} = 9{,}90$ cm.

Zeichnen Sie sodann das Schrägbild des Prismas ABCDEFGH, wobei die Strecke [AC] auf der Schrägbildachse und der Punkt A links vom Punkt C liegen soll.

Für die Zeichnung gilt: $q = \frac{1}{2}$; $\omega = 45°$. 3

B 2.2 Berechnen Sie die Länge der Strecke [CN] sowie das Maß des Winkels CNG.

[Ergebnis: $\sphericalangle CNG = 61{,}19°$] 2

B 2.3 Punkte P_n liegen auf der Strecke [CN]. Die Winkel P_nEN haben das Maß φ mit $\varphi \in \,]0°; 42{,}27°]$. Die Punkte P_n sind zusammen mit den Punkten N und E die Eckpunkte von Dreiecken P_nNE.

Zeichnen Sie das Dreieck P_1NE für $\varphi = 38°$ in das Schrägbild zu B 2.1 ein und begründen Sie sodann die obere Intervallgrenze für φ. 2

B 2.4 Zeigen Sie durch Rechnung, dass für die Länge der Strecken $[NP_n]$ in Abhängigkeit von φ gilt:

$$\overline{NP_n}(\varphi) = \frac{4{,}95 \cdot \sin\varphi}{\sin(\varphi + 118{,}81°)}\ \text{cm}.$$ 2

B 2.5 Die Punkte P_n sind die Spitzen von Pyramiden $EFHP_n$ mit den Höhen $[P_nT_n]$, deren Fußpunkte T_n auf der Strecke [EG] liegen.

Zeichnen Sie die Pyramide $EFHP_1$ und ihre Höhe $[P_1T_1]$ in das Schrägbild zu B 2.1 ein und ermitteln Sie sodann rechnerisch das Volumen V der Pyramiden $EFHP_n$ in Abhängigkeit von φ.

$$\left[\text{Teilergebnis: } \overline{P_nT_n}(\varphi) = \frac{4{,}34 \cdot \sin\varphi}{\sin(\varphi + 118{,}81°)}\ \text{cm}\right]$$ 3

B 2.6 Die Punkte P_n sind auch die Spitzen von Pyramiden $ABCDP_n$. Für die Pyramiden $EFHP_2$ und $ABCDP_2$ gilt: $V_{EFHP_2} = V_{ABCDP_2}$.

Berechnen Sie den zugehörigen Wert für φ. 4

Lösungsvorschlag

B 1.1 Definitionsmenge von f_1: $\mathbb{D} = \mathbb{R}$

Zeichnen des Graphen zu f_1, z. B. mithilfe folgender Wertetabelle:

x	−2,5	−2	−1	0	1	2
$y = 10 \cdot 0{,}5^{x+3} + 2$	9,07	7	4,5	3,25	2,63	2,31

x	3	4	5
$y = 10 \cdot 0{,}5^{x+3} + 2$	2,16	2,08	2,04

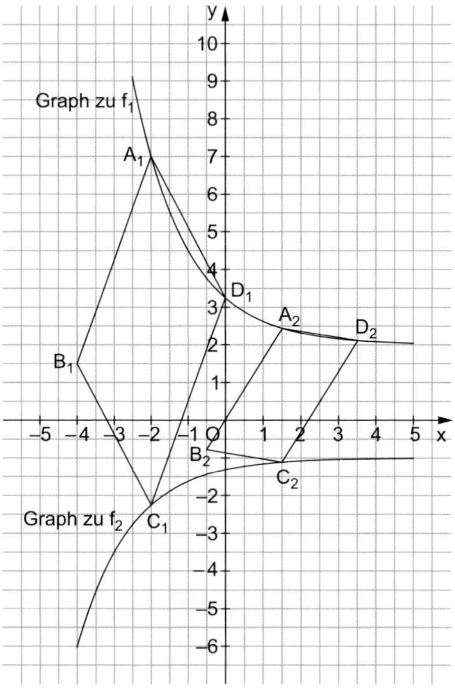

(Darstellung im Maßstab 1 : 2)

B 1.2 $f_1 \xmapsto{\text{x-Achse}} f' \xmapsto{\vec{v}=\binom{-2}{1}} f_2$

Abbildung durch Spiegelung an der x-Achse:

$$\begin{pmatrix} x' \\ y' \end{pmatrix} = \begin{pmatrix} 1 & 0 \\ 0 & -1 \end{pmatrix} \odot \begin{pmatrix} x \\ 10 \cdot 0{,}5^{x+3} + 2 \end{pmatrix} \qquad \mathbb{G} = \mathbb{R} \times \mathbb{R};\ x \in \mathbb{R}$$

$$\Leftrightarrow \quad \begin{array}{|l} x' = x \\ \wedge\ \ y' = -(10 \cdot 0{,}5^{x+3} + 2) \end{array}$$

$$\Rightarrow \quad y' = -10 \cdot 0{,}5^{x'+3} - 2$$

Parallelverschiebung mit $\vec{v}$:

$$\begin{pmatrix} x'' \\ y'' \end{pmatrix} = \begin{pmatrix} x' \\ -10 \cdot 0{,}5^{x'+3} - 2 \end{pmatrix} \oplus \begin{pmatrix} -2 \\ 1 \end{pmatrix} \qquad \mathbb{G} = \mathbb{R} \times \mathbb{R};\ x' \in \mathbb{R}$$

$$\Leftrightarrow \quad \begin{array}{|l} x'' = x' - 2 \\ \wedge\ \ y'' = -10 \cdot 0{,}5^{x'+3} - 2 + 1 \end{array}$$

$$\Leftrightarrow \quad \begin{array}{|l} x' = x'' + 2 \\ \wedge\ \ y'' = -10 \cdot 0{,}5^{x'+3} - 1 \end{array}$$

$$\Rightarrow \quad y'' = -10 \cdot 0{,}5^{x''+2+3} - 1$$

$$\Leftrightarrow \quad y'' = -10 \cdot 0{,}5^{x''+5} - 1$$

f_2: $y = -10 \cdot 0{,}5^{x+5} - 1$ $\qquad \mathbb{G} = \mathbb{R} \times \mathbb{R}$

Gleichung der Asymptote: $y = -1$

Einzeichnen des Graphen zu f_2, z. B. mithilfe der folgenden Wertetabelle:

x	–4	–3	–2	–1	0	1
$y = -10 \cdot 0{,}5^{x+5} - 1$	–6	–3,5	–2,25	–1,63	–1,31	–1,16

x	2	3	4	5
$y = -10 \cdot 0{,}5^{x+5} - 1$	–1,08	–1,04	–1,02	–1,01

B 1.3 Einzeichnen des Parallelogramms $A_1B_1C_1D_1$ für $x = -2$

TIPP

- A_1 liegt auf dem Graphen zu f_1 und hat die x-Koordinate –2, also $A_1(-2\,|\,7)$.
- C_1 liegt auf dem Graphen zu f_2 und hat ebenfalls die x-Koordinate –2, also $C_1(-2\,|\,-2{,}25)$.
- D_1 liegt auf dem Graphen zu f_1 und hat eine um 2 größere x-Koordinate als A_1, also $D_1(0\,|\,3{,}25)$.
- B_1 wird so eingezeichnet, dass $A_1B_1C_1D_1$ ein Parallelogramm ist, also $\overrightarrow{C_1B_1} = \overrightarrow{D_1A_1}$.

Einzeichnen des Parallelogramms $A_2B_2C_2D_2$ für $x = 1{,}5$

TIPP

- A_2 liegt auf dem Graphen zu f_1 und hat die x-Koordinate 1,5, also $A_2(1{,}5\,|\,2{,}44)$.
- C_2 liegt auf dem Graphen zu f_2 und hat ebenfalls die x-Koordinate 1,5, also $C_2(1{,}5\,|\,-1{,}11)$.
- D_2 liegt auf dem Graphen zu f_1 und hat eine um 2 größere x-Koordinate als A_2, also $D_2(3{,}5\,|\,2{,}11)$.
- B_2 wird so eingezeichnet, dass $A_2B_2C_2D_2$ ein Parallelogramm ist, also $\overrightarrow{C_2B_2} = \overrightarrow{D_2A_2}$.

B 1.4 **TIPP** Um das Maß des Winkels $A_1D_1C_1$ zu berechnen, bestimmt man zunächst die Koordinaten der Punkte, die den Winkel beschreiben. Damit kann man dann die Vektoren $\overrightarrow{D_1A_1}$ und $\overrightarrow{D_1C_1}$ aufstellen und den Winkel zwischen ihnen bestimmen.

Aufstellen der Vektoren $\overrightarrow{D_1A_1}$ und $\overrightarrow{D_1C_1}$:

$A_1(-2\,|\,10 \cdot 0{,}5^{-2+3} + 2)$

$A_1(-2\,|\,7)$

$C_1(-2\,|\,-10 \cdot 0{,}5^{-2+5} - 1)$

$C_1(-2\,|\,-2{,}25)$

$D_1(0\,|\,10 \cdot 0{,}5^{0+3} + 2)$

$D_1(0\,|\,3{,}25)$

$$\overrightarrow{D_1A_1} = \begin{pmatrix} -2-0 \\ 7-3{,}25 \end{pmatrix} = \begin{pmatrix} -2 \\ 3{,}75 \end{pmatrix}$$

$$\overrightarrow{D_1C_1} = \begin{pmatrix} -2-0 \\ -2{,}25-3{,}25 \end{pmatrix} = \begin{pmatrix} -2 \\ -5{,}5 \end{pmatrix}$$

Winkel zwischen diesen Vektoren:

$$\cos\sphericalangle A_1D_1C_1 = \frac{\overrightarrow{D_1A_1} \odot \overrightarrow{D_1C_1}}{|\overrightarrow{D_1A_1}| \cdot |\overrightarrow{D_1C_1}|}$$

$$\cos\sphericalangle A_1D_1C_1 = \frac{\begin{pmatrix} -2 \\ 3{,}75 \end{pmatrix} \odot \begin{pmatrix} -2 \\ -5{,}5 \end{pmatrix}}{\sqrt{(-2)^2 + 3{,}75^2} \cdot \sqrt{(-2)^2 + (-5{,}5)^2}}$$

$$\cos\sphericalangle A_1D_1C_1 = \frac{(-2) \cdot (-2) + 3{,}75 \cdot (-5{,}5)}{\sqrt{(-2)^2 + 3{,}75^2} \cdot \sqrt{(-2)^2 + (-5{,}5)^2}}$$

$$\sphericalangle A_1D_1C_1 = 131{,}94°$$

oder:

Berechnung von $\overrightarrow{D_1A_1}$ und $\overrightarrow{D_1C_1}$ wie oben.

TIPP Es seien δ_1 und δ_2 die Winkel wie in der Skizze dargestellt, also $\sphericalangle A_1D_1C_1 = \delta_1 + \delta_2$.

Im rechtwinkligen Dreieck A_1LD_1 gilt:

$$\tan\delta_1 = \frac{3{,}75}{2}$$

$$\delta_1 = 61{,}93°$$

Im rechtwinkligen Dreieck C_1D_1L gilt:

$$\tan\delta_2 = \frac{5{,}5}{2}$$

$$\delta_2 = 70{,}02°$$

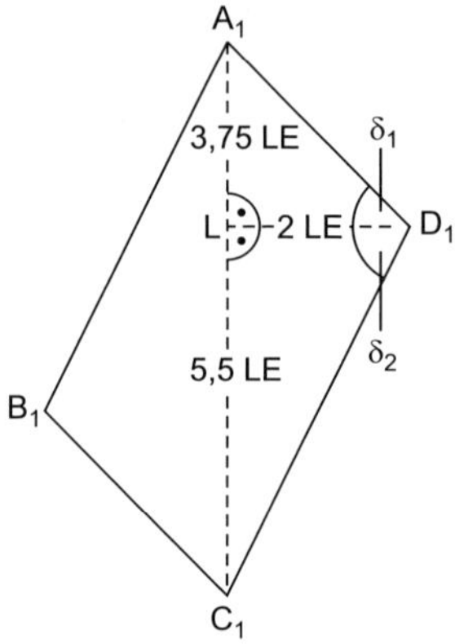

Damit erhält man das gesuchte Winkelmaß:

$$\sphericalangle A_1D_1C_1 = \delta_1 + \delta_2$$

$$\sphericalangle A_1D_1C_1 = 61{,}93° + 70{,}02°$$

$$\sphericalangle A_1D_1C_1 = 131{,}95°$$

B 1.5

TIPP Es gilt $\overrightarrow{OB_n} = \overrightarrow{OC_n} \oplus \overrightarrow{C_nB_n}$ mit $\overrightarrow{C_nB_n} = \overrightarrow{D_nA_n}$. Man ermittelt also zunächst die Koordinaten der Punkte D_n in Abhängigkeit von der Abszisse x der Punkte A_n, sodann den Vektor $\overrightarrow{D_nA_n}$ in Abhängigkeit von x und schließlich die Koordinaten der Punkte B_n in Abhängigkeit von x.

Bestimmung der Koordinaten von D_n in Abhängigkeit von x:

$$D_n(x+2 \mid 10\cdot 0{,}5^{(x+2)+3}+2) \qquad x \in \mathbb{R}$$

$$D_n(x+2 \mid 10\cdot 0{,}5^{x+5}+2)$$

Bestimmung von $\overrightarrow{D_nA_n}$ in Abhängigkeit von x:

$$\overrightarrow{D_nA_n}(x) = \begin{pmatrix} x-(x+2) \\ 10\cdot 0{,}5^{x+3}+2-(10\cdot 0{,}5^{x+5}+2) \end{pmatrix} \qquad x \in \mathbb{R}$$

$$\overrightarrow{D_nA_n}(x) = \begin{pmatrix} x-x-2 \\ 10\cdot 0{,}5^{x+3}+2-10\cdot 0{,}5^{2}\cdot 0{,}5^{x+3}-2 \end{pmatrix}$$

$$\overrightarrow{D_nA_n}(x) = \begin{pmatrix} -2 \\ 10\cdot 0{,}5^{x+3}-2{,}5\cdot 0{,}5^{x+3} \end{pmatrix}$$

$$\overrightarrow{D_nA_n}(x) = \begin{pmatrix} -2 \\ 7{,}5\cdot 0{,}5^{x+3} \end{pmatrix}$$

Bestimmung der Koordinaten von B_n in Abhängigkeit von x:

$$\overrightarrow{OB_n} = \overrightarrow{OC_n} \oplus \overrightarrow{C_nB_n} \qquad \text{mit } \overrightarrow{C_nB_n} = \overrightarrow{D_nA_n}$$

$$\overrightarrow{OB_n}(x) = \begin{pmatrix} x \\ -10 \cdot 0{,}5^{x+5} - 1 \end{pmatrix} \oplus \begin{pmatrix} -2 \\ 7{,}5 \cdot 0{,}5^{x+3} \end{pmatrix} \qquad x \in \mathbb{R}$$

$$\overrightarrow{OB_n}(x) = \begin{pmatrix} x-2 \\ -10 \cdot 0{,}5^2 \cdot 0{,}5^{x+3} - 1 + 7{,}5 \cdot 0{,}5^{x+3} \end{pmatrix}$$

$$\overrightarrow{OB_n}(x) = \begin{pmatrix} x-2 \\ -2{,}5 \cdot 0{,}5^{x+3} - 1 + 7{,}5 \cdot 0{,}5^{x+3} \end{pmatrix}$$

$$\overrightarrow{OB_n}(x) = \begin{pmatrix} x-2 \\ 5 \cdot 0{,}5^{x+3} - 1 \end{pmatrix}$$

$B_n(x-2 \mid 5 \cdot 0{,}5^{x+3} - 1)$

B 1.6 **TIPP** Da die Punkte A_n und C_n jeweils dieselbe x-Koordinate haben und in einer Raute die Diagonalen zueinander senkrecht verlaufen, müssen B_3 und D_3 dieselbe y-Koordinate haben.

$$y_{B_n} = y_{D_n}$$

$$\Leftrightarrow \quad 5 \cdot 0{,}5^{x+3} - 1 = 10 \cdot 0{,}5^{x+5} + 2 \qquad x \in \mathbb{R}$$

$$\Leftrightarrow \quad 5 \cdot 0{,}5^{x+3} - 1 = 10 \cdot 0{,}5^2 \cdot 0{,}5^{x+3} + 2$$

$$\Leftrightarrow \quad 5 \cdot 0{,}5^{x+3} - 1 = 2{,}5 \cdot 0{,}5^{x+3} + 2 \qquad | +1 - 2{,}5 \cdot 0{,}5^{x+3}$$

$$\Leftrightarrow \quad 2{,}5 \cdot 0{,}5^{x+3} = 3 \qquad | : 2{,}5$$

$$\Leftrightarrow \quad 0{,}5^{x+3} = 1{,}2$$

$$\Leftrightarrow \quad x + 3 = \log_{0{,}5} 1{,}2$$

$$\Leftrightarrow \quad x + 3 = \frac{\lg 1{,}2}{\lg 0{,}5}$$

$$\Leftrightarrow \quad x + 3 = -0{,}26 \qquad | -3$$

$$\Leftrightarrow \quad x = -3{,}26$$

$\mathbb{L} = \{-3{,}26\}$

B 2.1 Berechnung von $\overline{AC}$ mit dem Satz des Pythagoras im rechtwinkligen Dreieck ABC:

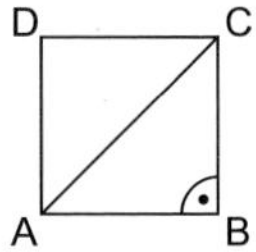

$\overline{AC}^2 = \overline{AB}^2 + \overline{BC}^2 \quad | \sqrt{} \qquad$ mit $\overline{BC} = \overline{AB}$

$\overline{AC} = \sqrt{7^2 + 7^2}$ cm

$\overline{AC} = 9{,}90$ cm

Zeichnen des Schrägbildes des Prismas ABCDEFGH

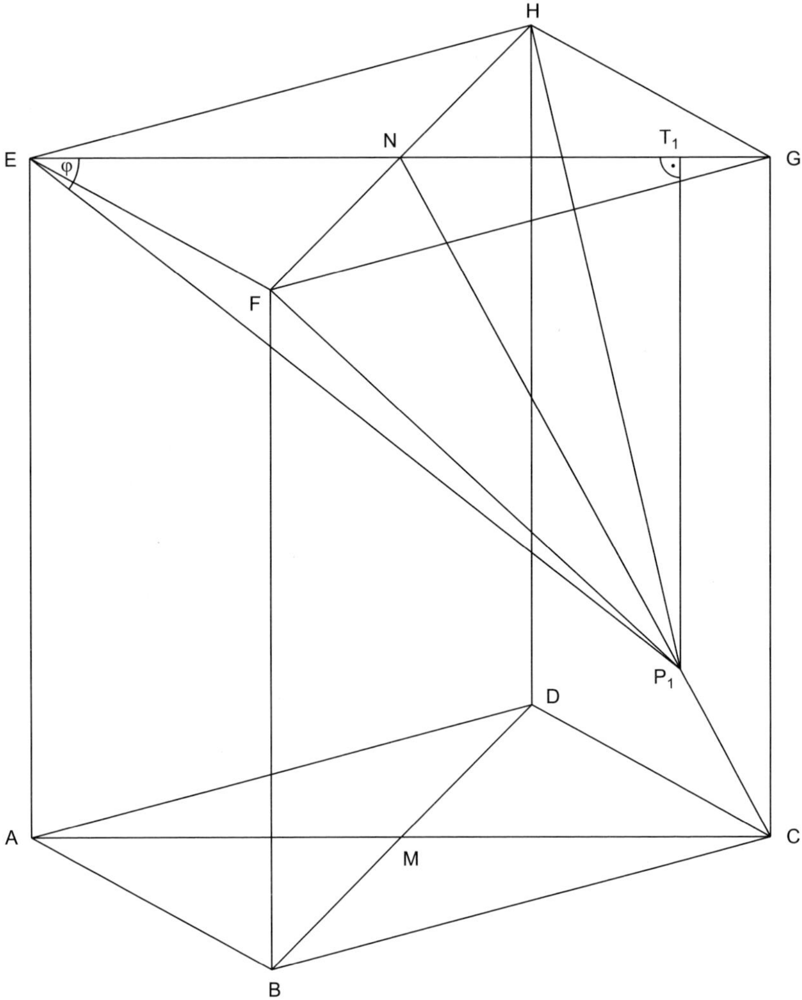

TIPP
- Da die Diagonale [AC] auf der Schrägbildachse liegt, wird sie in wahrer Länge gezeichnet. A liegt dabei links von C.
- Der Diagonalenschnittpunkt M des Quadrats ABCD halbiert jeweils die Diagonalen [AC] und [BD].
- Die Diagonalen [AC] und [BD] sind gleich lang, da ABCD ein Quadrat ist.
- Die Diagonale [BD] verläuft senkrecht zur Zeichenebene. Daher schließt [BD] mit der Schrägbildachse den Winkel $\omega = 45°$ ein und wird um den Faktor $q = \frac{1}{2}$ verkürzt.
- Die Höhen verlaufen in bzw. parallel zu der Zeichenebene und werden somit in wahrer Länge, also 9 cm, gezeichnet.
- Der Punkt N ist der Schnittpunkt der Diagonalen des Quadrats EFGH.

B 2.2 Berechnung von $\overline{CN}$ mit dem Satz des Pythagoras im rechtwinkligen Dreieck NCG:

$$\overline{CN}^2 = \overline{CG}^2 + \overline{NG}^2 \quad |\sqrt{\ } \qquad \text{mit } \overline{CG} = \overline{AE} \text{ und } \overline{NG} = 0{,}5 \cdot \overline{AC}$$

$$\overline{CN} = \sqrt{9^2 + (0{,}5 \cdot 9{,}90)^2} \text{ cm}$$

$$\overline{CN} = 10{,}27 \text{ cm}$$

Im rechtwinkligen Dreieck NCG gilt:

$$\tan \sphericalangle CNG = \frac{\overline{CG}}{\overline{NG}} \qquad \text{mit } \overline{CG} = \overline{AE} \text{ und } \overline{NG} = 0{,}5 \cdot \overline{AC}$$

$$\tan \sphericalangle CNG = \frac{9 \text{ cm}}{0{,}5 \cdot 9{,}90 \text{ cm}}$$

$$\sphericalangle CNG = 61{,}19°$$

B 2.3 Einzeichnen des Dreiecks P_1NE für $\varphi = 38°$

Begründung der oberen Grenze für φ:

TIPP φ wird maximal, wenn P_n auf C liegt.

Das maximale Maß der Winkel P_nEN ist das Maß des Winkels CEG.

Im rechtwinkligen Dreieck ECG gilt:

$$\tan \sphericalangle CEG = \frac{\overline{CG}}{\overline{EG}} \qquad \text{mit } \overline{CG} = \overline{AE} \text{ und } \overline{NG} = 0{,}5 \cdot \overline{AC}$$

$$\tan \sphericalangle CEG = \frac{9 \text{ cm}}{9{,}90 \text{ cm}}$$

$$\sphericalangle CEG = 42{,}27°$$

B 2.4

> **TIPP** Die Streckenlängen $\overline{NP_n}$ werden mithilfe des Sinussatzes im Dreieck P_nNE ermittelt. Dazu berechnet man zunächst das Maß des Winkels ENP_n.

$$\sphericalangle ENP_n = 180° - \sphericalangle CNG \qquad \text{(Ergänzungswinkel)}$$

$$\sphericalangle ENP_n = 180° - 61{,}19°$$

$$\sphericalangle ENP_n = 118{,}81°$$

Ermittlung von $\overline{NP_n}$ mithilfe des Sinussatzes im Dreieck P_nNE:

$$\frac{\overline{NP_n}}{\sin \varphi} = \frac{\overline{EN}}{\sin \sphericalangle NP_nE} \qquad | \cdot \sin \varphi \qquad \varphi \in \,]0°; 42{,}27°]$$

$$\overline{NP_n} = \frac{\overline{EN} \cdot \sin \varphi}{\sin \sphericalangle NP_nE} \qquad \text{mit } \sphericalangle NP_nE = 180° - (\varphi + \sphericalangle ENP_n)$$

(Innenwinkelsumme im Dreieck P_nNE)

$$\overline{NP_n}(\varphi) = \frac{\overline{EN} \cdot \sin \varphi}{\sin(180° - (\varphi + 118{,}81°))} \qquad \text{mit } \overline{EN} = 0{,}5 \cdot \overline{AC}$$

$$\overline{NP_n}(\varphi) = \frac{0{,}5 \cdot 9{,}90 \cdot \sin \varphi}{\sin(180° - (\varphi + 118{,}81°))} \text{ cm}$$

$$\overline{NP_n}(\varphi) = \frac{4{,}95 \cdot \sin \varphi}{\sin(\varphi + 118{,}81°)} \text{ cm} \qquad \text{(Supplementbeziehung)}$$

B 2.5 Einzeichnen der Pyramide $EFHP_1$ und ihrer Höhe $[P_1T_1]$

> **TIPP** Der Punkt T_1 ist der Fußpunkt des Lotes von P_1 auf die Strecke [EG].

TIPP Um das Volumen V zu berechnen, bestimmt man zunächst die Pyramidenhöhe $\overline{P_nT_n}$ in Abhängigkeit von φ.

Im rechtwinkligen Dreieck NP_nT_n gilt:

$$\sin\sphericalangle P_nNT_n = \frac{\overline{P_nT_n}}{\overline{NP_n}} \qquad |\cdot \overline{NP_n}$$

$$\overline{P_nT_n} = \overline{NP_n}\cdot\sin\sphericalangle P_nNT_n \qquad \text{mit } \sphericalangle P_nNT_n = \sphericalangle CNG$$

$$\overline{P_nT_n}(\varphi) = \frac{4{,}95\cdot\sin\varphi}{\sin(\varphi+118{,}81°)}\text{ cm}\cdot\sin 61{,}19° \qquad \varphi\in\,]0°;\,42{,}27°]$$

$$\overline{P_nT_n}(\varphi) = \frac{4{,}34\cdot\sin\varphi}{\sin(\varphi+118{,}81°)}\text{ cm}$$

Berechnung des Volumens der Pyramiden $EFHP_n$ in Abhängigkeit von φ:

TIPP Die Pyramiden $EFHP_n$ haben die Grundfläche EFH (rechtwinkliges Dreieck) und die Höhen $\overline{P_nT_n}$.

$$V = \frac{1}{3}\cdot\frac{1}{2}\cdot\overline{EF}\cdot\overline{EH}\cdot\overline{P_nT_n} \qquad \text{mit } \overline{EF}=\overline{AB} \text{ und } \overline{EH}=\overline{AB}$$

$$V(\varphi) = \frac{1}{3}\cdot\frac{1}{2}\cdot 7^2\cdot\frac{4{,}34\cdot\sin\varphi}{\sin(\varphi+118{,}81°)}\text{ cm}^3 \qquad \varphi\in\,]0°;\,42{,}27°]$$

$$V(\varphi) = \frac{35{,}44\cdot\sin\varphi}{\sin(\varphi+118{,}81°)}\text{ cm}^3$$

B 2.6 Die quadratische Grundfläche ABCD der Pyramide $ABCDP_2$ ist doppelt so groß wie die dreieckige Grundfläche EFH der Pyramide $EFHP_2$.
Damit beide Pyramiden das gleiche Volumen besitzen, muss die Höhe h_{EFHP_2} der Pyramide $EFHP_2$ doppelt so groß wie die Höhe h_{ABCDP_2} der Pyramide $ABCDP_2$ sein.

$$h_{EFHP_2} = 2\cdot h_{ABCDP_2} \qquad \text{mit } h_{EFHP_2} = \overline{P_2T_2} \text{ und } h_{ABCDP_2} = \overline{AE}-\overline{P_2T_2}$$

$$\overline{P_2T_2} = 2\cdot(9\text{ cm}-\overline{P_2T_2})$$

$$\overline{P_2T_2} = 18\text{ cm}-2\cdot\overline{P_2T_2} \qquad |+2\cdot\overline{P_2T_2}$$

$$3\cdot\overline{P_2T_2} = 18\text{ cm} \qquad |:3$$

$$\overline{P_2T_2} = 6\text{ cm}$$

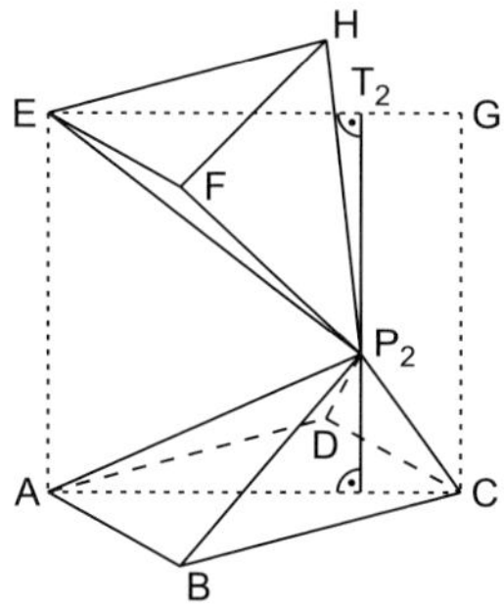

oder:

Die Pyramidenhöhen müssen sich wie 2 : 1 verhalten, also:

$$\overline{P_2T_2} = \frac{2}{3} \cdot \overline{AE}$$

$$\overline{P_2T_2} = \frac{2}{3} \cdot 9\text{ cm}$$

$$\overline{P_2T_2} = 6\text{ cm}$$

Berechnung des zugehörigen Wertes für φ:

$$\overline{P_nT_n}(\varphi) = 6\text{ cm} \qquad \varphi \in \;]0°; 42{,}27°]$$

$$\Leftrightarrow \quad \frac{4{,}34 \cdot \sin\varphi}{\sin(\varphi + 118{,}81°)} = 6 \qquad |\cdot \sin(\varphi + 118{,}81°)$$

$$\Leftrightarrow \quad 4{,}34 \cdot \sin\varphi = 6 \cdot \sin(\varphi + 118{,}81°)$$

$$\Leftrightarrow \quad 4{,}34 \cdot \sin\varphi = 6 \cdot (\sin\varphi \cdot \cos 118{,}81° + \cos\varphi \cdot \sin 118{,}81°) \qquad \text{(Additionstheorem)}$$

$$\Leftrightarrow \quad 4{,}34 \cdot \sin\varphi = -2{,}89 \cdot \sin\varphi + 5{,}26 \cdot \cos\varphi \qquad |+2{,}89 \cdot \sin\varphi$$

$$\Leftrightarrow \quad 7{,}23 \cdot \sin\varphi = 5{,}26 \cdot \cos\varphi \qquad |:(7{,}23 \cdot \cos\varphi)$$

$$\Leftrightarrow \quad \frac{\sin\varphi}{\cos\varphi} = \frac{5{,}26}{7{,}23}$$

$$\Leftrightarrow \quad \tan\varphi = \frac{5{,}26}{7{,}23}$$

$$\Leftrightarrow \quad \varphi = 36{,}04°$$

$$\mathbb{L} = \{36{,}04°\}$$

TIPP Durch andere Zwischenrundungen können Abweichungen im Ergebnis entstehen.

Bayern ▪ Realschule ▪ Abschlussprüfung 2020

Mathematik I – Teil A – mit Taschenrechner

Aufgabe A 1

BE

A 1.0 Der Punkt $A(0|0)$ ist gemeinsamer Eckpunkt von Dreiecken AB_nC_n.
Die Punkte $B_n(x|0{,}25x-2)$ liegen auf der Geraden g mit $y=0{,}25x-2$ $(\mathbb{G}=\mathbb{R}\times\mathbb{R})$.

Es gilt: $\sphericalangle B_nAC_n = 50°$; $\overline{AC_n} = 1{,}5\cdot\overline{AB_n}$.

Runden Sie im Folgenden auf zwei Stellen nach dem Komma.

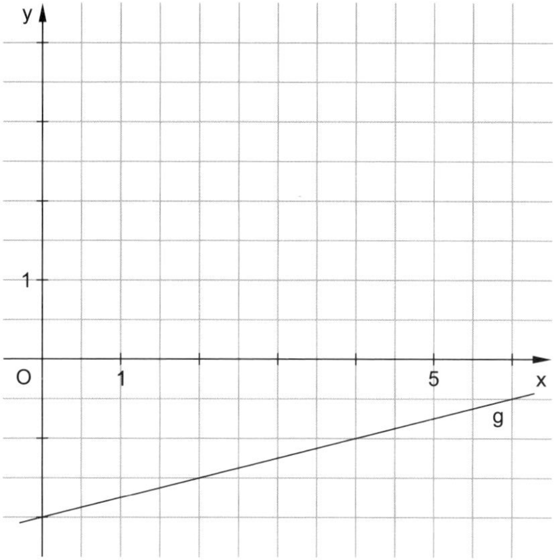

A 1.1 Zeichnen Sie das Dreieck AB_1C_1 für $x=4$ in das Koordinatensystem zu A 1.0 ein. 1

A 1.2 Für das Dreieck AB_2C_2 gilt: $x=8$.
Bestimmen Sie rechnerisch die Koordinaten des Punktes C_2. 3

Aufgabe A 2

A 2.0 Gegeben ist die Funktion f mit der Gleichung $y = 0{,}5 \cdot (x+2)^{-3} + 1$ $(\mathbb{G} = \mathbb{R} \times \mathbb{R})$.
Im Koordinatensystem ist für $x > -2$ der Graph zu f eingezeichnet.

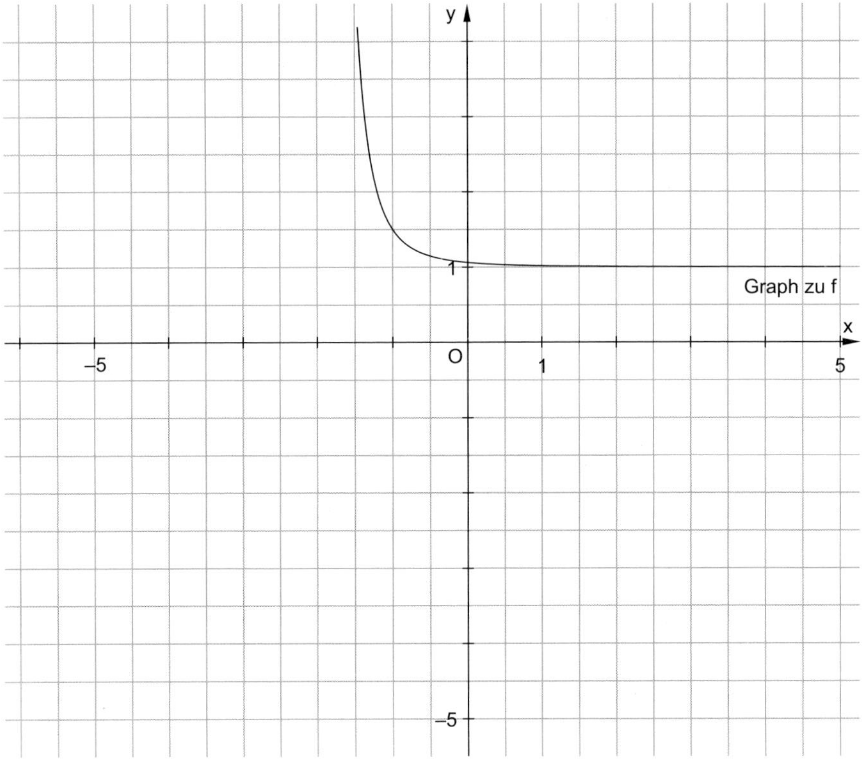

A 2.1 Zeichnen Sie für $x \in [-6; -2{,}5]$ den Graphen zu f in das Koordinatensystem zu A 2.0 ein und geben Sie die Wertemenge von f an. 2

A 2.2 Punkte $A_n(x \mid 0{,}5 \cdot (x+2)^{-3} + 1)$ mit der Abszisse x liegen auf dem Graphen zu f mit $x \in \mathbb{R} \setminus \{-2\}$. Sie legen mit Punkten B_n, C_n und D_n Quadrate $A_nB_nC_nD_n$ fest.

Die x-Koordinate der Punkte B_n ist um 2 größer als die Abszisse x der Punkte A_n, die y-Koordinate der Punkte B_n ist um 1 größer als die y-Koordinate der Punkte A_n.

Zeichnen Sie die Quadrate $A_1B_1C_1D_1$ für $x = -3$ und $A_2B_2C_2D_2$ für $x = 2$ in das Koordinatensystem zu A 2.0 ein. 2

A 2.3 Begründen Sie, weshalb alle Quadrate $A_nB_nC_nD_n$ den gleichen Flächeninhalt A haben, und geben Sie diesen an. 2

A 2.4 Zeigen Sie, dass für die Koordinaten der Punkte C_n in Abhängigkeit von der Abszisse x der Punkte A_n gilt: $C_n\,(x+1\,|\,0{,}5\cdot(x+2)^{-3}+4)$. 3

A 2.5 Der Punkt C_3 des Quadrats $A_3B_3C_3D_3$ liegt auf der y-Achse.

Geben Sie die Koordinaten des Punktes C_3 an. 1

Aufgabe A 3

A 3.0 Gegeben sind Drachenvierecke AB_nCD_n mit der Symmetrieachse AC. Punkte E_n sind die Mittelpunkte der Strecken $[B_nD_n]$. Die Winkel B_nCE_n haben das Maß φ mit $\varphi \in\ ]0°; 90°[$.
Es gilt: $\overline{AC} = 2$ cm und $\overline{B_nC} = \overline{CD_n} = 3$ cm.

Die nebenstehende Zeichnung zeigt das Drachenviereck AB_1CD_1 für $\varphi = 50°$.

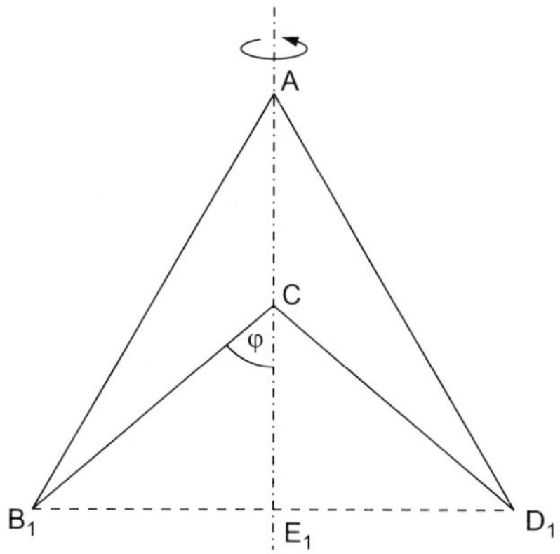

A 3.1 Zeigen Sie durch Rechnung, dass für die Längen der Strecken $[B_nE_n]$ und $[AE_n]$ in Abhängigkeit von φ gilt:
$\overline{B_nE_n}(\varphi) = 3\cdot\sin\varphi$ cm und $\overline{AE_n}(\varphi) = (3\cdot\cos\varphi + 2)$ cm. 2

A 3.2 Die Drachenvierecke AB_nCD_n rotieren um die Gerade AC.

Bestätigen Sie rechnerisch, dass für das Volumen V der entstehenden Rotationskörper in Abhängigkeit von φ gilt: $V(\varphi) = 6\cdot\pi\cdot\sin^2\varphi\ \text{cm}^3$. 2

A 3.3 Eine der folgenden Aussagen zu den Rotationskörpern aus A 3.2 ist richtig.

Kreuzen Sie diese Aussage an.

☐ Es gibt einen Rotationskörper mit einem Volumen von $6\cdot\pi\ \text{cm}^3$.

☐ Die Rotationskörper haben ein Volumen von höchstens $6\ \text{cm}^3$.

☐ Für das Volumen V gilt: $V(\varphi) < 6\cdot\pi\ \text{cm}^3$.

☐ Für das Volumen V gilt: $V(\varphi) > 6\cdot\pi\ \text{cm}^3$. 1

Lösungsvorschlag

A 1.0

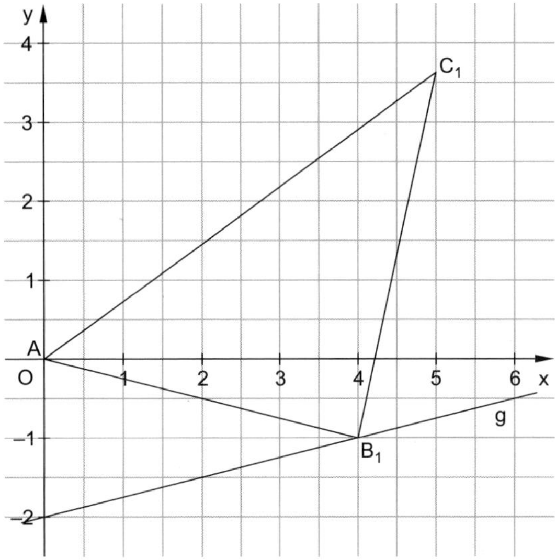

A 1.1 Einzeichnen des Dreiecks AB_1C_1 für $x = 4$

> **TIPP**
> - Der Eckpunkt A(0 | 0) ist gegeben.
> - B_1 liegt auf der Geraden g und hat die x-Koordinate 4, also $B_1(4 \mid -1)$.
> - C_1 liegt auf dem Schenkel $[AC_1$ mit $\measuredangle B_1AC_1 = 50°$ und $\overline{AC_1} = 1{,}5 \cdot \overline{AB_1} = 1{,}5 \cdot 4{,}12\,\text{LE} = 6{,}18\,\text{LE}$. (Man kann $\overline{AB_1}$ mithilfe des Satzes des Pythagoras berechnen oder durch Abmessen der Zeichnung entnehmen.)

A 1.2

> **TIPP** Um $\overrightarrow{AC_2} = \overrightarrow{OC_2}$ zu bestimmen, ermittelt man zunächst $\overrightarrow{AB_2} = \overrightarrow{OB_2}$. Sodann wird $\overrightarrow{AB_2}$ um 50° gedreht und auf das 1,5-Fache verlängert.

Bestimmung von $\overrightarrow{AB_2}$ mit $x = 8$:

$$\overrightarrow{AB_2} = \begin{pmatrix} 8 \\ 0{,}25 \cdot 8 - 2 \end{pmatrix} = \begin{pmatrix} 8 \\ 0 \end{pmatrix}$$

Bestimmung der Koordinaten von C_2:

$$\overrightarrow{AB_2} \xmapsto{\varphi = 50°} \overrightarrow{AB_2'} \xmapsto{k = 1{,}5} \overrightarrow{AC_2}$$

$$\begin{pmatrix} x' \\ y' \end{pmatrix} = 1{,}5 \cdot \begin{pmatrix} \cos 50° & -\sin 50° \\ \sin 50° & \cos 50° \end{pmatrix} \odot \begin{pmatrix} 8 \\ 0 \end{pmatrix}$$

$$\begin{pmatrix} x' \\ y' \end{pmatrix} = \begin{pmatrix} 7{,}71 \\ 9{,}19 \end{pmatrix}$$

$C_2(7{,}71 \mid 9{,}19)$

A 2.0

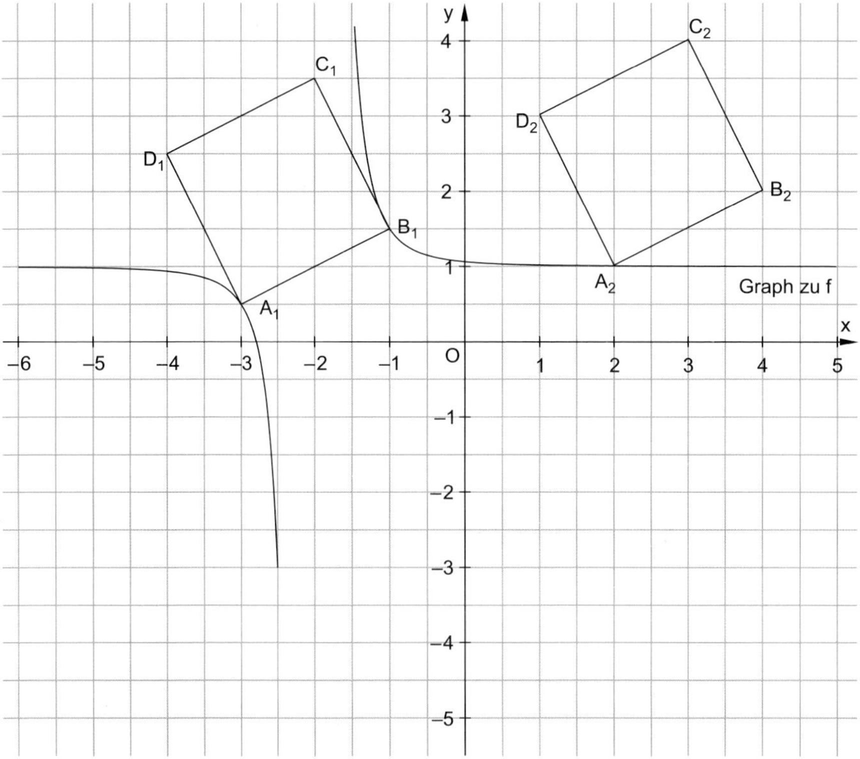

A 2.1 Einzeichnen des Graphen zu f für $x \in [-6; -2{,}5]$, z. B. mithilfe folgender Wertetabelle:

x	−6	−4	−3	−2,5
$y = 0{,}5 \cdot (x+2)^{-3} + 1$	0,99	0,94	0,5	−3

oder:

Einzeichnen des Graphen zu f für $x \in [-6; -2{,}5]$ mithilfe der Punktsymmetrie bezüglich $(-2\,|\,1)$

Wertemenge von f:
$\mathbb{W} = \mathbb{R} \setminus \{1\}$

A 2.2 Einzeichnen des Quadrats $A_1B_1C_1D_1$ für $x = -3$

TIPP
- Der Punkt A_1 liegt auf dem Graphen zu f und hat die x-Koordinate –3, also $A_1(-3\,|\,0{,}5)$.
- Der Punkt B_1 hat eine um 2 größere x-Koordinate als A_1 und eine um 1 größere y-Koordinate als A_1, also $\overrightarrow{A_1B_1} = \begin{pmatrix} 2 \\ 1 \end{pmatrix}$ und $B_1(-1\,|\,1{,}5)$.
- $\overrightarrow{B_1A_1} \xmapsto{\varphi = -90^\circ} \overrightarrow{B_1C_1}$, also $\overrightarrow{B_1C_1} = \begin{pmatrix} -1 \\ 2 \end{pmatrix}$ und $C_1(-2\,|\,3{,}5)$
- $\overrightarrow{C_1D_1} = -\overrightarrow{A_1B_1}$, also $\overrightarrow{C_1D_1} = \begin{pmatrix} -2 \\ -1 \end{pmatrix}$ und $D_1(-4\,|\,2{,}5)$

Einzeichnen des Quadrats $A_2B_2C_2D_2$ für $x = 2$

TIPP
- Der Punkt A_2 liegt auf dem Graphen zu f und hat die x-Koordinate 2, also $A_2(2\,|\,1{,}01)$.
- Der Punkt B_2 hat eine um 2 größere x-Koordinate als A_2 und eine um 1 größere y-Koordinate als A_2, also $\overrightarrow{A_2B_2} = \begin{pmatrix} 2 \\ 1 \end{pmatrix}$ und $B_2(4\,|\,2{,}01)$.
- $\overrightarrow{B_2A_2} \xmapsto{\varphi = -90^\circ} \overrightarrow{B_2C_2}$, also $\overrightarrow{B_2C_2} = \begin{pmatrix} -1 \\ 2 \end{pmatrix}$ und $C_2(3\,|\,4{,}01)$
- $\overrightarrow{C_2D_2} = -\overrightarrow{A_2B_2}$, also $\overrightarrow{C_2D_2} = \begin{pmatrix} -2 \\ -1 \end{pmatrix}$ und $D_2(1\,|\,3{,}01)$

A 2.3 **TIPP** Der Punkt B_n hat eine um 2 größere x-Koordinate als A_n und eine um 1 größere y-Koordinate als A_n, also $\overrightarrow{A_nB_n} = \begin{pmatrix} 2 \\ 1 \end{pmatrix}$.

Die Länge aller Seiten der Quadrate $A_nB_nC_nD_n$ ist konstant. Es gilt:

$\overline{A_nB_n} = \sqrt{2^2 + 1^2}$ LE

$\overline{A_nB_n} = \sqrt{5}$ LE

Daraus ergibt sich für den gesuchten Flächeninhalt A:

$A = \overline{A_nB_n}^2 = 5$ FE

A 2.4 **TIPP** Man kann die Koordinaten der Punkte C_n in Abhängigkeit von x über die Vektorkette $\overrightarrow{OC_n} = \overrightarrow{OA_n} \oplus \overrightarrow{A_nB_n} \oplus \overrightarrow{B_nC_n}$ berechnen.

Mit $\overrightarrow{B_nA_n} = -\overrightarrow{A_nB_n} = \begin{pmatrix} -2 \\ -1 \end{pmatrix}$ und $\overrightarrow{B_nA_n} \xmapsto{\varphi = -90^\circ} \overrightarrow{B_nC_n}$ folgt:

$\overrightarrow{B_nC_n} = \begin{pmatrix} -1 \\ 2 \end{pmatrix}$

Berechnung von $\overrightarrow{OC_n}$:

$$\overrightarrow{OC_n} = \overrightarrow{OA_n} \oplus \overrightarrow{A_nB_n} \oplus \overrightarrow{B_nC_n}$$

$$\overrightarrow{OC_n}(x) = \begin{pmatrix} x \\ 0{,}5 \cdot (x+2)^{-3} + 1 \end{pmatrix} \oplus \begin{pmatrix} 2 \\ 1 \end{pmatrix} \oplus \begin{pmatrix} -1 \\ 2 \end{pmatrix} \qquad x \in \mathbb{R} \setminus \{-2\}$$

$$\overrightarrow{OC_n}(x) = \begin{pmatrix} x+1 \\ 0{,}5 \cdot (x+2)^{-3} + 4 \end{pmatrix}$$

$C_n(x+1 \mid 0{,}5 \cdot (x+2)^{-3} + 4)$

A 2.5 **TIPP** Der Punkt C_3 soll auf der y-Achse liegen, d. h., seine x-Koordinate soll 0 sein.

$C_n(x+1 \mid 0{,}5 \cdot (x+2)^{-3} + 4)$

$$\left| \begin{array}{l} x+1 = 0 \\ \wedge \quad y = 0{,}5 \cdot (x+2)^{-3} + 4 \end{array} \right. \qquad \mathbb{G} = \mathbb{R} \times \mathbb{R}$$

$$\Leftrightarrow \left| \begin{array}{l} x = -1 \\ \wedge \quad y = 0{,}5 \cdot (-1+2)^{-3} + 4 \end{array} \right.$$

$$\Leftrightarrow \left| \begin{array}{l} x = -1 \\ \wedge \quad y = 0{,}5 \cdot 1^{-3} + 4 \end{array} \right.$$

$$\Leftrightarrow \left| \begin{array}{l} x = -1 \\ \wedge \quad y = 4{,}5 \end{array} \right.$$

$C_3(0 \mid 4{,}5)$

A 3.1 Ermittlung von $\overline{B_nE_n}$ im rechtwinkligen Dreieck B_nE_nC in Abhängigkeit von φ:

$$\sin\varphi = \frac{\overline{B_nE_n}}{\overline{B_nC}} \qquad \Big| \cdot \overline{B_nC}$$

$$\overline{B_nE_n}(\varphi) = \overline{B_nC} \cdot \sin\varphi \qquad \varphi \in]0^\circ; 90^\circ[$$

$$\overline{B_nE_n}(\varphi) = 3 \cdot \sin\varphi \text{ cm}$$

TIPP Da $\overline{AE_n} = \overline{AC} + \overline{CE_n}$, ermittelt man zur Bestimmung von $\overline{AE_n}$ zunächst $\overline{CE_n}$.

Ermittlung von $\overline{CE_n}$ im rechtwinkligen Dreieck B_nE_nC in Abhängigkeit von φ:

$$\cos\varphi = \frac{\overline{CE_n}}{\overline{B_nC}} \qquad \Big|\cdot \overline{B_nC}$$

$$\overline{CE_n}(\varphi) = \overline{B_nC}\cdot\cos\varphi \qquad \varphi\in\,]0°; 90°[$$

$$\overline{CE_n}(\varphi) = 3\cdot\cos\varphi \text{ cm}$$

Ermittlung von $\overline{AE_n}$ in Abhängigkeit von φ:

$$\overline{AE_n} = \overline{AC} + \overline{CE_n} \qquad \text{mit } \overline{AC} = 2 \text{ cm}$$

$$\overline{AE_n}(\varphi) = (3\cdot\cos\varphi + 2) \text{ cm} \qquad \varphi\in\,]0°; 90°[$$

A 3.2 **TIPP** Das Volumen der Rotationskörper erhält man als Volumen der Kegel, die durch Rotation der Dreiecke B_nD_nA entstehen, abzüglich des Volumens der Kegel, die durch Rotation der Dreiecke B_nD_nC entstehen.

$$V = V_{Rot_{B_nD_nA}} - V_{Rot_{B_nD_nC}}$$

$$V = \frac{1}{3}\cdot\pi\cdot\overline{B_nE_n}^2\cdot\overline{AE_n} - \frac{1}{3}\cdot\pi\cdot\overline{B_nE_n}^2\cdot\overline{E_nC}$$

$$V = \frac{1}{3}\cdot\pi\cdot\overline{B_nE_n}^2\cdot\left(\overline{AE_n} - \overline{E_nC}\right) \qquad \text{mit } \overline{AE_n} - \overline{E_nC} = \overline{AC}$$

$$V(\varphi) = \frac{1}{3}\cdot\pi\cdot(3\cdot\sin\varphi)^2\cdot 2 \text{ cm}^3 \qquad \varphi\in\,]0°; 90°[$$

$$V(\varphi) = 6\cdot\pi\cdot\sin^2\varphi \text{ cm}^3$$

A 3.3 **TIPP** Für $\varphi\in\,]0°; 90°[$ gilt: $\sin^2\varphi < 1$

☒ Für das Volumen V gilt: $V(\varphi) < 6\cdot\pi \text{ cm}^3$.

TIPP Für $\varphi = 90°$ würde man ein Dreieck und kein Drachenviereck AB_nCD_n erhalten.

Bayern ▪ Realschule ▪ Abschlussprüfung 2020

Mathematik I – Teil B – mit Taschenrechner

Aufgabe B 1

BE

B 1.0 Das Trapez ABCD mit [AB] ∥ [DC] ist die Grundfläche des Prismas ABCDEFGH mit der Höhe [AE] (siehe Skizze).

Es gilt:

$\overline{AB} = 5$ cm; $\overline{AD} = 7$ cm; $\sphericalangle BAD = 90°$;

$\overline{DC} = 9$ cm; $\overline{AE} = 7{,}5$ cm.

Runden Sie im Folgenden auf zwei Stellen nach dem Komma.

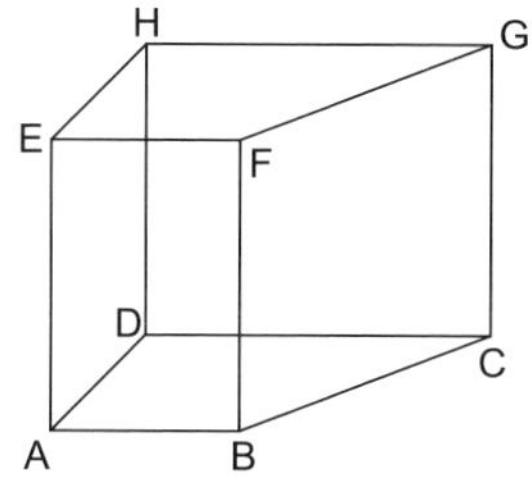

B 1.1 Zeichnen Sie das Schrägbild des Prismas ABCDEFGH mit der Strecke [HC], wobei [AB] auf der Schrägbildachse und A links von B liegen soll.

Für die Zeichnung gilt: $q = \frac{1}{2}$; $\omega = 45°$.

Berechnen Sie sodann das Maß des Winkels DHC und die Länge der Strecke [HC].

[Teilergebnis: $\sphericalangle DHC = 50{,}19°$] 4

B 1.2 Der Punkt K liegt auf der Strecke [BF]. Die Strecke [EK] verläuft parallel zur Strecke [HC]. Punkte P_n liegen auf der Strecke [EK]. Die Winkel P_nAE haben das Maß φ mit $\varphi \in \,]0°; 56{,}31°]$.

Zeichnen Sie die Strecke [EK] sowie das Dreieck AP_1E für $\varphi = 15°$ in das Schrägbild zu B 1.1 ein. 1

B 1.3 Zeigen Sie, dass für die Länge der Strecken $[AP_n]$ in Abhängigkeit von φ gilt:

$$\overline{AP_n}(\varphi) = \frac{5{,}76}{\sin(\varphi + 50{,}19°)} \text{ cm.}$$

Die Länge der Strecke $[AP_0]$ ist minimal. Geben Sie den zugehörigen Wert für φ an. 3

B 1.4 Für Punkte $Q_n \in [HC]$ gilt: $\overline{EP_n} = \overline{HQ_n}$. Die Dreiecke AP_nE sind die Grundflächen der Prismen AP_nEDQ_nH.

Zeichnen Sie das Prisma AP_1EDQ_1H in das Schrägbild zu B 1.1 ein.

Ermitteln Sie sodann durch Rechnung das Volumen der Prismen AP_nEDQ_nH in Abhängigkeit von φ.

$$\left[\text{Ergebnis: } V(\varphi) = \frac{151{,}2 \cdot \sin\varphi}{\sin(\varphi + 50{,}19°)}\,\text{cm}^3\right]$$ 3

B 1.5 Das Volumen des Prismas AP_2EDQ_2H ist um 70 % kleiner als das Volumen des Prismas ABCDEFGH. Berechnen Sie den zugehörigen Wert für φ. 4

B 1.6 Bestätigen Sie durch Rechnung die obere Intervallgrenze für φ. 3

Aufgabe B 2

B 2.0 Punkte $B_n(x \mid -x + 4{,}5)$ liegen auf der Geraden g mit der Gleichung $y = -x + 4{,}5$ $(\mathbb{G} = \mathbb{R} \times \mathbb{R})$. Für $1{,}5 < x < 14$ sind sie zusammen mit Punkten $A(-1 \mid -2)$, C_n und D_n Eckpunkte von Drachenvierecken $AB_nC_nD_n$. Die Punkte A und C_n liegen auf deren Symmetrieachse s mit der Gleichung $y = 2x$ $(\mathbb{G} = \mathbb{R} \times \mathbb{R})$.

Für die Diagonalenschnittpunkte M_n der Drachenvierecke $AB_nC_nD_n$ gilt:
$\overline{M_nC_n} = 0{,}5 \cdot \overline{AM_n}$.

Runden Sie im Folgenden auf zwei Stellen nach dem Komma.

B 2.1 Zeichnen Sie die Geraden g und s sowie die Drachenvierecke $AB_1C_1D_1$ für $x = 2{,}5$ und $AB_2C_2D_2$ für $x = 6{,}5$ in ein Koordinatensystem.

Für die Zeichnung: Längeneinheit 1 cm; $-6 \leqq x \leqq 7$; $-4 \leqq y \leqq 8$ 4

B 2.2 Zeigen Sie, dass für die Koordinaten der Punkte D_n in Abhängigkeit von der Abszisse x der Punkte B_n gilt:

$D_n\,(-1{,}40x + 3{,}60 \mid 0{,}20x + 2{,}70)$. 3

B 2.3 Bestimmen Sie rechnerisch die Gleichung des Trägergraphen t der Punkte D_n. 2

B 2.4 Im Drachenviereck $AB_3C_3D_3$ liegt der Punkt D_3 auf der Winkelhalbierenden des 2. und 4. Quadranten.

Bestimmen Sie rechnerisch die x-Koordinaten der Punkte B_3 und D_3. 3

B 2.5 Für das Drachenviereck $AB_4C_4D_4$ gilt: $\sphericalangle B_4AC_4 = 35°$.

Berechnen Sie den zugehörigen Wert für x. 3

B 2.6 Für das Drachenviereck $AB_5C_5D_5$ gilt: $\sphericalangle B_5AD_5 = 90°$.

Begründen Sie, weshalb für den Flächeninhalt A des Drachenvierecks $AB_5C_5D_5$ gilt:

$A = 1{,}5 \cdot \overline{AM_5}^2$. 2

Lösungsvorschlag

B 1.1 Zeichnen des Schrägbildes des Prismas ABCDEFGH

> **TIPP**
> - [AB] liegt auf der Schrägbildachse und wird daher in wahrer Länge angetragen. A liegt laut Angabe links von B.
> - [AD] verläuft senkrecht zur Zeichenebene. Daher wird [AD] unter dem Winkel $\omega = 45°$ angetragen und um den Faktor $q = \frac{1}{2}$ verkürzt.
> - [DC] verläuft parallel zur Zeichenebene und wird daher in wahrer Länge angetragen.
> - Die Höhen des Prismas [AE], [BF], [CG] und [DH] verlaufen in bzw. parallel zu der Zeichenebene und werden daher in wahrer Länge angetragen.

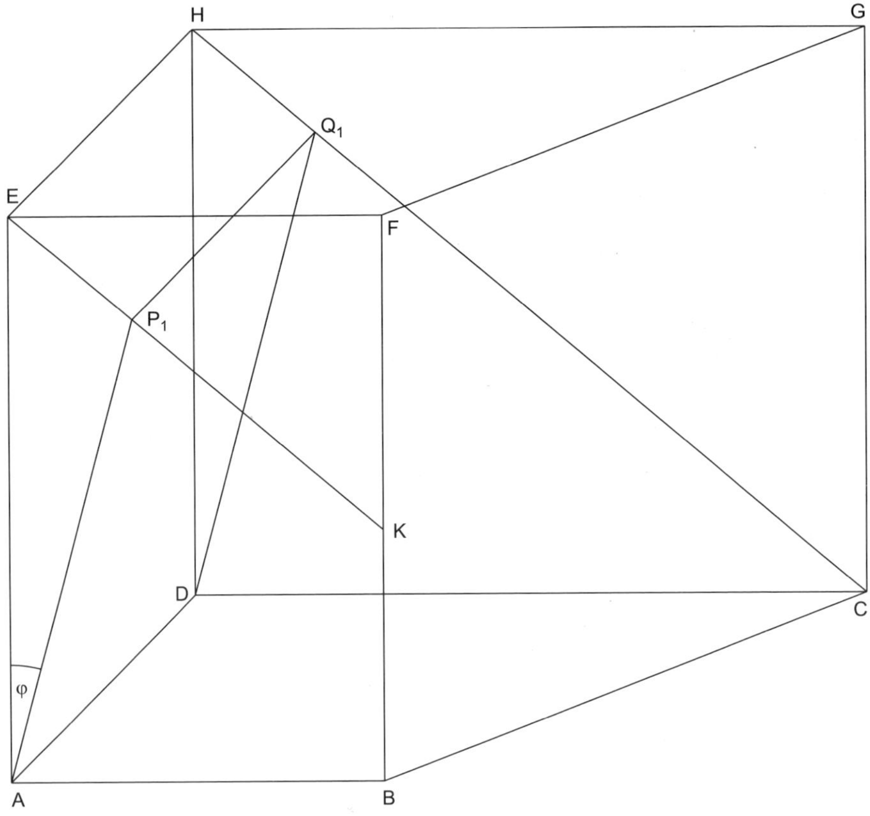

Im rechtwinkligen Dreieck DCH gilt:

$$\tan \sphericalangle DHC = \frac{\overline{DC}}{\overline{DH}} \qquad \text{mit } \overline{DH} = \overline{AE}$$

$$\tan \sphericalangle DHC = \frac{9\text{ cm}}{7{,}5\text{ cm}}$$

$$\sphericalangle DHC = 50{,}19°$$

Berechnung von $\overline{HC}$ mithilfe des Satzes des Pythagoras im rechtwinkligen Dreieck DCH:

$$\overline{HC}^2 = \overline{DC}^2 + \overline{DH}^2 \qquad |\sqrt{} \qquad \text{mit } \overline{DH} = \overline{AE}$$

$$\overline{HC} = \sqrt{9^2 + 7{,}5^2}\text{ cm}$$

$$\overline{HC} = 11{,}72\text{ cm}$$

TIPP Man könnte $\overline{HC}$ auch mithilfe des Sinus bzw. Kosinus im rechtwinkligen Dreieck DCH berechnen.

B 1.2 Einzeichnen der Strecke [EK] sowie des Dreiecks AP_1E für $\varphi = 15°$

B 1.3 **TIPP** Da [EK] ‖ [HC], gilt:
$\sphericalangle AEP_n = \sphericalangle DHC = 50{,}19°$

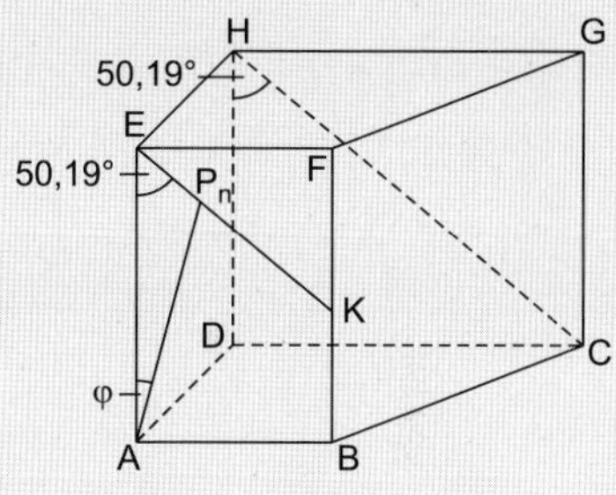

Ermittlung von $\overline{AP_n}(\varphi)$ mithilfe des Sinussatzes im Dreieck AP_nE:

$$\frac{\overline{AP_n}}{\sin \sphericalangle AEP_n} = \frac{\overline{AE}}{\sin \sphericalangle EP_nA} \qquad |\cdot \sin \sphericalangle AEP_n$$

$$\overline{AP_n} = \frac{\overline{AE} \cdot \sin \sphericalangle AEP_n}{\sin \sphericalangle EP_nA} \qquad \text{mit } \sphericalangle EP_nA = 180° - (50{,}19° + \varphi)$$

(Innenwinkelsumme)

$$\overline{AP_n}(\varphi) = \frac{7{,}5 \cdot \sin 50{,}19°}{\sin(180° - (50{,}19° + \varphi))}\text{ cm} \qquad \varphi \in]0°; 56{,}31°]$$

$$\overline{AP_n}(\varphi) = \frac{7{,}5 \cdot \sin 50{,}19°}{\sin(50{,}19° + \varphi)}\text{ cm (Supplementbeziehung)}$$

$$\overline{AP_n}(\varphi) = \frac{5{,}76}{\sin(\varphi + 50{,}19°)}\text{ cm}$$

> **TIPP** $\overline{AP_n}(\varphi)$ wird minimal, wenn $\sin(\varphi + 50{,}19°)$ maximal, also 1, wird. Somit muss gelten: $\varphi + 50{,}19° = 90°$

Für die Strecke $[AP_0]$ gilt:

$\varphi = 90° - 50{,}19°$

$\varphi = 39{,}81°$

B 1.4 Einzeichnen des Prismas AP_1EDQ_1H

Berechnung des Volumens der Prismen AP_nEDQ_nH:

> **TIPP** Die Prismen AP_nEDQ_nH haben jeweils die Dreiecke AP_nE als Grundfläche und die Höhe $\overline{AD}$.

$$V = A_G \cdot h \qquad \text{mit } A_G = \frac{1}{2} \cdot \overline{AP_n} \cdot \overline{AE} \cdot \sin\varphi \text{ und } h = \overline{AD}$$

$$V(\varphi) = \frac{1}{2} \cdot \overline{AP_n}(\varphi) \cdot \overline{AE} \cdot \sin\varphi \cdot \overline{AD} \qquad \varphi \in \,]0°; 56{,}31°]$$

$$V(\varphi) = \frac{1}{2} \cdot \frac{5{,}76}{\sin(\varphi + 50{,}19°)} \cdot 7{,}5 \cdot \sin\varphi \cdot 7\text{ cm}^3$$

$$V(\varphi) = \frac{151{,}2 \cdot \sin\varphi}{\sin(\varphi + 50{,}19°)}\text{ cm}^3$$

B 1.5 Berechnung des Volumens des Prismas ABCDEFGH:

$$V_{ABCDEFGH} = A_G \cdot h \qquad \text{mit } A_G = \frac{1}{2} \cdot \left(\overline{AB} + \overline{DC}\right) \cdot \overline{AD} \text{ und } h = \overline{AE}$$

$$V_{ABCDEFGH} = \left[\frac{1}{2} \cdot \left(\overline{AB} + \overline{DC}\right) \cdot \overline{AD}\right] \cdot \overline{AE}$$

$$V_{ABCDEFGH} = \frac{1}{2} \cdot (5 + 9) \cdot 7 \cdot 7{,}5\text{ cm}^3$$

$$V_{ABCDEFGH} = 367{,}5\text{ cm}^3$$

Berechnung des gesuchten Wertes für φ:

TIPP Das Volumen des Prismas AP_2EDQ_2H soll um 70 % kleiner als das des ABCDEFGH sein, d. h., es soll 30 % des Volumens des Prismas ABCDEFGH betragen.

$$0{,}3 \cdot 367{,}5 = \frac{151{,}2 \cdot \sin\varphi}{\sin(\varphi + 50{,}19^\circ)} \qquad \left| \cdot \sin(\varphi + 50{,}19^\circ) \right. \qquad \varphi \in]0^\circ; 56{,}31^\circ]$$

$$\Leftrightarrow \quad 110{,}25 \cdot \sin(\varphi + 50{,}19^\circ) = 151{,}2 \cdot \sin\varphi$$

$$\Leftrightarrow \quad 110{,}25 \cdot (\sin\varphi \cdot \cos 50{,}19^\circ + \cos\varphi \cdot \sin 50{,}19^\circ) = 151{,}2 \cdot \sin\varphi \qquad \text{(Additionstheorem)}$$

$$\Leftrightarrow \quad 70{,}59 \cdot \sin\varphi + 84{,}69 \cdot \cos\varphi = 151{,}2 \cdot \sin\varphi \qquad \left| -70{,}59 \cdot \sin\varphi \right.$$

$$\Leftrightarrow \quad 84{,}69 \cdot \cos\varphi = 80{,}61 \cdot \sin\varphi \qquad \left| \cdot \frac{1}{80{,}61 \cdot \cos\varphi} \right.$$

$$\Leftrightarrow \quad \frac{\sin\varphi}{\cos\varphi} = \frac{84{,}69}{80{,}61}$$

$$\Leftrightarrow \quad \tan\varphi = \frac{84{,}69}{80{,}61}$$

$$\Leftrightarrow \quad \varphi = 46{,}41^\circ$$

$\mathbb{L} = \{46{,}41^\circ\}$

B 1.6 **TIPP** φ ist am größten, wenn P_n auf K liegt, d. h., ∢KAE ist die obere Intervallgrenze für φ.

Für φ muss gelten: $\varphi \leqq ∢KAE$

TIPP Man berechnet zunächst $\overline{EK}$ im rechtwinkligen Dreieck EKF. Sodann ermittelt man $\overline{AK}$ mithilfe des Kosinussatzes im Dreieck AKE und schließlich ∢KAE mithilfe des Sinussatzes im Dreieck AKE.

Im rechtwinkligen Dreieck EKF gilt:

$$\cos ∢KEF = \frac{\overline{FE}}{\overline{EK}} \qquad \left| \cdot \frac{\overline{EK}}{\cos ∢KEF} \right.$$

$$\overline{EK} = \frac{\overline{FE}}{\cos ∢KEF} \qquad \text{mit } \overline{FE} = \overline{AB} \text{ und } ∢KEF = 90^\circ - ∢AEK = 90^\circ - ∢DHC$$

$$\overline{EK} = \frac{5\,\text{cm}}{\cos(90^\circ - 50{,}19^\circ)}$$

$$\overline{EK} = 6{,}51\,\text{cm}$$

Berechnung von $\overline{AK}$ mithilfe des Kosinussatzes im Dreieck AKE:

$$\overline{AK}^2 = \overline{AE}^2 + \overline{EK}^2 - 2 \cdot \overline{AE} \cdot \overline{EK} \cdot \cos\sphericalangle AEK \qquad |\sqrt{} \quad \text{mit } \sphericalangle AEK = \sphericalangle DHC$$

$$\overline{AK} = \sqrt{7{,}5^2 + 6{,}51^2 - 2 \cdot 7{,}5 \cdot 6{,}51 \cdot \cos 50{,}19°}\ \text{cm}$$

$$\overline{AK} = 6{,}01\ \text{cm}$$

Berechnung von $\sphericalangle KAE$ mithilfe des Sinussatzes im Dreieck AKE:

$$\frac{\sin\sphericalangle KAE}{\overline{EK}} = \frac{\sin\sphericalangle AEK}{\overline{AK}} \qquad |\cdot \overline{EK}$$

$$\sin\sphericalangle KAE = \frac{\overline{EK} \cdot \sin\sphericalangle AEK}{\overline{AK}}$$

$$\sin\sphericalangle KAE = \frac{6{,}51 \cdot \sin 50{,}19°}{6{,}01}$$

$$\sphericalangle KAE = 56{,}31°$$

Folglich muss $\varphi \leqq 56{,}31°$ gelten.

oder:

TIPP Man ermittelt $\overline{KF}$ im rechtwinkligen Dreieck EKF. Sodann berechnet man $\overline{BK}$ und schließlich $\sphericalangle AKB = \sphericalangle KAE$ (Wechselwinkel) im rechtwinkligen Dreieck ABK.

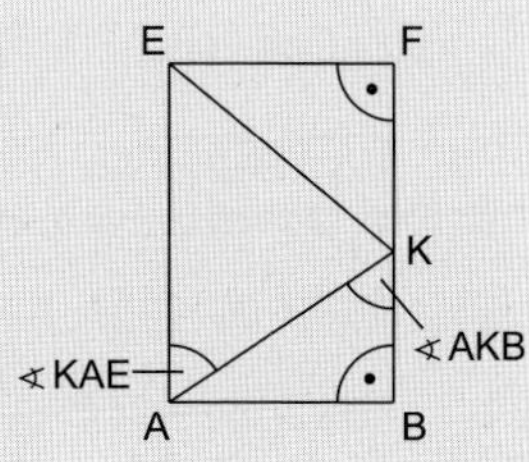

Im rechtwinkligen Dreieck EKF gilt:

$$\tan\sphericalangle KEF = \frac{\overline{KF}}{\overline{FE}} \qquad |\cdot \overline{FE}$$

$$\overline{KF} = \overline{FE} \cdot \tan\sphericalangle KEF \qquad \text{mit } \overline{FE} = \overline{AB} \text{ und } \sphericalangle KEF = 90° - \sphericalangle AEK = 90° - \sphericalangle DHC$$

$$\overline{KF} = 5 \cdot \tan(90° - 50{,}19°)\ \text{cm}$$

$$\overline{KF} = 4{,}17\ \text{cm}$$

Bestimmung von $\overline{BK}$:

$$\overline{BK} = \overline{BF} - \overline{KF} \qquad \text{mit } \overline{BF} = \overline{AE}$$

$$\overline{BK} = (7{,}5 - 4{,}17)\ \text{cm}$$

$$\overline{BK} = 3{,}33\ \text{cm}$$

Im rechtwinkligen Dreieck ABK gilt:

$$\tan \sphericalangle AKB = \frac{\overline{AB}}{\overline{BK}}$$

$$\tan \sphericalangle AKB = \frac{5\text{ cm}}{3{,}33\text{ cm}}$$

$$\sphericalangle AKB = 56{,}34°$$

Somit folgt mit $\sphericalangle AKB = \sphericalangle KAE$ (Wechselwinkel): $\sphericalangle KAE = 56{,}34°$

> **TIPP** Die Abweichung vom obigen Ergebnis entsteht durch Rundungsfehler.

B 2.1 Einzeichnen der Geraden g und s

> **TIPP**
> - g hat die Steigung –1 und den y-Achsenabschnitt 4,5.
> - s ist eine Ursprungsgerade mit der Steigung 2.

Einzeichnen des Drachenvierecks $AB_1C_1D_1$ für $x = 2{,}5$

> **TIPP**
> - Der Punkt A(–1 | –2) ist fest.
> - Der Punkt B_1 liegt auf der Geraden g und hat die x-Koordinate 2,5, also $B_1(2{,}5 \mid 2)$.
> - Man erhält D_1 durch Spiegelung von B_1 an der Symmetrieachse s.
> - M_1 ist der Schnittpunkt von $[B_1D_1]$ mit s. Es gilt:
> $\overline{AC_1} = \overline{AM_1} + \overline{M_1C_1}$ mit $\overline{M_1C_1} = 0{,}5 \cdot \overline{AM_1}$
> $\overline{AC_1} = 1{,}5 \cdot \overline{AM_1} = 1{,}5 \cdot 5{,}1\text{ cm} = 7{,}7\text{ cm}$
>   ($\overline{AM_1}$ kann durch Abmessen der Zeichnung entnommen werden.)

Einzeichnen des Drachenvierecks $AB_2C_2D_2$ für $x = 6{,}5$

> **TIPP**
> - Der Punkt A(–1 | –2) ist fest.
> - Der Punkt B_2 liegt auf der Geraden g und hat die x-Koordinate 6,5, also $B_2(6{,}5 \mid -2)$.
> - Man erhält D_2 durch Spiegelung von B_2 an der Symmetrieachse s.
> - M_2 ist der Schnittpunkt von $[B_2D_2]$ mit s. Es gilt:
> $\overline{AC_2} = 1{,}5 \cdot \overline{AM_2} = 1{,}5 \cdot 3{,}3\text{ cm} = 5{,}0\text{ cm}$
>   ($\overline{AM_2}$ kann durch Abmessen der Zeichnung entnommen werden.)

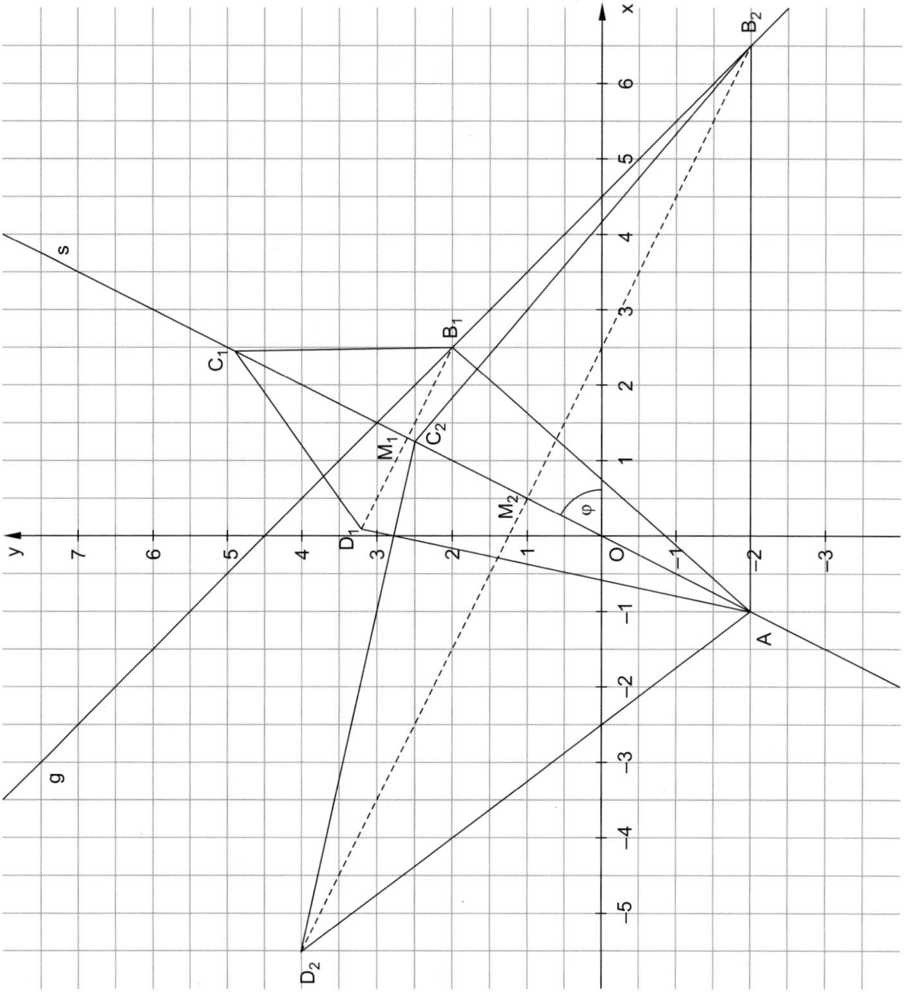

(Gedreht dargestellt)

B 2.2 **TIPP** Die Punkte D_n erhält man durch Achsenspiegelung der Punkte B_n an der Geraden s.
Man ermittelt zunächst den Steigungswinkel der Spiegelachse s und dann die Koordinaten der Punkte D_n.

Berechnung des Steigungswinkels der Geraden s:

$\tan\varphi = 2$

$\varphi = 63{,}43°$

Berechnung der Koordinaten der Punkte D_n:

$B_n \xmapsto{s} D_n$

Für $\mathbb{G} = \mathbb{R} \times \mathbb{R};\ x \in \mathbb{R};\ 1{,}5 < x < 14$ gilt:

$$\begin{pmatrix} x' \\ y' \end{pmatrix} = \begin{pmatrix} \cos(2 \cdot 63{,}43°) & \sin(2 \cdot 63{,}43°) \\ \sin(2 \cdot 63{,}43°) & -\cos(2 \cdot 63{,}43°) \end{pmatrix} \odot \begin{pmatrix} x \\ -x + 4{,}5 \end{pmatrix}$$

$$\begin{pmatrix} x' \\ y' \end{pmatrix} = \begin{pmatrix} -0{,}60 & 0{,}80 \\ 0{,}80 & 0{,}60 \end{pmatrix} \odot \begin{pmatrix} x \\ -x + 4{,}5 \end{pmatrix}$$

$$\begin{pmatrix} x' \\ y' \end{pmatrix} = \begin{pmatrix} -0{,}60x + 0{,}80 \cdot (-x + 4{,}5) \\ 0{,}80x + 0{,}60 \cdot (-x + 4{,}5) \end{pmatrix}$$

$$\begin{pmatrix} x' \\ y' \end{pmatrix} = \begin{pmatrix} -0{,}60x - 0{,}80x + 3{,}60 \\ 0{,}80x - 0{,}60x + 2{,}70 \end{pmatrix}$$

$$\begin{pmatrix} x' \\ y' \end{pmatrix} = \begin{pmatrix} -1{,}40x + 3{,}60 \\ 0{,}20x + 2{,}70 \end{pmatrix}$$

$D_n(-1{,}40x + 3{,}60 \mid 0{,}20x + 2{,}70)$

B 2.3 Bestimmung der Gleichung des Trägergraphen t der Punkte D_n:

$$\begin{array}{|l} x_{D_n} = -1{,}40x + 3{,}60 \quad \vert -3{,}60 \\ \wedge\ y_{D_n} = 0{,}20x + 2{,}70 \\ \hline \end{array} \qquad \mathbb{G} = \mathbb{R} \times \mathbb{R};\ x \in \mathbb{R};\ 1{,}5 < x < 14$$

$$\Leftrightarrow \begin{array}{|l} -1{,}40x = x_{D_n} - 3{,}60 \quad \vert :(-1{,}40) \\ \wedge\ y_{D_n} = 0{,}20x + 2{,}70 \\ \hline \end{array}$$

$$\Leftrightarrow \begin{array}{|l} x = -0{,}71x_{D_n} + 2{,}57 \\ \wedge\ y_{D_n} = 0{,}20x + 2{,}70 \\ \hline \end{array}$$

$\Rightarrow\ y_{D_n} = 0{,}20 \cdot (-0{,}71x_{D_n} + 2{,}57) + 2{,}70$

$\Leftrightarrow\ y_{D_n} = -0{,}14x_{D_n} + 0{,}51 + 2{,}70$

$\Leftrightarrow\ y_{D_n} = -0{,}14x_{D_n} + 3{,}21$

Gleichung des Trägergraphen t:

t: $y = -0{,}14x + 3{,}21$ $\qquad \mathbb{G} = \mathbb{R} \times \mathbb{R}$

B 2.4 **TIPP** Für die y-Koordinate der Punkte auf der Winkelhalbierenden des 2. und 4. Quadranten gilt $y=-x$, also muss für D_3 gelten $y_{D_3}=-x_{D_3}$.

$$0,20x+2,70=-(-1,40x+3,60) \qquad x\in\mathbb{R};\ 1,5<x<14$$
$$\Leftrightarrow\quad 0,20x+2,70=1,40x-3,60 \qquad |-1,40x-2,70$$
$$\Leftrightarrow\quad -1,20x=-6,30 \qquad |:(-1,20)$$
$$\Leftrightarrow\quad x=5,25$$

$\mathbb{L}=\{5{,}25\}$

Der Punkt B_3 hat die x-Koordinate $x_{B_3}=5,25$.

Der Punkt D_3 hat die x-Koordinate:

$x_{D_3}=-1,40\cdot 5,25+3,60=-3,75$

oder:

TIPP Die Punkte D_n liegen auf der Geraden t mit der Gleichung $y=-0,14x+3,21$ und D_3 soll auch auf der Winkelhalbierenden des 2. und 4. Quadranten mit der Gleichung $y=-x$ liegen.

Bestimmung der x-Koordinate von D_3:

$$\begin{vmatrix} & y=-x \\ \wedge & y=-0,14x+3,21 \end{vmatrix} \qquad \mathbb{G}=\mathbb{R}\times\mathbb{R}$$

$$\Rightarrow\quad -x=-0,14x+3,21 \qquad |+0,14x$$
$$\Leftrightarrow\quad -0,86x=3,21 \qquad |:(-0,86)$$
$$\Leftrightarrow\quad x=-3,73$$

$\mathbb{L}=\{-3{,}73\}$

Der Punkt D_3 hat die x-Koordinate $x_{D_3}=-3,73$.

Bestimmung der x-Koordinate von B_3:

$$-3,73=-1,40x_{B_3}+3,60 \qquad |-3,60 \qquad x_{B_3}\in\mathbb{R};\ 1,5<x_{B_3}<14$$
$$\Leftrightarrow\quad -1,40x_{B_3}=-7,33 \qquad |:(-1,40)$$
$$\Leftrightarrow\quad x_{B_3}=5,24$$

$\mathbb{L}=\{5{,}24\}$

Der Punkt B_3 hat die x-Koordinate $x_{B_3}=5,24$.

TIPP Die Abweichungen von den obigen Ergebnissen entstehen durch Rundungsfehler.

B 2.5 **TIPP** Der Steigungswinkel der Symmetrieachse s beträgt 63,43° (vgl. Teilaufgabe B 2.2). Die Seite $[AB_4]$ soll mit s einen Winkel von 35° einschließen (vgl. Skizze). B_4 liegt also auf einer Geraden durch A mit dem Steigungswinkel 63,43° − 35° und auf der Geraden g. Um den gesuchten Wert für x zu bestimmen, ermittelt man daher die Schnittstelle dieser beiden Geraden.

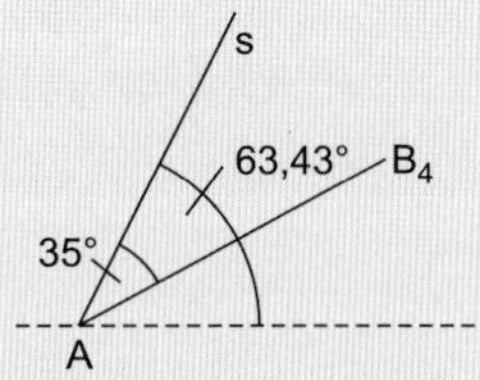

Bestimmung der Steigung m der Geraden AB_4:
$m = \tan(63{,}43° - 35°) = 0{,}54$

Bestimmung des y-Achsenabschnitts t der Geraden AB_4: $y = mx + t$ durch Einsetzen von $A(-1\,|\,-2)$:

$$-2 = 0{,}54 \cdot (-1) + t \qquad |+0{,}54$$
$$\Leftrightarrow \quad t = -1{,}46$$

Gleichung der Geraden AB_4:
$y = 0{,}54x - 1{,}46$

Berechnung der x-Koordinate von B_4 (Schnittstelle von AB_4 und g):

$$0{,}54x - 1{,}46 = -x + 4{,}5 \qquad |+x+1{,}46 \qquad x \in \mathbb{R};\ 1{,}5 < x < 14$$
$$\Leftrightarrow \quad 1{,}54x = 5{,}96 \qquad |:(1{,}54)$$
$$\Leftrightarrow \quad x = 3{,}87$$

$\mathbb{L} = \{3{,}87\}$

B 2.6 Da $\sphericalangle B_5AD_5 = 90°$ und die Dreiecke AB_nD_n achsensymmetrisch zur Geraden s sind, gilt: $\sphericalangle B_5AM_5 = 90° : 2 = 45°$
Mithilfe der Winkelsumme im Dreieck AB_5M_5 folgt:
$\sphericalangle M_5B_5A = 180° - 45° - 90° = 45°$

Somit ist das Dreieck AB_5M_5 gleichschenklig-rechtwinklig mit:
$\overline{B_5M_5} = \overline{AM_5}$

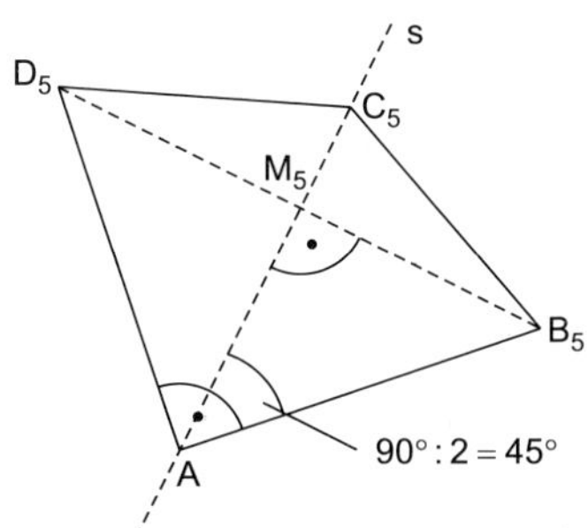

Für den Flächeninhalt A des Drachenvierecks $AB_5C_5D_5$ gilt:

$$A = \frac{1}{2} \cdot \overline{AC_5} \cdot \overline{B_5D_5} \qquad \text{mit } \overline{AC_5} = 1{,}5 \cdot \overline{AM_5} \text{ und } \overline{B_5D_5} = 2 \cdot \overline{B_5M_5} = 2 \cdot \overline{AM_5}$$

$$A = \frac{1}{2} \cdot 1{,}5 \cdot \overline{AM_5} \cdot 2 \cdot \overline{AM_5}$$

$$A = 1{,}5 \cdot \overline{AM_5}^2$$

Aufgabe A 1

BE

A 1.0 Informationen über die Leistungsfähigkeit eines Sportlers kann man mithilfe von sogenannten Laktat-Tests ermitteln, da die Laktat-Konzentration im Blut mit steigender Laufgeschwindigkeit zunimmt.

Bei einem solchen Test wird die Laktat-Konzentration y $\frac{\text{mmol}}{\ell}$ (Millimol pro Liter Blut) in Abhängigkeit von der Geschwindigkeit x $\frac{\text{km}}{\text{h}}$ erfasst.

Für Paul lässt sich dieser Zusammenhang bei einem Test näherungsweise durch die Funktion f mit der Gleichung $y = 0{,}01 \cdot 1{,}5^x + 0{,}85$ $(\mathbb{G} = \mathbb{R}_0^+ \times \mathbb{R}_0^+)$ beschreiben.

Runden Sie im Folgenden auf zwei Stellen nach dem Komma.

A 1.1 Bei Paul wurde für die Geschwindigkeiten von 10 $\frac{\text{km}}{\text{h}}$ und 12 $\frac{\text{km}}{\text{h}}$ jeweils eine Messung der Laktat-Konzentration durchgeführt. Berechnen Sie mithilfe der Funktion f die zugehörigen Funktionswerte für diese beiden Geschwindigkeiten und ermitteln Sie sodann, um wie viel Prozent sich die Laktat-Konzentration zwischen diesen beiden Messungen erhöht hat. 3

A 1.2 Berechnen Sie die nach y aufgelöste Gleichung der Umkehrfunktion zu f. 2

Aufgabe A 2

A 2.0 Punkte $B_n(x\,|\,0{,}5x-4)$ und Punkte C_n liegen auf der Geraden g mit der Gleichung $y = 0{,}5x - 4$ $(\mathbb{G} = \mathbb{R} \times \mathbb{R})$. Sie sind für $x > -4{,}25$ zusammen mit dem Punkt $A(0\,|\,0)$ und Punkten D_n Eckpunkte von Trapezen $AB_nC_nD_n$.

Es gilt: $\sphericalangle B_nAD_n = 45°$; $\overline{AD_n} = \frac{1}{2} \cdot \overline{AB_n}$; $[AB_n] \parallel [D_nC_n]$.

Runden Sie im Folgenden auf zwei Stellen nach dem Komma.

A 2.1 Im Koordinatensystem sind die Gerade g und das Trapez $AB_1C_1D_1$ für $x = -3$ bereits eingezeichnet.

Zeichnen Sie das Trapez $AB_2C_2D_2$ für $x = 2$ ein. 1

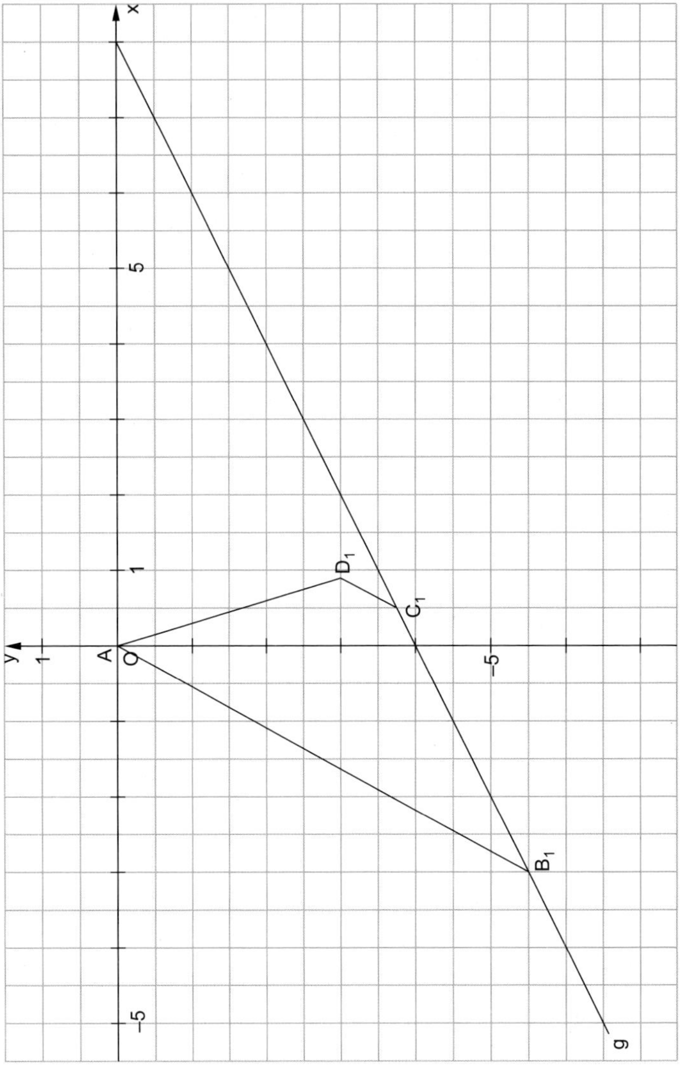

(Grafik gedreht dargestellt)

A 2.2 Im Trapez $AB_3C_3D_3$ gilt: $\sphericalangle C_3B_3A = 90°$.

Berechnen Sie den zugehörigen Wert von x. 3

A 2.3 Zeigen Sie rechnerisch, dass für die Koordinaten der Punkte D_n in Abhängigkeit von x gilt: $D_n(0{,}18x + 1{,}41 \,|\, 0{,}53x - 1{,}41)$. 3

A 2.4 Berechnen Sie die Gleichung des Trägergraphen t der Punkte D_n und zeichnen Sie diesen in das Koordinatensystem zu A 2.1 ein. 3

Aufgabe A 3

A 3.0 Gegeben ist ein Schrägbild des Würfels ABCDEFGH mit $\overline{AB} = 4$ cm.

P ist der Mittelpunkt der Strecke [AD], Q ist der Mittelpunkt der Strecke [AC] und R ist der Mittelpunkt der Strecke [EG].

Runden Sie im Folgenden auf zwei Stellen nach dem Komma.

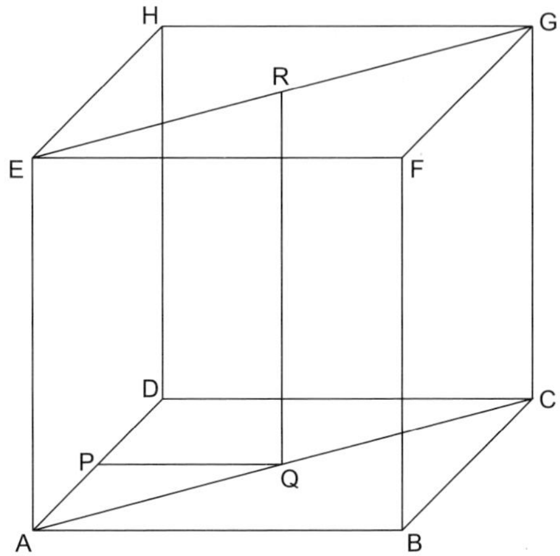

A 3.1 Punkte $S_n \in [QR]$ legen zusammen mit P und Q Winkel QPS_n mit dem Maß φ fest. Sie sind für $\varphi \in [0°; 63{,}43°[$ die Spitzen von Pyramiden $EFGHS_n$ mit der Grundfläche EFGH.

Zeichnen Sie die Strecke $[PS_1]$ und die Pyramide $EFGHS_1$ für $\varphi = 30°$ in die Zeichnung zu A 3.0 ein. 1

A 3.2 Zeigen Sie rechnerisch, dass für das Volumen V der Pyramiden $EFGHS_n$ in Abhängigkeit von φ gilt:
$V(\varphi) = (21{,}33 - 10{,}67 \cdot \tan\varphi)\ \text{cm}^3$. 3

A 3.3 Unter den Pyramiden $EFGHS_n$ hat die Pyramide $EFGHS_0$ das maximale Volumen V_0. Begründen Sie, weshalb gilt:
$V_{\text{Würfel}} : V_0 = 3 : 1$. 2

Lösungsvorschlag

A 1.1 Berechnung der gesuchten Funktionswerte:

$f(10) = 0{,}01 \cdot 1{,}5^{10} + 0{,}85 = 1{,}43$

$f(12) = 0{,}01 \cdot 1{,}5^{12} + 0{,}85 = 2{,}15$

Berechnung der prozentualen Erhöhung:

$$\frac{2{,}15 - 1{,}43}{1{,}43} \cdot 100\,\% = 50{,}35\,\%$$

Die Laktat-Konzentration hat sich um 50,35 % erhöht.

oder:

$$\frac{2{,}15}{1{,}43} \cdot 100\,\% = 150{,}35\,\%$$

Die Laktat-Konzentration hat sich um $150{,}35\,\% - 100\,\% = 50{,}35\,\%$ erhöht.

A 1.2 Berechnung der Gleichung der Umkehrfunktion:

> **TIPP** Man vertauscht x und y in der gegebenen Gleichung und löst dann nach y auf.

$$\begin{aligned} & x = 0{,}01 \cdot 1{,}5^{y} + 0{,}85 && \mid -0{,}85 && \mathbb{G} = \mathbb{R}_0^+ \times \mathbb{R}_0^+ \\ \Leftrightarrow\quad & x - 0{,}85 = 0{,}01 \cdot 1{,}5^{y} && \mid \cdot 100 \\ \Leftrightarrow\quad & 100x - 85 = 1{,}5^{y} \\ \Leftrightarrow\quad & y = \log_{1{,}5}(100x - 85) \end{aligned}$$

A 2.1 Einzeichnen des Trapezes $AB_2C_2D_2$ für $x = 2$

> **TIPP**
> - $A(0\,|\,0)$ liegt im Ursprung.
> - B_2 liegt auf der Geraden g und hat die x-Koordinate 2, also $B_2(2\,|\,-3)$.
> - Dreht man B_2 um A mit dem Drehwinkel 45° auf den Punkt B_2' und halbiert die Strecke $[AB_2']$, so erhält man D_2.
> - C_2 ist der Schnittpunkt der Parallelen zu AB_2 durch den Punkt D_2 mit der Geraden g.

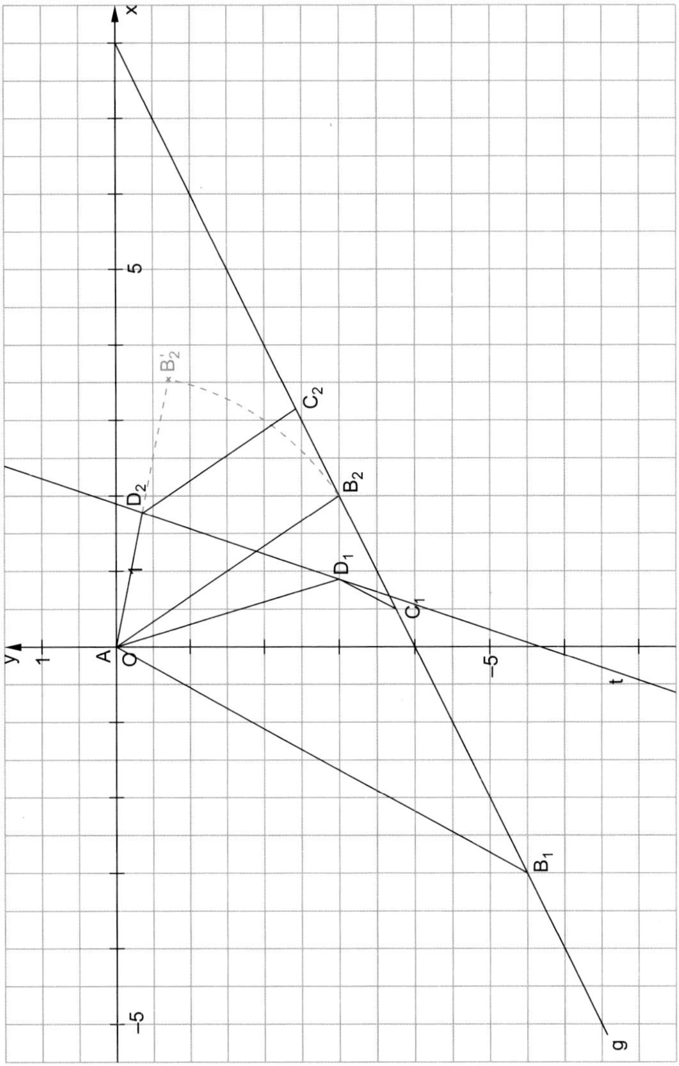

(Grafik gedreht dargestellt)

A 2.2 **TIPP** Der Winkel C_3B_3A soll 90° betragen, d. h., B_3 ist der Fußpunkt des Lotes von A auf die Gerade g. Somit müssen $\overrightarrow{AB_3}$ und $\vec{v}_g$ (Steigungspfeil von g) senkrecht aufeinander stehen.

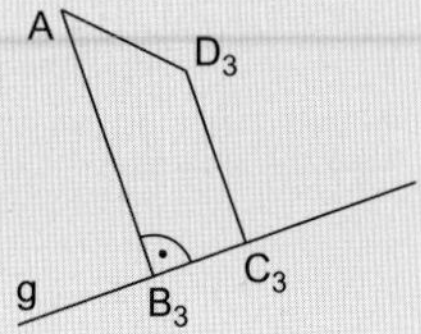

Als Steigungspfeil $\vec{v}_g$ der Geraden g wählt man:

$$\vec{v}_g = \begin{pmatrix} 2 \\ 1 \end{pmatrix}$$

Bestimmung des Vektors $\overrightarrow{AB_n}$ in Abhängigkeit von x:

$$\overrightarrow{AB_n}(x) = \begin{pmatrix} x - 0 \\ 0{,}5x - 4 - 0 \end{pmatrix} = \begin{pmatrix} x \\ 0{,}5x - 4 \end{pmatrix} \qquad x \in \mathbb{R};\ x > -4{,}25$$

Bestimmung des gesuchten Wertes von x:

$$\overrightarrow{AB_n}(x) \odot \vec{v}_g = 0$$

$$\begin{pmatrix} x \\ 0{,}5x - 4 \end{pmatrix} \odot \begin{pmatrix} 2 \\ 1 \end{pmatrix} = 0 \qquad x \in \mathbb{R};\ x > -4{,}25$$

$$\Leftrightarrow \quad x \cdot 2 + (0{,}5x - 4) \cdot 1 = 0$$

$$\Leftrightarrow \quad 2x + 0{,}5x - 4 = 0 \qquad | + 4$$

$$\Leftrightarrow \quad 2{,}5x = 4 \qquad | : 2{,}5$$

$$\Leftrightarrow \quad x = 1{,}6$$

$$\mathbb{L} = \{1{,}6\}$$

oder:

Die zu g senkrechte Gerade h durch den Punkt $A(0|0)$ hat die Gleichung:

$$y = -\frac{1}{m_g} \cdot x$$

$$y = -\frac{1}{0{,}5} \cdot x$$

$$y = -2x \qquad \mathbb{G} = \mathbb{R} \times \mathbb{R}$$

Der Schnittpunkt der Geraden g und h ist der Punkt B_3.

Bestimmung des zugehörigen x-Wertes:

$$-2x = 0{,}5x - 4 \qquad | - 0{,}5x \qquad x \in \mathbb{R};\ x > -4{,}25$$

$$\Leftrightarrow \quad -2{,}5x = -4 \qquad | : (-2{,}5)$$

$$\Leftrightarrow \quad x = 1{,}6$$

$$\mathbb{L} = \{1{,}6\}$$

A 2.3 **TIPP** Dreht man B_n um A (d. h. um den Ursprung) mit dem Drehwinkel 45° auf den Punkt B_n' und halbiert die Strecke $[AB_n']$, so erhält man den Punkt D_n.

$$\overrightarrow{AB_n} \xmapsto{A;\ \alpha=45^\circ} \overrightarrow{AB_n'} \xmapsto{A;\ k=0{,}5} \overrightarrow{AD_n}$$

$$\begin{pmatrix} x' \\ y' \end{pmatrix} = 0{,}5 \cdot \begin{pmatrix} \cos 45^\circ & -\sin 45^\circ \\ \sin 45^\circ & \cos 45^\circ \end{pmatrix} \odot \begin{pmatrix} x \\ 0{,}5x-4 \end{pmatrix}$$

$\mathbb{G} = \mathbb{R} \times \mathbb{R}$; $x \in \mathbb{R}$; $x > -4{,}25$

$$\Leftrightarrow \begin{pmatrix} x' \\ y' \end{pmatrix} = 0{,}5 \cdot \begin{pmatrix} \frac{1}{2}\sqrt{2} & -\frac{1}{2}\sqrt{2} \\ \frac{1}{2}\sqrt{2} & \frac{1}{2}\sqrt{2} \end{pmatrix} \odot \begin{pmatrix} x \\ 0{,}5x-4 \end{pmatrix}$$

$$\Leftrightarrow \begin{pmatrix} x' \\ y' \end{pmatrix} = 0{,}5 \cdot \begin{pmatrix} \frac{1}{2}\sqrt{2}x - \frac{1}{2}\sqrt{2} \cdot (0{,}5x-4) \\ \frac{1}{2}\sqrt{2}x + \frac{1}{2}\sqrt{2} \cdot (0{,}5x-4) \end{pmatrix}$$

$$\Leftrightarrow \begin{pmatrix} x' \\ y' \end{pmatrix} = 0{,}5 \cdot \begin{pmatrix} 0{,}35x + 2{,}83 \\ 1{,}06x - 2{,}83 \end{pmatrix}$$

$$\Leftrightarrow \begin{pmatrix} x' \\ y' \end{pmatrix} = \begin{pmatrix} 0{,}18x + 1{,}42 \\ 0{,}53x - 1{,}42 \end{pmatrix}$$

$D_n(0{,}18x + 1{,}42 \mid 0{,}53x - 1{,}42)$

TIPP Die Abweichung vom angegebenen Ergebnis entsteht durch andere Rundungen. Im Folgenden wird mit dem angegebenen Ergebnis weitergerechnet.

A 2.4 Berechnung der Gleichung des Trägergraphen:

$\mathbb{G} = \mathbb{R} \times \mathbb{R}$; $x \in \mathbb{R}$; $x > -4{,}25$

$$\begin{vmatrix} x_{D_n} = 0{,}18x + 1{,}41 \\ \wedge\ y_{D_n} = 0{,}53x - 1{,}41 \end{vmatrix} \quad |-1{,}41$$

$$\Leftrightarrow \begin{vmatrix} x_{D_n} - 1{,}41 = 0{,}18x \\ \wedge\ y_{D_n} = 0{,}53x - 1{,}41 \end{vmatrix} \quad |:0{,}18$$

$$\Leftrightarrow \begin{vmatrix} 5{,}56x_{D_n} - 7{,}83 = x \\ \wedge\ y_{D_n} = 0{,}53 \cdot (5{,}56x_{D_n} - 7{,}83) - 1{,}41 \end{vmatrix}$$

$$\Leftrightarrow \begin{vmatrix} x = 5{,}56x_{D_n} - 7{,}83 \\ \wedge\ y_{D_n} = 2{,}95x_{D_n} - 4{,}15 - 1{,}41 \end{vmatrix}$$

$$\Rightarrow \quad y_{D_n} = 2{,}95x_{D_n} - 5{,}56$$

t: $y = 2{,}95x - 5{,}56$ $\qquad \mathbb{G} = \mathbb{R} \times \mathbb{R}$

Einzeichnen des Trägergraphen

TIPP Da der Trägergraph eine Gerade ist und sowohl D_1 als auch D_2 auf dem Trägergraphen liegen, ist der Trägergraph die Gerade durch D_1 und D_2.

A 3.0

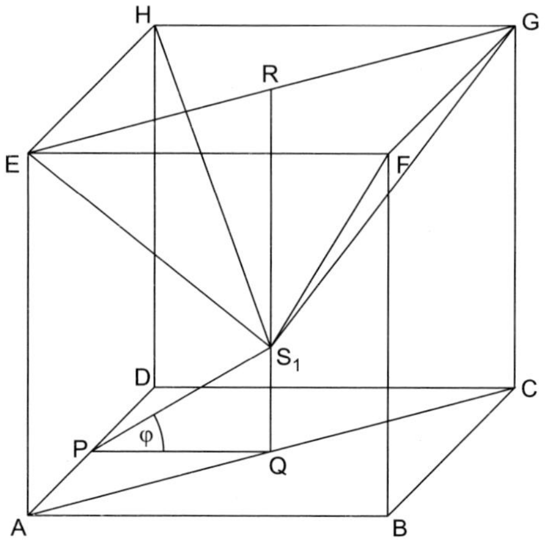

A 3.1 Einzeichnen der Pyramide $EFGHS_1$

TIPP
- Die Eckpunkte E, F, G und H der Pyramidengrundfläche sind gegeben.
- Da der Winkel QPS_1 parallel zur Zeichenebene liegt, wird $\varphi = 30°$ in wahrer Größe angetragen. Dadurch erhält man die Pyramidenspitze S_1.

A 3.2 **TIPP** Um das Volumen der Pyramiden $EFGHS_n$ bestimmen zu können, benötigt man die Pyramidenhöhe $\overline{RS_n}$ in Abhängigkeit von φ. Da $\overline{RS_n} = \overline{QR} - \overline{QS_n}$ gilt, ermittelt man zunächst $\overline{QS_n}$ in Abhängigkeit von φ.

Ermittlung von $\overline{QS_n}(\varphi)$ im rechtwinkligen Dreieck PQS_n:

$$\tan\varphi = \frac{\overline{QS_n}}{\overline{PQ}} \qquad \Big| \cdot \overline{PQ} \qquad \varphi \in [0°; 63{,}43°[$$

$$\overline{QS_n} = \overline{PQ} \cdot \tan\varphi \qquad \text{mit } \overline{PQ} = 0{,}5 \cdot \overline{AB}$$

$$\overline{QS_n}(\varphi) = 0{,}5 \cdot 4\text{ cm} \cdot \tan\varphi$$

$$\overline{QS_n}(\varphi) = 2 \cdot \tan\varphi\text{ cm}$$

Bestimmung der Pyramidenhöhe in Abhängigkeit von φ:

$$\overline{RS_n} = \overline{QR} - \overline{QS_n}$$

$$\overline{RS_n}(\varphi) = (4 - 2 \cdot \tan\varphi)\ \text{cm} \qquad \varphi \in [0°; 63{,}43°[$$

Berechnung des Volumens V der Pyramiden $EFGHS_n$ in Abhängigkeit von φ:

$$V = \frac{1}{3} \cdot \overline{EF}^2 \cdot \overline{RS_n}$$

$$V(\varphi) = \frac{1}{3} \cdot 4^2 \cdot (4 - 2 \cdot \tan\varphi)\ \text{cm}^3 \qquad \varphi \in [0°; 63{,}43°[$$

$$V(\varphi) = (21{,}33 - 10{,}67 \cdot \tan\varphi)\ \text{cm}^3$$

A 3.3 **TIPP** Das Volumen der Pyramiden $EFGHS_n$ ist maximal, wenn S_n auf Q liegt. Also muss $S_0 = Q$ gelten.

Für die Pyramide $EFGHS_0$ gilt:

$$\overline{RS_0} = \overline{RQ} = 4\ \text{cm}$$

Somit folgt für das Volumen der Pyramide $EFGHS_0$:

$$V_0 = \frac{1}{3} \cdot \overline{EF}^2 \cdot \overline{RS_0}$$

$$V_0 = \frac{1}{3} \cdot \underbrace{4^2 \cdot 4\ \text{cm}^3}_{= V_{\text{Würfel}}}$$

$$V_0 = \frac{1}{3} \cdot V_{\text{Würfel}} \qquad \left| \cdot \frac{3}{V_0} \right.$$

$$\frac{V_{\text{Würfel}}}{V_0} = 3 \quad \text{bzw.} \quad V_{\text{Würfel}} : V_0 = 3:1$$

oder:

$$V_{\text{Würfel}} = 4 \cdot 4 \cdot 4\ \text{cm}^3 = 64\ \text{cm}^3; \quad V_0 = \frac{1}{3} \cdot 4 \cdot 4 \cdot 4\ \text{cm}^3 = 21{,}33\ \text{cm}^3$$

Somit gilt: $\frac{V_{\text{Würfel}}}{V_0} = \frac{64}{21{,}33} = 3$ bzw. $V_{\text{Würfel}} : V_0 = 3:1$

oder:

Für das Volumen des Würfels gilt $V_{\text{Würfel}} = G \cdot h$ mit Grundfläche $G = A_{EFGH}$ und Höhe $h = \overline{AE} = \overline{RQ} = \overline{RS_0}$. Für das Volumen der Pyramide mit gleicher Grundfläche und Höhe gilt $V_0 = \frac{1}{3} \cdot G \cdot h$. Daraus folgt:

$$\frac{V_{\text{Würfel}}}{V_0} = \frac{G \cdot h}{\frac{1}{3} \cdot G \cdot h} = 3 \quad \text{bzw.} \quad V_{\text{Würfel}} : V_0 = 3:1$$

Aufgabe B 1

BE

B 1.0 Gegeben ist die Funktion f_1 mit der Gleichung $y = 3 \cdot \log_3(x+7) - 4$ $(\mathbb{G} = \mathbb{R} \times \mathbb{R})$.

Runden Sie im Folgenden auf zwei Stellen nach dem Komma.

B 1.1 Geben Sie die Gleichung der Asymptote h des Graphen zu f_1 an.

Zeichnen Sie sodann den Graphen zu f_1 für $x \in [-4; 9]$ in ein Koordinatensystem.

Für die Zeichnung: Längeneinheit 1 cm; $-4 \leqq x \leqq 9$; $-6 \leqq y \leqq 4$ 2

B 1.2 Der Graph der Funktion f_1 wird durch Achsenspiegelung an der x-Achse und anschließende Parallelverschiebung mit dem Vektor $\vec{v} = \begin{pmatrix} 1 \\ -2 \end{pmatrix}$ auf den Graphen der Funktion f_2 abgebildet.

Bestätigen Sie durch Rechnung, dass für die Gleichung der Funktion f_2 gilt:
$y = -3 \cdot \log_3(x+6) + 2$ $(\mathbb{G} = \mathbb{R} \times \mathbb{R})$.

Zeichnen Sie sodann den Graphen zu f_2 für $x \in [-4; 9]$ in das Koordinatensystem zu B 1.1 ein. 3

B 1.3 Punkte $A_n(x \mid -3 \cdot \log_3(x+6) + 2)$ auf dem Graphen zu f_2 und Punkte $D_n(x \mid 3 \cdot \log_3(x+7) - 4)$ auf dem Graphen zu f_1 haben dieselbe Abszisse x. Sie sind für $x > -3{,}46$ zusammen mit Punkten B_n und C_n Eckpunkte von Parallelogrammen $A_nB_nC_nD_n$. Die Punkte B_n liegen dabei ebenfalls auf dem Graphen zu f_2, ihre x-Koordinate ist stets um 4 größer als die Abszisse x der Punkte A_n.

Zeichnen Sie das Parallelogramm $A_1B_1C_1D_1$ für $x = -1{,}5$ und das Parallelogramm $A_2B_2C_2D_2$ für $x = 4$ in das Koordinatensystem zu B 1.1 ein. 2

B 1.4 Zeigen Sie rechnerisch, dass für den Flächeninhalt A der Parallelogramme $A_nB_nC_nD_n$ in Abhängigkeit von der Abszisse x der Punkte A_n gilt:
$A(x) = [12 \cdot \log_3(x^2 + 13x + 42) - 24]$ FE. 3

B 1.5 Im Parallelogramm $A_3B_3C_3D_3$ liegt der Punkt D_3 auf der x-Achse.
Bestimmen Sie rechnerisch den Flächeninhalt des Parallelogramms $A_3B_3C_3D_3$. 3

B 1.6 Das Parallelogramm $A_4B_4C_4D_4$ hat einen Flächeninhalt von 16 FE.
Bestimmen Sie rechnerisch die Koordinaten des Punktes B_4. 4

Aufgabe B 2

B 2.0 Die Diagonalen [AC] und [BD] des Drachenvierecks ABCD schneiden sich im Punkt M. Das Drachenviereck ABCD ist die Grundfläche der Pyramide ABCDS mit der Spitze S und der Höhe [MS].
Es gilt: $\overline{AC} = 11$ cm; $\overline{AM} = 4{,}5$ cm; $\overline{BD} = 10$ cm; $\overline{MS} = 9$ cm.
Runden Sie im Folgenden auf zwei Stellen nach dem Komma.

B 2.1 Zeichnen Sie das Schrägbild der Pyramide ABCDS, wobei [AC] auf der Schrägbildachse und der Punkt A links vom Punkt C liegen soll.
Für die Zeichnung gilt: $q = \frac{1}{2}$; $\omega = 45°$.
Berechnen Sie sodann das Maß des Winkels MSC.
[Ergebnis: $\sphericalangle MSC = 35{,}84°$] 3

B 2.2 Punkte P_n liegen auf der Strecke [CS]. Die Winkel P_nMS haben das Maß φ mit $\varphi \in \,]0°; 90°[$. Die Punkte P_n sind zusammen mit den Punkten B und D die Eckpunkte von Dreiecken BDP_n.
Zeichnen Sie die Strecke $[MP_1]$ sowie das Dreieck BDP_1 für $\varphi = 30°$ in das Schrägbild zu B 2.1 ein.
Zeigen Sie sodann, dass für die Länge der Strecken $[MP_n]$ in Abhängigkeit von φ gilt:
$\overline{MP_n}(\varphi) = \frac{5{,}27}{\sin(\varphi + 35{,}84°)}$ cm. 3

B 2.3 Das Dreieck BDP_2 ist gleichseitig. Berechnen Sie den zugehörigen Wert für φ. 3

B 2.4 Die Pyramiden $BDSP_n$ haben die Grundfläche BDS und die Spitzen P_n. Die Höhenfußpunkte F_n der Pyramiden $BDSP_n$ liegen auf der Strecke [MS].

Zeichnen Sie die Höhe $[F_1P_1]$ in das Schrägbild zu B 2.1 ein.

Berechnen Sie sodann das Volumen V der Pyramiden $BDSP_n$ in Abhängigkeit von φ.

[Zwischenergebnis: $\overline{F_nP_n}(\varphi) = \dfrac{5{,}27 \cdot \sin\varphi}{\sin(\varphi + 35{,}84°)}$ cm] 3

B 2.5 Die Pyramiden ABDS und $BDSP_3$ haben das gleiche Volumen.

Berechnen Sie den zugehörigen Wert für φ. 3

Lösungsvorschlag

B 1.1 Gleichung der Asymptote:
h: $x = -7$

Zeichnen des Graphen zu f_1, z. B. mit folgender Wertetabelle:

x	−4	−3	−2	−1	0	1
$y = 3 \cdot \log_3(x+7) - 4$	−1	−0,21	0,39	0,89	1,31	1,68
x	2	3	4	6	9	
$y = 3 \cdot \log_3(x+7) - 4$	2	2,29	2,55	3,00	3,57	

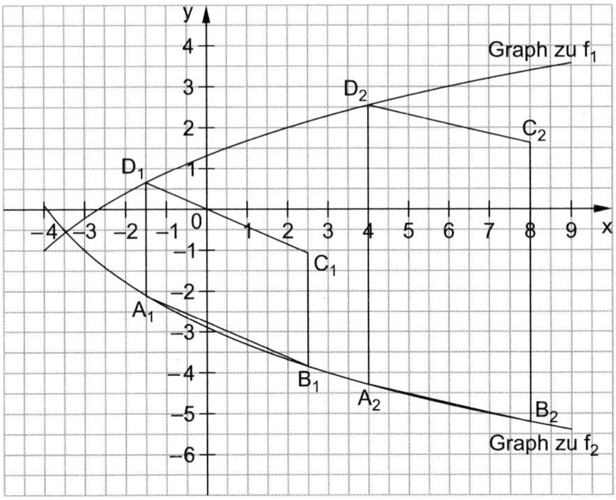

(Darstellung im Maßstab 1 : 2)

B 1.2 $f_1 \xmapsto{\text{x-Achse}} f' \xmapsto{\vec{v} = \binom{1}{-2}} f_2$

Abbildung durch Spiegelung an der x-Achse:

$$\begin{pmatrix} x' \\ y' \end{pmatrix} = \begin{pmatrix} 1 & 0 \\ 0 & -1 \end{pmatrix} \odot \begin{pmatrix} x \\ 3 \cdot \log_3(x+7) - 4 \end{pmatrix} \qquad \mathbb{G} = \mathbb{R} \times \mathbb{R};\ x \in \mathbb{R}$$

$$\Leftrightarrow \begin{pmatrix} x' \\ y' \end{pmatrix} = \begin{pmatrix} x \\ -(3 \cdot \log_3(x+7) - 4) \end{pmatrix}$$

$$\Rightarrow\ y' = -3 \cdot \log_3(x'+7) + 4$$

Abbildung durch Parallelverschiebung mit dem Vektor $\vec{v} = \begin{pmatrix} 1 \\ -2 \end{pmatrix}$:

$$\begin{pmatrix} x'' \\ y'' \end{pmatrix} = \begin{pmatrix} x' \\ -3 \cdot \log_3(x'+7)+4 \end{pmatrix} \oplus \begin{pmatrix} 1 \\ -2 \end{pmatrix} \qquad \mathbb{G} = \mathbb{R} \times \mathbb{R};\ x' \in \mathbb{R}$$

$$\Leftrightarrow \begin{pmatrix} x'' \\ y'' \end{pmatrix} = \begin{pmatrix} x'+1 \\ -3 \cdot \log_3(x'+7)+4-2 \end{pmatrix}$$

$$\Leftrightarrow \begin{vmatrix} x'' = x'+1 & \quad |-1 \\ \wedge\ y'' = -3 \cdot \log_3(x'+7)+2 & \end{vmatrix}$$

$$\Leftrightarrow \begin{vmatrix} x' = x''-1 \\ \wedge\ y'' = -3 \cdot \log_3(x''-1+7)+2 \end{vmatrix}$$

$$\Rightarrow\ y'' = -3 \cdot \log_3(x''+6)+2$$

f_2: $y = -3 \cdot \log_3(x+6)+2$ $\qquad \mathbb{G} = \mathbb{R} \times \mathbb{R}$

Einzeichnen des Graphen zu f_2, z. B. mithilfe folgender Wertetabelle:

x	−4	−3	−2	−1	0	1
$y = -3 \cdot \log_3(x+6)+2$	0,11	−1	−1,79	−2,39	−2,89	−3,31

x	2	3	4	6	9
$y = -3 \cdot \log_3(x+6)+2$	−3,68	−4	−4,29	−4,79	−5,39

oder:

Einzeichnen durch Spiegelung und Parallelverschiebung von Punkten des Graphen von f_1 mit:

$$f_1 \xmapsto{\text{x-Achse}} f' \xmapsto{\vec{v} = \begin{pmatrix} 1 \\ -2 \end{pmatrix}} f_2$$

B 1.3 Einzeichnen des Parallelogramms $A_1B_1C_1D_1$ für $x = -1{,}5$

TIPP

- A_1 liegt auf dem Graphen zu f_2 und hat die x-Koordinate −1,5, also $A_1(-1{,}5 \mid -2{,}11)$.
- D_1 liegt auf dem Graphen zu f_1 und hat ebenfalls die x-Koordinate −1,5, also $D_1(-1{,}5 \mid 0{,}66)$.
- B_1 liegt auf dem Graphen zu f_2 und die x-Koordinate von B_1 ist um 4 größer als die des Punktes A_1, also $B_1(2{,}5 \mid -3{,}84)$.
- Da der Punkt C_1 dieselbe Abszisse wie der Punkt B_1 hat und $\overrightarrow{B_1C_1} = \overrightarrow{A_1D_1} = \begin{pmatrix} 0 \\ 2{,}77 \end{pmatrix}$ gilt, erhält man $C_1(2{,}5 \mid -1{,}07)$.

Einzeichnen des Parallelogramms $A_2B_2C_2D_2$ für $x = 4$

TIPP

- A_2 liegt auf dem Graphen zu f_2 und hat die x-Koordinate 4, also $A_2(4\,|\,-4{,}29)$.
- D_2 liegt auf dem Graphen zu f_1 und hat ebenfalls die x-Koordinate 4, also $D_2(4\,|\,2{,}55)$.
- B_2 liegt auf dem Graphen zu f_2 und die x-Koordinate von B_2 ist um 4 größer als die des Punktes A_2, also $B_2(8\,|\,-5{,}21)$.
- Da der Punkt C_2 dieselbe Abszisse wie der Punkt B_2 hat und $\overrightarrow{B_2C_2} = \overrightarrow{A_2D_2} = \begin{pmatrix} 0 \\ 6{,}84 \end{pmatrix}$ gilt, erhält man $C_2(8\,|\,1{,}63)$.

B 1.4 **TIPP** Die Parallelogramme haben stets die Höhe $d(A_n;\, B_nC_n) = 4$ LE und die Grundseite $[A_nD_n]$ mit $\overline{A_nD_n} = y_{D_n} - y_{A_n}$.

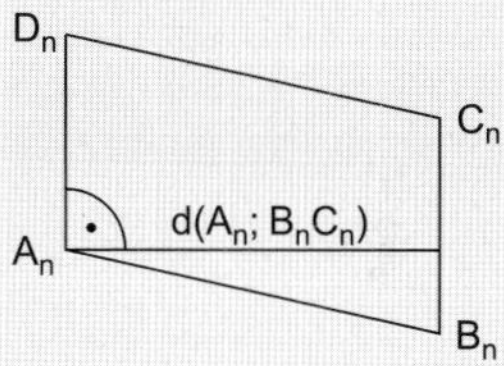

Berechnung der Länge der Grundseite $[A_nD_n]$ in Abhängigkeit von x:

$\overline{A_nD_n}(x) = [3 \cdot \log_3(x+7) - 4 - (-3 \cdot \log_3(x+6) + 2)]$ LE $\qquad x \in \mathbb{R};\ x > -3{,}46$

$\overline{A_nD_n}(x) = [3 \cdot \log_3(x+7) - 4 + 3 \cdot \log_3(x+6) - 2]$ LE

$\overline{A_nD_n}(x) = [3 \cdot \log_3(x+7) + 3 \cdot \log_3(x+6) - 6]$ LE

$\overline{A_nD_n}(x) = [3 \cdot [\log_3(x+7) + \log_3(x+6)] - 6]$ LE $\qquad$ (Ausklammern)

$\overline{A_nD_n}(x) = [3 \cdot \log_3[(x+7) \cdot (x+6)] - 6]$ LE $\qquad$ (Logarithmensätze)

$\overline{A_nD_n}(x) = [3 \cdot \log_3(x^2 + 13x + 42) - 6]$ LE

Berechnung des Flächeninhalts der Parallelogramme in Abhängigkeit von x:

$A = \overline{A_nD_n} \cdot d(A_n;\, B_nC_n)$

$A(x) = [3 \cdot \log_3(x^2 + 13x + 42) - 6] \cdot 4$ FE $\qquad x \in \mathbb{R};\ x > -3{,}46$

$A(x) = [12 \cdot \log_3(x^2 + 13x + 42) - 24]$ FE

B 1.5 **TIPP** Zunächst bestimmt man den Wert von x, für den D_n auf der x-Achse liegt. Für diesen x-Wert ermittelt man den Flächeninhalt A(x).

Es soll gelten: $y_{D_n} = 0$

$$3 \cdot \log_3(x+7) - 4 = 0 \quad |+4 \qquad x \in \mathbb{R};\ x > -3{,}46$$
$$\Leftrightarrow \quad 3 \cdot \log_3(x+7) = 4 \quad |:3$$
$$\Leftrightarrow \quad \log_3(x+7) = \frac{4}{3}$$
$$\Leftrightarrow \quad x+7 = 3^{\frac{4}{3}}$$
$$\Leftrightarrow \quad x+7 = 4{,}33 \quad |-7$$
$$\Leftrightarrow \quad x = -2{,}67$$

$\mathbb{L} = \{-2{,}67\}$

Bestimmung des Flächeninhalts A(x) für $x = -2{,}67$:

$A(-2{,}67) = [12 \cdot \log_3[(-2{,}67)^2 + 13 \cdot (-2{,}67) + 42] - 24]$ FE
$A(-2{,}67) = [12 \cdot \log_3(14{,}42) - 24]$ FE
$A(-2{,}67) = 5{,}15$ FE

B 1.6 Bestimmung des Wertes von x mit $A(x) = 16$ FE:

$$12 \cdot \log_3(x^2 + 13x + 42) - 24 = 16 \quad |+24 \qquad x \in \mathbb{R};\ x > -3{,}46$$
$$\Leftrightarrow \quad 12 \cdot \log_3(x^2 + 13x + 42) = 40 \quad |:12$$
$$\Leftrightarrow \quad \log_3(x^2 + 13x + 42) = 3{,}33$$
$$\Leftrightarrow \quad x^2 + 13x + 42 = 3^{3{,}33}$$
$$\Leftrightarrow \quad x^2 + 13x + 42 = 38{,}80 \quad |-38{,}80$$
$$\Leftrightarrow \quad x^2 + 13x + 3{,}20 = 0$$
$$\Leftrightarrow \quad x = \frac{-13 - \sqrt{13^2 - 4 \cdot 1 \cdot 3{,}20}}{2} \ \vee \ x = \frac{-13 + \sqrt{13^2 - 4 \cdot 1 \cdot 3{,}20}}{2}$$
$$\Leftrightarrow \quad (x = -12{,}75 \ \vee) \ x = -0{,}25$$
$$\Leftrightarrow \quad x = -0{,}25$$

$\mathbb{L} = \{-0{,}25\}$

> **TIPP** Der berechnete Wert von x entspricht der x-Koordinate des Punktes A_4. Die x-Koordinate von B_4 ist um 4 größer als die von A_4 und B_4 liegt auf dem Graphen zu f_2, also gilt:
> $B_4(x+4 \mid f_2(x+4))$ mit $x = -0{,}25$.

Bestimmung der Koordinaten von B_4:

$B_4(-0{,}25 + 4 \mid -3 \cdot \log_3(-0{,}25 + 4 + 6) + 2)$
$B_4(3{,}75 \mid -3 \cdot \log_3(9{,}75) + 2)$
$B_4(3{,}75 \mid -4{,}22)$

B 2.1 Zeichnen des Schrägbildes der Pyramide ABCDS

TIPP

- Da [AC] auf der Schrägbildachse liegt, wird [AC] in wahrer Länge gezeichnet. A liegt links von C.
- M liegt auf [AC] und ist 4,5 cm von A entfernt.
- Da $\overline{AM} \neq \overline{MC}$, muss AC die Symmetrieachse des Drachenvierecks sein. M ist also der Mittelpunkt der Strecke [BD]. Da [BD] senkrecht zur Zeichenebene verläuft, schließt [BD] mit der Schrägbildachse den Winkel $\omega = 45°$ ein und wird um den Faktor $q = \frac{1}{2}$ verkürzt.
- Da [MS] in der Zeichenebene liegt, wird [MS] in wahrer Größe angetragen. S liegt 9 cm senkrecht über M.

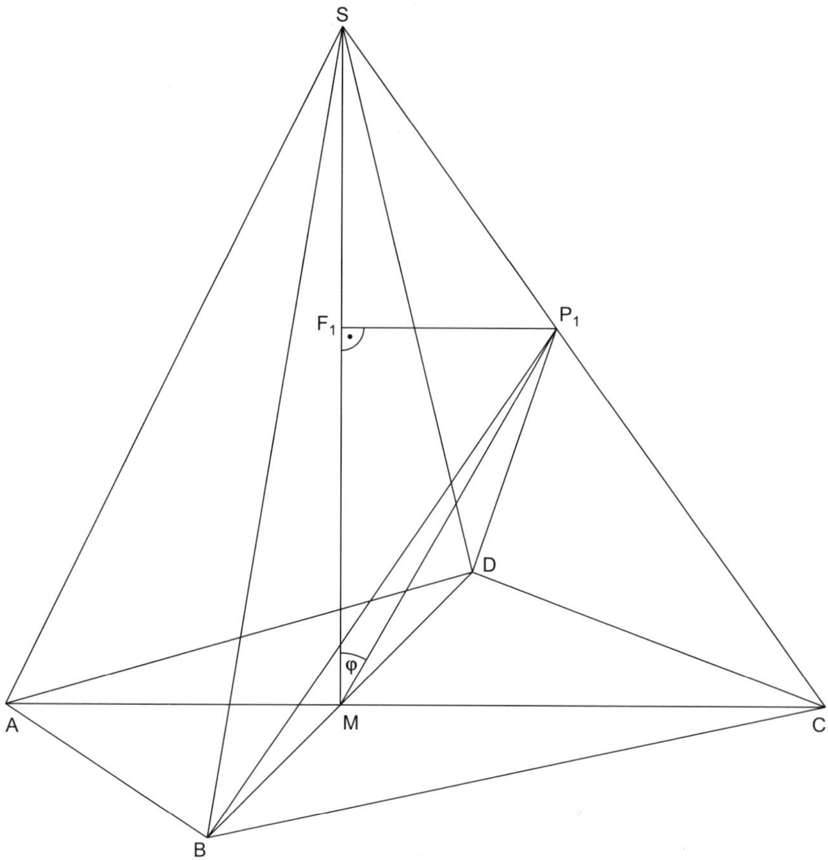

Berechnung von $\sphericalangle MSC$ im rechtwinkligen Dreieck MCS:

$$\tan \sphericalangle MSC = \frac{\overline{MC}}{\overline{MS}} \qquad \text{mit } \overline{MC} = \overline{AC} - \overline{AM}$$

$$\tan \sphericalangle MSC = \frac{11-4{,}5}{9}$$

$$\sphericalangle MSC = 35{,}84°$$

B 2.2 Einzeichnen der Strecke $[MP_1]$ und des Dreiecks BDP_1

> **TIPP** Da die Winkel P_nMS in der Zeichenebene liegen, wird der Winkel $\varphi = 30°$ in wahrer Größe angetragen.

Berechnung von $\overline{MP_n}(\varphi)$ mithilfe des Sinussatzes im Dreieck MP_nS:

$$\frac{\overline{MP_n}}{\sin \sphericalangle MSP_n} = \frac{\overline{MS}}{\sin \sphericalangle SP_nM} \qquad |\cdot \sin \sphericalangle MSP_n$$

$$\overline{MP_n} = \frac{\overline{MS} \cdot \sin \sphericalangle MSP_n}{\sin \sphericalangle SP_nM} \qquad (*)$$

$$\overline{MP_n}(\varphi) = \frac{9 \cdot \sin 35{,}84°}{\sin(180° - (\varphi + 35{,}84°))}\,\text{cm} \qquad \varphi \in\,]0°;\, 90°]$$

$$\overline{MP_n}(\varphi) = \frac{9 \cdot \sin 35{,}84°}{\sin(\varphi + 35{,}84°)}\,\text{cm} \qquad \text{(Supplement-beziehung)}$$

$$\overline{MP_n}(\varphi) = \frac{5{,}27}{\sin(\varphi + 35{,}84°)}\,\text{cm}$$

Nebenrechnung (*):
- Innenwinkelsumme: $\sphericalangle SP_nM = 180° - (\varphi + \sphericalangle MSP_n)$
- $\sphericalangle MSP_n = \sphericalangle MSC = 35{,}84°$

B 2.3

> **TIPP** Für die Höhe h in einem gleichseitigen Dreieck mit der Seitenlänge a gilt $h = \frac{1}{2}\sqrt{3}a$.

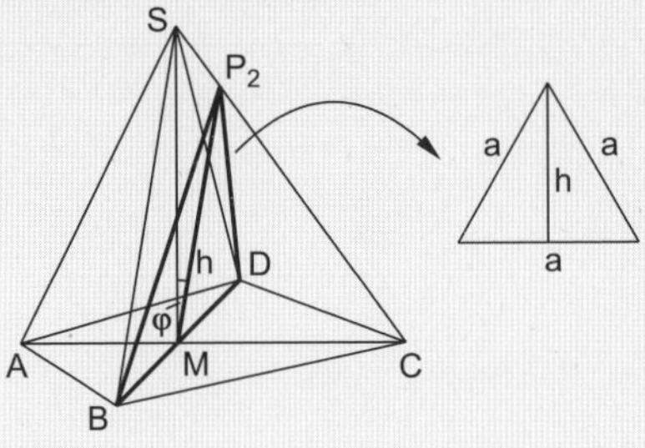

Für die Höhe des Dreiecks BDP_2 gilt:

$$\overline{MP_2} = \frac{1}{2}\sqrt{3} \cdot \overline{BD}$$

$$\overline{MP_2} = \frac{1}{2}\sqrt{3} \cdot 10\text{ cm} = 5\sqrt{3}\text{ cm}$$

$$\overline{MP_2} = 8{,}66\text{ cm}$$

Berechnung des zugehörigen Wertes für φ:

$$\overline{MP_n}(\varphi) = 8{,}66\text{ cm} \qquad \varphi \in]0°; 90°]$$

$$\Leftrightarrow \quad \frac{5{,}27}{\sin(\varphi + 35{,}84°)} = 8{,}66 \qquad \Big| \cdot \frac{\sin(\varphi + 35{,}84°)}{8{,}66}$$

$$\Leftrightarrow \quad \sin(\varphi + 35{,}84°) = \frac{5{,}27}{8{,}66}$$

$$\Leftrightarrow \quad \varphi + 35{,}84° = 37{,}48° \qquad | - 35{,}84°$$

$$\Leftrightarrow \quad \varphi = 1{,}64°$$

$$\mathbb{L} = \{1{,}64°\}$$

B 2.4 Einzeichnen der Höhe $[F_1P_1]$

TIPP F_1 ist der Fußpunkt des Lotes von P_1 auf [MS].

TIPP Bemerkung zum Berechnen des Pyramidenvolumens:
Man benötigt zunächst die Höhe $\overline{F_nP_n}$ der Pyramiden in Abhängigkeit von φ.

Im rechtwinkligen Dreieck MP_nF_n gilt:

$$\sin\varphi = \frac{\overline{F_nP_n}}{\overline{MP_n}} \qquad | \cdot \overline{MP_n} \qquad \varphi \in]0°; 90°]$$

$$\overline{F_nP_n} = \overline{MP_n} \cdot \sin\varphi$$

$$\overline{F_nP_n}(\varphi) = \frac{5{,}27 \cdot \sin\varphi}{\sin(\varphi + 35{,}84°)}\text{ cm}$$

Berechnung des Volumens der Pyramiden $BDSP_n$ in Abhängigkeit von φ:

$$V = \frac{1}{3} \cdot A_{\Delta BDS} \cdot \overline{F_nP_n}$$

$$V = \frac{1}{3} \cdot \frac{1}{2} \cdot \overline{BD} \cdot \overline{MS} \cdot \overline{F_nP_n}$$

$$V(\varphi) = \frac{1}{3} \cdot \frac{1}{2} \cdot 10 \cdot 9 \cdot \frac{5,27 \cdot \sin\varphi}{\sin(\varphi + 35,84°)}\ \text{cm}^3 \qquad \varphi \in \,]0°;\, 90°]$$

$$V(\varphi) = \frac{79,05 \cdot \sin\varphi}{\sin(\varphi + 35,84°)}\ \text{cm}^3$$

B 2.5

TIPP Die Pyramide ABDS kann als Pyramide mit Grundfläche BDS und Spitze A aufgefasst werden. Diese Pyramide hat dieselbe Grundfläche wie die Pyramide $BDSP_3$ mit Spitze P_3.
Bei Volumengleichheit muss also für die Pyramidenhöhen gelten:
$\overline{F_3P_3} = \overline{AM}$

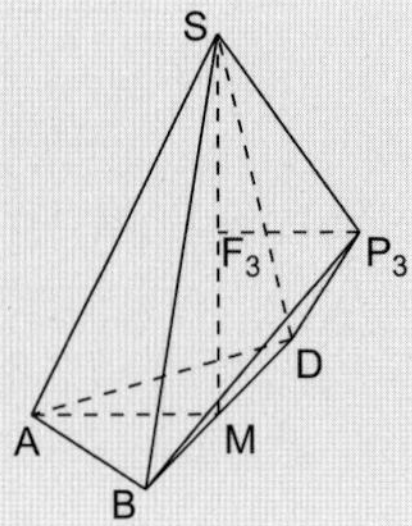

Für die Höhe der Pyramide $BDSP_3$ gilt:
$\overline{F_3P_3} = 4,5\ \text{cm}$

Berechnung des zugehörigen Wertes für φ:

$$\overline{F_nP_n}(\varphi) = 4,5\ \text{cm} \qquad \varphi \in \,]0°;\, 90°]$$

$$\Leftrightarrow \quad \frac{5,27 \cdot \sin\varphi}{\sin(\varphi + 35,84°)} = 4,5 \qquad \big| \cdot \sin(\varphi + 35,84°)$$

$$\Leftrightarrow \quad 5,27 \cdot \sin\varphi = 4,5 \cdot \sin(\varphi + 35,84°)$$

$$\Leftrightarrow \quad 5,27 \cdot \sin\varphi = 4,5 \cdot (\sin\varphi \cdot \cos 35,84° + \cos\varphi \cdot \sin 35,84°) \qquad \text{(Additionstheorem)}$$

$$\Leftrightarrow \quad 5,27 \cdot \sin\varphi = 3,65 \cdot \sin\varphi + 2,63 \cdot \cos\varphi \qquad \big| -3,65 \cdot \sin\varphi$$

$$\Leftrightarrow \quad 1,62 \cdot \sin\varphi = 2,63 \cdot \cos\varphi \qquad \big| : (1,62 \cdot \cos\varphi)$$

$$\Leftrightarrow \quad \frac{\sin\varphi}{\cos\varphi} = \frac{2,63}{1,62}$$

$$\Leftrightarrow \quad \tan\varphi = \frac{2,63}{1,62}$$

$$\Leftrightarrow \quad \varphi = 58,37°$$

$\mathbb{L} = \{58,37°\}$

oder:

Berechnung des Volumens der Pyramide ABDS mit Grundfläche ABD und Höhe [MS]:

$$V_{ABDS} = \frac{1}{3} \cdot A_{\Delta ABD} \cdot \overline{MS}$$

$$V_{ABDS} = \frac{1}{3} \cdot \frac{1}{2} \cdot \overline{BD} \cdot \overline{AM} \cdot \overline{MS}$$

$$V_{ABDS} = \frac{1}{3} \cdot \frac{1}{2} \cdot 10 \cdot 4{,}5 \cdot 9\ \text{cm}^3$$

$$V_{ABDS} = 67{,}50\ \text{cm}^3$$

Berechnung des zugehörigen Wertes für φ:

$$V(\varphi) = 67{,}50\ \text{cm}^3 \qquad \varphi \in\ ]0°; 90°]$$

$$\Leftrightarrow \quad \frac{79{,}05 \cdot \sin\varphi}{\sin(\varphi + 35{,}84°)} = 67{,}50 \qquad \big|: 79{,}05$$

$$\Leftrightarrow \quad \frac{\sin\varphi}{\sin(\varphi + 35{,}84°)} = 0{,}85 \qquad \big| \cdot \sin(\varphi + 35{,}84°)$$

$$\Leftrightarrow \quad \sin\varphi = 0{,}85 \cdot \sin(\varphi + 35{,}84°)$$

$$\Leftrightarrow \quad \sin\varphi = 0{,}85 \cdot (\sin\varphi \cdot \cos 35{,}84° + \cos\varphi \cdot \sin 35{,}84°) \qquad \text{(Additionstheorem)}$$

$$\Leftrightarrow \quad \sin\varphi = 0{,}69 \cdot \sin\varphi + 0{,}50 \cdot \cos\varphi \qquad \big| - 0{,}69 \cdot \sin\varphi$$

$$\Leftrightarrow \quad 0{,}31 \cdot \sin\varphi = 0{,}50 \cdot \cos\varphi \qquad \big| : (0{,}31 \cdot \cos\varphi)$$

$$\Leftrightarrow \quad \frac{\sin\varphi}{\cos\varphi} = \frac{0{,}50}{0{,}31}$$

$$\Leftrightarrow \quad \tan\varphi = \frac{0{,}50}{0{,}31}$$

$$\varphi = 58{,}20°$$

$$\mathbb{L} = \{58{,}20°\}$$

TIPP Die Abweichung im Ergebnis ergibt sich durch Rundung.

Bayern ▪ Realschule ▪ Abschlussprüfung 2022

Mathematik I – Teil A – mit Taschenrechner

Aufgabe A 1

BE

A 1.0 Mia lernt in der Schule den Begriff „Inflation“ kennen. Damit wird der Preisanstieg von Produkten über einen bestimmten Zeitraum hinweg bezeichnet. Dieser Zusammenhang lässt sich unter der Annahme einer gleichbleibenden jährlichen Preissteigerung von p % näherungsweise durch eine Funktion f mit einer Gleichung der Form $y = a \cdot \left(1 + \frac{p}{100}\right)^x$ $(\mathbb{G} = \mathbb{R}^+ \times \mathbb{R}^+;\ a, p \in \mathbb{R}^+)$ beschreiben. Dabei steht a € für den Anfangspreis eines Produkts und y € für dessen Preis nach x Jahren.

Mia kauft ihrer Mutter jährlich am 1. Juni Rosen beim örtlichen Blumenladen.

A 1.1 Am 1. Juni 2020 kostete eine Rose noch 2,20 €. Am 1. Juni 2022 lag der Preis pro Rose bei 2,50 €.

Berechnen Sie den voraussichtlichen Preis einer Rose am 1. Juni 2027 unter der Voraussetzung, dass die jährliche Preissteigerung von p % gleich bleibt.

Runden Sie auf zwei Stellen nach dem Komma.

[Zwischenergebnis: $p = 6{,}60$] 3

A 1.2 Berechnen Sie, in welchem Jahr Mia erstmals mehr als doppelt so viel für eine Rose bezahlen müsste wie am 1. Juni 2020, wenn man von einer jährlichen Preissteigerung von 6,60 % ausgeht. 2

Aufgabe A 2

A 2.0 Die Strecke [BC] mit dem Mittelpunkt M ist die Basis des gleichschenkligen Dreiecks ABC. Dieses Dreieck ist die Grundfläche der Pyramide ABCS mit der Höhe [MS].

Es gilt: $\overline{BC} = 10$ cm; $\overline{AM} = 9$ cm; $\overline{MS} = 7$ cm.

Die Zeichnung zeigt ein Schrägbild der Pyramide ABCS.

In der Zeichnung gilt: $q = \frac{1}{2}$; $\omega = 45°$; [AM] liegt auf der Schrägbildachse.

Runden Sie im Folgenden auf zwei Stellen nach dem Komma.

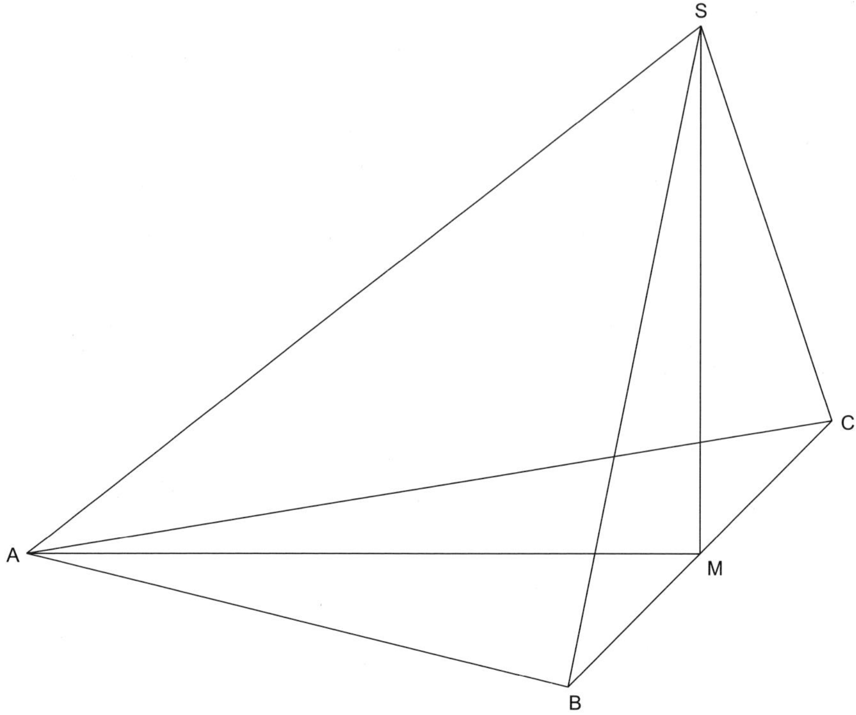

A 2.1 Berechnen Sie das Maß des Winkels ASM.
[Ergebnis: $\sphericalangle ASM = 52{,}13°$] 1

A 2.2 Punkte P_n liegen auf der Strecke [AS]. Die Winkel SMP_n haben das Maß φ mit $\varphi \in\,]0°; 90°[$. Punkte Q_n liegen auf der Strecke [AM] mit $[P_nQ_n] \perp [AM]$. Die Dreiecke BCQ_n sind die Grundflächen der Pyramiden BCQ_nS mit der Spitze S und der Höhe [MS].

Zeichnen Sie die Strecken $[MP_1]$ und $[P_1Q_1]$ sowie die Pyramide BCQ_1S für $\varphi = 60°$ in das Schrägbild zu A 2.0 ein. 2

A 2.3 Zeigen Sie rechnerisch, dass für die Länge der Strecken $[MP_n]$ in Abhängigkeit von φ gilt: $\overline{MP_n}(\varphi) = \frac{5{,}53}{\sin(\varphi + 52{,}13°)}$ cm.

Die Länge der Strecke $[MP_0]$ ist minimal. Geben Sie den zugehörigen Wert für φ an. 3

A 2.4 Zeigen Sie rechnerisch, dass für die Länge der Strecken $[MQ_n]$ in Abhängigkeit von φ gilt: $\overline{MQ_n}(\varphi) = \frac{5{,}53 \cdot \sin\varphi}{\sin(\varphi + 52{,}13^\circ)}$ cm.

Berechnen Sie sodann das Volumen der Pyramide BCQ_1S. 3

Aufgabe A 3

A 3.0 Pfeile $\overrightarrow{OP_n}(\varphi) = \begin{pmatrix} 5 \cdot \sin\varphi \\ 5 \cdot \cos\varphi \end{pmatrix}$ und $\overrightarrow{OQ_n}(\varphi) = \begin{pmatrix} -2 \cdot \sin^2\varphi \\ \frac{4}{\sin\varphi} \end{pmatrix}$ mit $O(0|0)$

spannen für $\varphi \in \,]0^\circ; 90^\circ]$ Dreiecke OP_nQ_n auf.

Runden Sie im Folgenden auf zwei Stellen nach dem Komma.

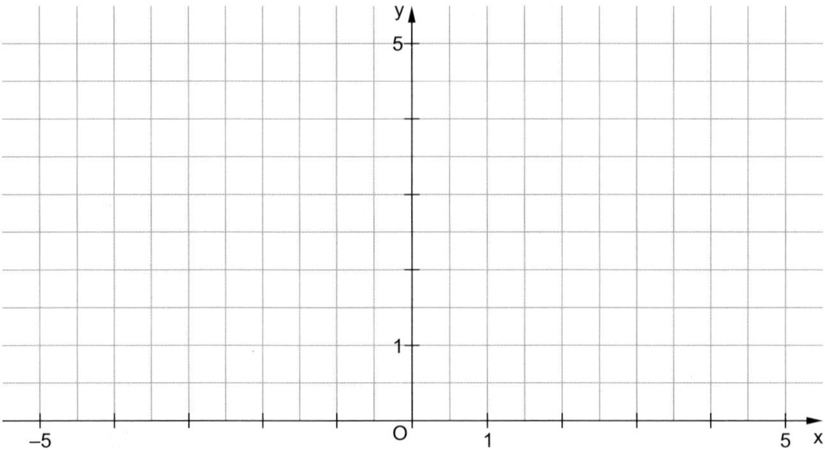

A 3.1 Geben Sie für $\varphi = 80^\circ$ die Koordinaten der Pfeile $\overrightarrow{OP_1}$ und $\overrightarrow{OQ_1}$ an. Zeichnen Sie sodann das Dreieck OP_1Q_1 in das Koordinatensystem zu A 3.0 ein. 2

A 3.2 Begründen Sie rechnerisch, weshalb die Länge der Strecken $[OP_n]$ konstant ist. 2

A 3.3 Berechnen Sie das Maß des Winkels P_1OQ_1. 2

Lösungsvorschlag – Teil A

A 1.1 Ermittlung der Funktionsgleichung von f:

> **TIPP** Der Anfangspreis in € beträgt a = 2,20. Nach x = 2 Jahren beträgt der Preis in € dann y = 2,50. Man setzt diese Werte in die Funktionsgleichung ein, um damit p zu berechnen.

$$2{,}50 = 2{,}20 \cdot \left(1 + \frac{p}{100}\right)^2 \qquad |:2{,}20 \qquad p \in \mathbb{R}^+$$

$$\Leftrightarrow \quad \frac{2{,}5}{2{,}2} = \left(1 + \frac{p}{100}\right)^2 \qquad |\sqrt{\;}$$

$$\Leftrightarrow \quad 1{,}0660 = 1 + \frac{p}{100} \qquad |-1$$

$$\Leftrightarrow \quad 0{,}0660 = \frac{p}{100} \qquad |\cdot 100$$

$$\Leftrightarrow \quad p = 6{,}60$$

$\mathbb{L} = \{6{,}60\}$

$$\Rightarrow \quad f\colon\ y = 2{,}20 \cdot \left(1 + \frac{6{,}60}{100}\right)^x \qquad \mathbb{G} = \mathbb{R}^+ \times \mathbb{R}^+$$

Berechnung des Preises nach x = 7 Jahren:

$$y = 2{,}20 \cdot \left(1 + \frac{6{,}60}{100}\right)^7$$

$$y = 3{,}44$$

Eine Rose würde voraussichtlich 3,44 € kosten.

A 1.2 Berechnung des Zeitpunktes x mit $y = 2 \cdot 2{,}20$:

$$2{,}20 \cdot \left(1 + \frac{6{,}60}{100}\right)^x = 2 \cdot 2{,}20 \qquad |:2{,}20 \qquad x \in \mathbb{R}^+$$

$$\Leftrightarrow \quad \left(1 + \frac{6{,}60}{100}\right)^x = 2$$

$$\Leftrightarrow \quad 1{,}066^x = 2$$

$$\Leftrightarrow \quad x = \log_{1{,}066} 2$$

$$\Leftrightarrow \quad x = \frac{\lg 2}{\lg 1{,}066}$$

$$\Leftrightarrow \quad x = 10{,}85$$

$\mathbb{L} = \{10{,}85\}$

> **TIPP** Wegen 2020 + 10 = 2030 entspricht der Zeitpunkt x = 10 dem 1. Juni 2030. Ein halbes Jahr später (also zum Zeitpunkt x = 10,5) beginnt das Jahr 2031. Der Zeitpunkt x = 10,85 liegt somit im Jahr 2031.

Mia müsste im Jahr 2031 erstmals mehr als doppelt so viel für eine Rose bezahlen wie am 1. Juni 2020.

A 2.0

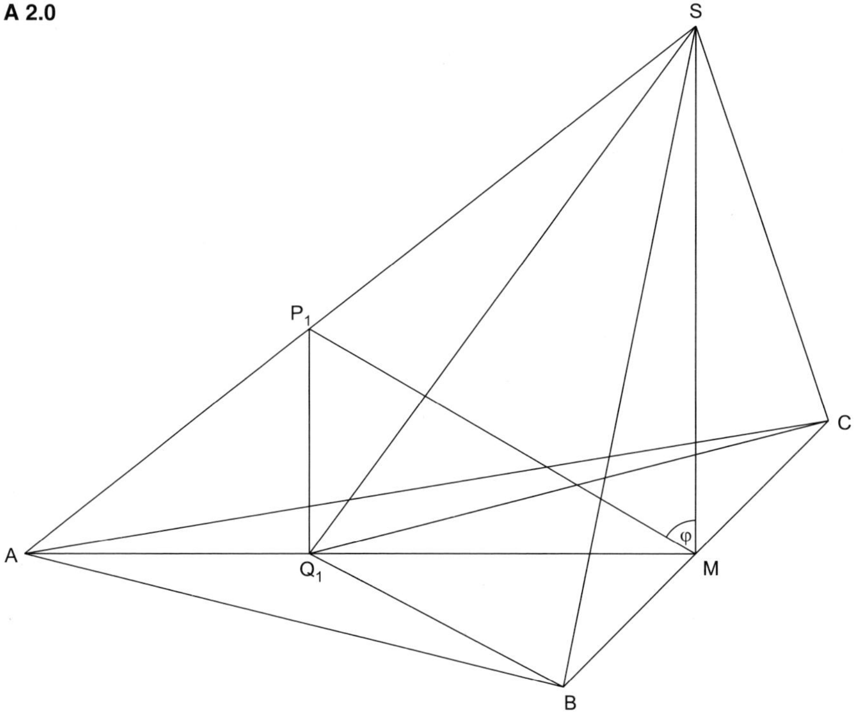

A 2.1 Im rechtwinkligen Dreieck AMS gilt:

$$\tan \sphericalangle ASM = \frac{\overline{AM}}{\overline{MS}}$$

$$\tan \sphericalangle ASM = \frac{9}{7}$$

$$\sphericalangle ASM = 52{,}13°$$

A 2.2 Einzeichnen der Strecken $[MP_1]$ und $[P_1Q_1]$ sowie der Pyramide BCQ_1S für $\varphi = 60°$

A 2.3 Berechnung von $\overline{MP_n}(\varphi)$ mit dem Sinussatz im Dreieck P_nMS:

$$\frac{\overline{MP_n}}{\sin \sphericalangle P_nSM} = \frac{\overline{MS}}{\sin \sphericalangle MP_nS} \qquad | \cdot \sin \sphericalangle P_nSM$$

$$\overline{MP_n} = \frac{\overline{MS} \cdot \sin \sphericalangle P_nSM}{\sin \sphericalangle MP_nS}$$

mit $\sphericalangle P_nSM = \sphericalangle ASM = 52{,}13°$;
$\sphericalangle MP_nS = 180° - (\varphi + \sphericalangle P_nSM)$
(Innenwinkelsumme)

$$\overline{MP_n}(\varphi) = \frac{7 \cdot \sin 52{,}13°}{\sin(180° - (\varphi + 52{,}13°))}\text{ cm} \qquad \varphi \in]0°; 90°[$$

$$\overline{MP_n}(\varphi) = \frac{5{,}53}{\sin(\varphi + 52{,}13°)}\text{ cm}$$

Bestimmung des Winkelmaßes φ mit minimaler Streckenlänge $\overline{MP_n}(\varphi)$:

> **TIPP** $\overline{MP_n}(\varphi)$ wird minimal, wenn der Nenner $\sin(\varphi + 52{,}13°)$ maximal, also 1 wird. Somit muss $\varphi + 52{,}13° = 90°$ gelten.

$$\varphi + 52{,}13° = 90° \qquad | -52{,}13°$$

$$\varphi = 37{,}87°$$

Die Strecke $[MP_0]$ erhält man für $\varphi = 37{,}87°$.

A 2.4 Berechnung von $\overline{MQ_n}(\varphi)$ im rechtwinkligen Dreieck Q_nMP_n:

$$\cos(90° - \varphi) = \frac{\overline{MQ_n}}{\overline{MP_n}} \qquad | \cdot \overline{MP_n} \qquad \varphi \in]0°; 90°[$$

$$\overline{MQ_n} = \overline{MP_n} \cdot \cos(90° - \varphi) \qquad \text{mit } \cos(90° - \varphi) = \sin \varphi$$

$$\overline{MQ_n}(\varphi) = \frac{5{,}53 \cdot \sin \varphi}{\sin(\varphi + 52{,}13°)}\text{ cm}$$

oder:

$\sphericalangle Q_nP_nM$ ist ein Wechselwinkel zu φ an den Parallelen MS und Q_nP_n, d. h., es gilt: $\sphericalangle Q_nP_nM = \varphi$

Berechnung von $\overline{MQ_n}(\varphi)$ im rechtwinkligen Dreieck Q_nMP_n:

$$\sin \sphericalangle Q_nP_nM = \frac{\overline{MQ_n}}{\overline{MP_n}} \qquad | \cdot \overline{MP_n}$$

$$\overline{MQ_n} = \overline{MP_n} \cdot \sin \sphericalangle Q_nP_nM \qquad \text{mit } \sphericalangle Q_nP_nM = \varphi$$

$$\overline{MQ_n}(\varphi) = \frac{5{,}53 \cdot \sin \varphi}{\sin(\varphi + 52{,}13°)}\text{ cm} \qquad \varphi \in]0°; 90°[$$

TIPP Um das Volumen der Pyramide BCQ_1S berechnen zu können, bestimmt man zunächst die Höhe $\overline{MQ_1}$ der dreieckigen Grundfläche der Pyramide.

Berechnung der Länge der Strecke $[MQ_1]$ für $\varphi = 60°$:

$$\overline{MQ_1} = \frac{5{,}53 \cdot \sin 60°}{\sin(60° + 52{,}13°)} \text{ cm} = 5{,}17 \text{ cm}$$

Berechnung des Volumens V der Pyramide BCQ_1S:

$$V = \frac{1}{3} \cdot A_{\Delta BCQ_1} \cdot \overline{MS}$$

$$V = \frac{1}{3} \cdot \frac{1}{2} \cdot \overline{BC} \cdot \overline{MQ_1} \cdot \overline{MS}$$

$$V = \frac{1}{3} \cdot \frac{1}{2} \cdot 10 \cdot 5{,}17 \cdot 7 \text{ cm}^3$$

$$V = 60{,}32 \text{ cm}^3$$

A 3.0

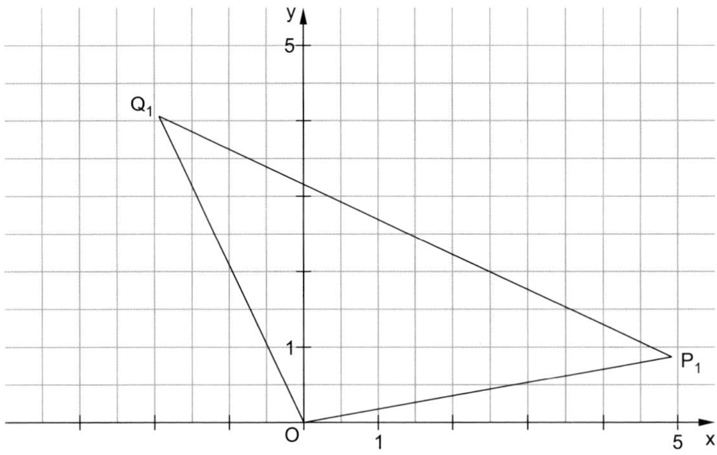

A 3.1 Berechnung von $\overrightarrow{OP_1}$ für $\varphi = 80°$:

$$\overrightarrow{OP_1} = \begin{pmatrix} 5 \cdot \sin 80° \\ 5 \cdot \cos 80° \end{pmatrix} = \begin{pmatrix} 4{,}92 \\ 0{,}87 \end{pmatrix}$$

Berechnung von $\overrightarrow{OQ_1}$ für $\varphi = 80°$:

$$\overrightarrow{OQ_1} = \begin{pmatrix} -2 \cdot \sin^2 80° \\ \frac{4}{\sin 80°} \end{pmatrix} = \begin{pmatrix} -1{,}94 \\ 4{,}06 \end{pmatrix}$$

Einzeichnen des Dreiecks OP_1Q_1

A 3.2 Berechnung der Länge von $\overrightarrow{OP_n}(\varphi)$:

$\overline{OP_n}(\varphi) = \sqrt{(5 \cdot \sin\varphi)^2 + (5 \cdot \cos\varphi)^2}$ LE $\qquad \varphi \in \,]0°; 90°]$

$\overline{OP_n}(\varphi) = \sqrt{25 \cdot \sin^2\varphi + 25 \cdot \cos^2\varphi}$ LE

$\overline{OP_n}(\varphi) = \sqrt{25 \cdot (\sin^2\varphi + \cos^2\varphi)}$ LE

Wegen $\sin^2\varphi + \cos^2\varphi = 1$ folgt:

$\overline{OP_n}(\varphi) = \sqrt{25 \cdot 1}$ LE $= 5$ LE für alle $\varphi \in \,]0°; 90°]$

Somit beträgt die Länge $\overline{OP_n}(\varphi)$ konstant 5 LE.

A 3.3 Berechnung des Winkelmaßes $\sphericalangle P_1OQ_1$ zwischen den Vektoren $\overrightarrow{OP_1}$ und $\overrightarrow{OQ_1}$:

$$\cos\sphericalangle P_1OQ_1 = \frac{\overrightarrow{OP_1} \odot \overrightarrow{OQ_1}}{|\overrightarrow{OP_1}| \cdot |\overrightarrow{OQ_1}|} \qquad \text{mit } |\overrightarrow{OP_1}| = 5 \text{ LE (vgl. A 3.2)}$$

$$\cos\sphericalangle P_1OQ_1 = \frac{\begin{pmatrix} 4{,}92 \\ 0{,}87 \end{pmatrix} \odot \begin{pmatrix} -1{,}94 \\ 4{,}06 \end{pmatrix}}{5 \cdot \sqrt{(-1{,}94)^2 + 4{,}06^2}}$$

$$\cos\sphericalangle P_1OQ_1 = \frac{4{,}92 \cdot (-1{,}94) + 0{,}87 \cdot 4{,}06}{5 \cdot \sqrt{(-1{,}94)^2 + 4{,}06^2}}$$

$$\sphericalangle P_1OQ_1 = 105{,}50°$$

oder:

Es seien α_1 und α_2 die Winkel aus der nebenstehenden Skizze.

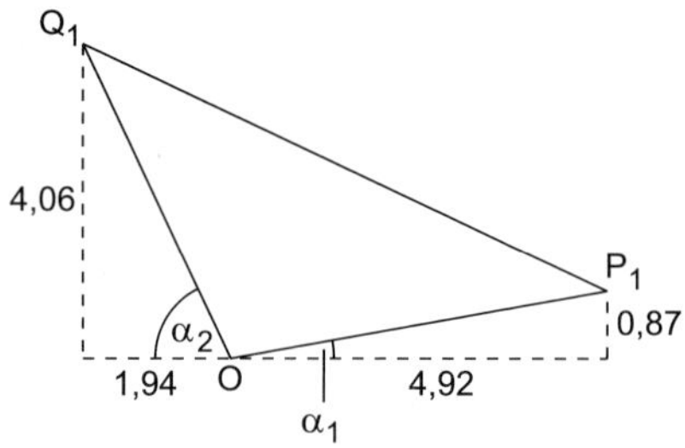

Berechnung des Winkels α_1:

$$\tan\alpha_1 = \frac{0{,}87}{4{,}92}$$

$$\alpha_1 = 10{,}03°$$

Berechnung des Winkels α_2:

$$\tan\alpha_2 = \frac{4{,}06}{1{,}94}$$

$$\alpha_2 = 64{,}46°$$

Somit gilt:

$\sphericalangle P_1OQ_1 = 180° - \alpha_1 - \alpha_2$

$\sphericalangle P_1OQ_1 = 180° - 10{,}03° - 64{,}46°$

$\sphericalangle P_1OQ_1 = 105{,}51°$

Bayern ▪ Realschule ▪ Abschlussprüfung 2022

Mathematik I – Teil B – mit Taschenrechner

Aufgabe B 1

BE

B 1.0 Gegeben ist die Funktion f_1 mit einer Gleichung der Form $y = \log_2(x+b)+1$ ($\mathbb{G} = \mathbb{R} \times \mathbb{R}$; $b \in \mathbb{R}$). Der Graph zu f_1 schneidet die y-Achse im Punkt $P(0|3)$.

Runden Sie im Folgenden auf zwei Stellen nach dem Komma.

B 1.1 Zeigen Sie rechnerisch, dass die Funktion f_1 die Gleichung $y = \log_2(x+4)+1$ besitzt.

Zeichnen Sie sodann den Graphen zu f_1 für $x \in [-3{,}5; 6]$ in ein Koordinatensystem.

Für die Zeichnung: Längeneinheit 1 cm; $-6 \leqq x \leqq 6$; $-2 \leqq y \leqq 5$ 3

B 1.2 Der Graph der Funktion f_1 wird durch Achsenspiegelung an der x-Achse sowie anschließende Parallelverschiebung mit dem Vektor $\vec{v} = \begin{pmatrix} -2 \\ 3 \end{pmatrix}$ auf den Graphen der Funktion f_2 abgebildet.

Zeigen Sie rechnerisch, dass die Funktion f_2 die Gleichung $y = -\log_2(x+6)+2$ mit $\mathbb{G} = \mathbb{R} \times \mathbb{R}$ besitzt.

Zeichnen Sie sodann den Graphen zu f_2 für $x \in [-5{,}5; 6]$ in das Koordinatensystem zu B 1.1 ein. 3

B 1.3 Punkte $A_n(x\,|\,\log_2(x+4)+1)$ auf dem Graphen zu f_1 haben dieselbe Abszisse x wie Punkte $C_n(x\,|\,-\log_2(x+6)+2)$ auf dem Graphen zu f_2. Zusammen mit Punkten B_n sind sie für $x > -3{,}26$ die Eckpunkte von rechtwinkligen Dreiecken $A_nB_nC_n$ mit den Hypotenusen $[B_nC_n]$.
Es gilt: $\overline{A_nB_n} = 4$ LE.

Zeichnen Sie in das Koordinatensystem zu B 1.1 die Dreiecke $A_1B_1C_1$ für $x = -1$ und $A_2B_2C_2$ für $x = 5$ ein. 2

B 1.4 Zeigen Sie, dass für die Länge der Strecken $[A_nC_n]$ in Abhängigkeit von der Abszisse x der Punkte A_n gilt:
$\overline{A_nC_n}(x) = [\log_2(x^2+10x+24)-1]$ LE. 2

B 1.5 Das Dreieck $A_3B_3C_3$ hat den Flächeninhalt 10 FE.
Bestimmen Sie rechnerisch die x-Koordinate des Punktes A_3. 3

B 1.6 Der Eckpunkt B_4 des Dreiecks $A_4B_4C_4$ liegt auf dem Graphen zu f_2. Berechnen Sie die x-Koordinate des Punktes B_4. 4

Aufgabe B 2

B 2.0 Gegeben sind die Geraden g: $y = 0{,}25x - 3$ und h: $y = 0{,}6x$ $(\mathbb{G} = \mathbb{R} \times \mathbb{R})$.

Punkte $B_n(x\,|\,0{,}25x - 3)$ auf der Geraden g bilden für $x > 1{,}57$ zusammen mit dem Punkt $A(0\,|\,0)$ und Punkten C_n und D_n Rauten $AB_nC_nD_n$, wobei die Gerade $h = AC_n$ eine der Symmetrieachsen der Rauten ist.

Runden Sie im Folgenden auf zwei Stellen nach dem Komma.

B 2.1 Zeichnen Sie die Geraden g und h sowie die Rauten $AB_1C_1D_1$ für $x = 2{,}5$ und $AB_2C_2D_2$ für $x = 7$ in ein Koordinatensystem.
Für die Zeichnung: Längeneinheit 1 cm; $-1 \leqq x \leqq 10$; $-4 \leqq y \leqq 8$ 3

B 2.2 Ermitteln Sie rechnerisch die Koordinaten der Punkte D_n in Abhängigkeit von der Abszisse x der Punkte B_n.
[Ergebnis: $D_n(0{,}69x - 2{,}64\,|\,0{,}76x + 1{,}41)$] 3

B 2.3 Überprüfen Sie rechnerisch, ob die Raute $AB_2C_2D_2$ ein Quadrat ist. 3

B 2.4 Bestimmen Sie die Gleichung des Trägergraphen t der Punkte D_n.
Zeichnen Sie sodann den Trägergraphen t in das Koordinatensystem zu B 2.1 ein. 3

B 2.5 Der Punkt D_3 der Raute $AB_3C_3D_3$ liegt auf der y-Achse.
Zeichnen Sie die Raute $AB_3C_3D_3$ in das Koordinatensystem zu B 2.1 ein.
Berechnen Sie sodann die Koordinaten des Punktes C_3 sowie den Flächeninhalt der Raute $AB_3C_3D_3$.
[Teilergebnis: $x_{C_3} = 3{,}83$] 5

Lösungsvorschlag – Teil B

B 1.1 Nachweis der Funktionsgleichung durch Einsetzen von $P(0|3)$:

$$3 = \log_2(0+b)+1 \quad |-1 \qquad b \in \mathbb{R}$$

$$\Leftrightarrow \quad 2 = \log_2 b$$

$$\Leftrightarrow \quad 2^2 = b$$

$$\Leftrightarrow \quad b = 4$$

$$\mathbb{L} = \{4\}$$

$$\Rightarrow \quad f_1\colon\ y = \log_2(x+4)+1 \qquad \mathbb{G} = \mathbb{R} \times \mathbb{R}$$

Zeichnen des Graphen zu f_1, z. B. mithilfe folgender Wertetabelle:

x	–3,5	–3	–2	–1	0	1
$y = \log_2(x+4)+1$	0	1	2	2,58	3	3,32
x	2	3	4	5	6	
$y = \log_2(x+4)+1$	3,58	3,81	4	4,17	4,32	

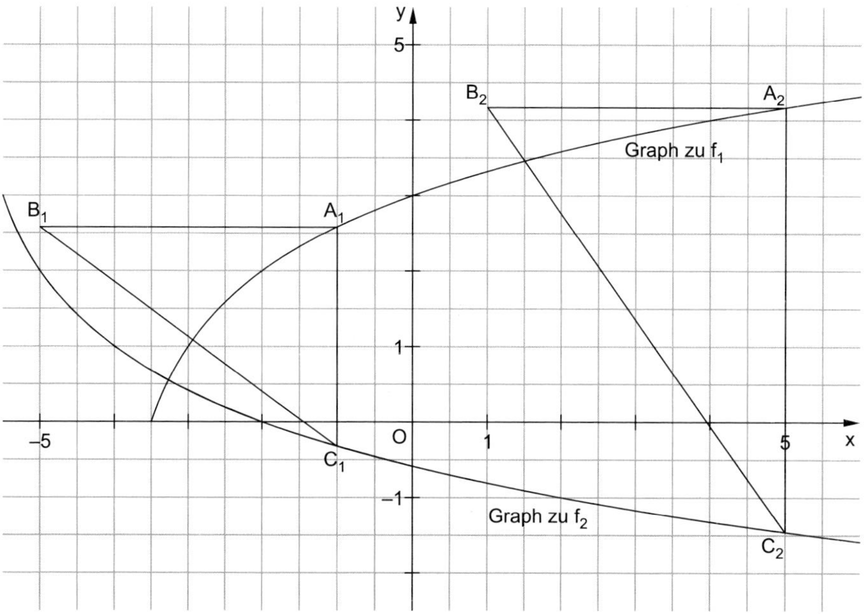

B 1.2 $f_1 \xmapsto{\text{x-Achse}} f' \xmapsto{\vec{v}=\binom{-2}{3}} f_2$

Spiegelung an der x-Achse:

$$\begin{pmatrix} x' \\ y' \end{pmatrix} = \begin{pmatrix} 1 & 0 \\ 0 & -1 \end{pmatrix} \odot \begin{pmatrix} x \\ \log_2(x+4)+1 \end{pmatrix} \qquad \mathbb{G} = \mathbb{R} \times \mathbb{R};\ x \in \mathbb{R};\ x > -4$$

$$\Leftrightarrow \begin{pmatrix} x' \\ y' \end{pmatrix} = \begin{pmatrix} x \\ -(\log_2(x+4)+1) \end{pmatrix}$$

$$\Rightarrow\ y' = -\log_2(x'+4) - 1$$

Parallelverschiebung mit $\vec{v}$:

$$\begin{pmatrix} x'' \\ y'' \end{pmatrix} = \begin{pmatrix} x' \\ -\log_2(x'+4)-1 \end{pmatrix} \oplus \begin{pmatrix} -2 \\ 3 \end{pmatrix} \qquad \mathbb{G} = \mathbb{R} \times \mathbb{R};\ x' \in \mathbb{R};\ x' > -4$$

$$\Leftrightarrow \left| \begin{array}{l} x'' = x' - 2 \qquad |+2 \\ \wedge\ y'' = -\log_2(x'+4) - 1 + 3 \end{array} \right.$$

$$\Leftrightarrow \left| \begin{array}{l} x' = x'' + 2 \\ \wedge\ y'' = -\log_2(x''+2+4) + 2 \end{array} \right.$$

$$\Rightarrow\ y'' = -\log_2(x''+6) + 2$$

f_2: $y = -\log_2(x+6) + 2$ $\qquad \mathbb{G} = \mathbb{R} \times \mathbb{R};\ x \in \mathbb{R};\ x > -6$

Einzeichnen des Graphen zu f_2, z. B. mithilfe folgender Wertetabelle:

x	–5,5	–5	–4	–3	–2	–1	0
$y = -\log_2(x+6)+2$	3	2	1	0,42	0	–0,32	–0,58

x	1	2	3	4	5	6
$y = -\log_2(x+6)+2$	–0,81	–1	–1,17	–1,32	–1,46	–1,58

B 1.3 Einzeichnen des Dreiecks $A_1B_1C_1$ für $x = -1$

TIPP

- A_1 liegt auf dem Graphen zu f_1 und hat die x-Koordinate –1, also $A_1(-1\,|\,2{,}58)$.
- C_1 liegt auf dem Graphen zu f_2 und hat ebenfalls die x-Koordinate –1, also $C_1(-1\,|\,-0{,}32)$.
- Da $[B_1C_1]$ die Hypotenuse des Dreiecks ist, ist es bei A_1 rechtwinklig. Da $\overline{A_1B_1} = 4$ LE, hat B_1 eine um 4 kleinere x-Koordinate als A_1 und besitzt dieselbe y-Koordinate, also $B_1(-5\,|\,2{,}58)$.

Einzeichnen des Dreiecks $A_2B_2C_2$ für $x = 5$

TIPP
- A_2 liegt auf dem Graphen zu f_1 und hat die x-Koordinate 5, also $A_2(5 \mid 4{,}17)$.
- C_2 liegt auf dem Graphen zu f_2 und hat ebenfalls die x-Koordinate 5, also $C_2(5 \mid -1{,}46)$.
- Da $[B_2C_2]$ die Hypotenuse des Dreiecks ist, ist es bei A_2 rechtwinklig. Da $\overline{A_2B_2} = 4\,\text{LE}$, hat B_2 eine um 4 kleinere x-Koordinate als A_2 und besitzt dieselbe y-Koordinate, also $B_2(1 \mid 4{,}17)$.

B 1.4 **TIPP** Da A_n und C_n dieselbe x-Koordinate haben, gilt: $\overline{A_nC_n} = (y_{A_n} - y_{C_n})\,\text{LE}$

$$\overline{A_nC_n}(x) = [\log_2(x+4) + 1 - (-\log_2(x+6) + 2)]\,\text{LE} \qquad x \in \mathbb{R};\ x > -3{,}26$$
$$\overline{A_nC_n}(x) = [\log_2(x+4) + 1 + \log_2(x+6) - 2]\,\text{LE}$$
$$\overline{A_nC_n}(x) = [\log_2(x+4) + \log_2(x+6) + 1 - 2]\,\text{LE}$$
$$\overline{A_nC_n}(x) = [\log_2[(x+4)\cdot(x+6)] - 1]\,\text{LE}$$
$$\overline{A_nC_n}(x) = [\log_2(x^2 + 10x + 24) - 1]\,\text{LE}$$

B 1.5 Bestimmung des Flächeninhaltes A von $\Delta A_nB_nC_n$ in Abhängigkeit von x:

$$A = 0{,}5 \cdot \overline{A_nB_n} \cdot \overline{A_nC_n} \qquad \text{mit } \overline{A_nB_n} = 4\,\text{LE}$$

$$A(x) = 0{,}5 \cdot 4 \cdot [\log_2(x^2 + 10x + 24) - 1]\,\text{FE} \qquad x \in \mathbb{R};\ x > -3{,}26$$
$$A(x) = [2 \cdot \log_2(x^2 + 10x + 24) - 2]\,\text{FE}$$

Bestimmung der x-Koordinate von A_3, d. h. des x-Wertes mit $A(x) = 10\,\text{LE}$:

$$2 \cdot \log_2(x^2 + 10x + 24) - 2 = 10 \quad |+2 \qquad x \in \mathbb{R};\ x > -3{,}26$$
$$\Leftrightarrow \quad 2 \cdot \log_2(x^2 + 10x + 24) = 12 \quad |:2$$
$$\Leftrightarrow \quad \log_2(x^2 + 10x + 24) = 6$$
$$\Leftrightarrow \quad x^2 + 10x + 24 = 2^6$$
$$\Leftrightarrow \quad x^2 + 10x + 24 = 64 \quad |-64$$
$$\Leftrightarrow \quad x^2 + 10x - 40 = 0$$
$$\Leftrightarrow \quad x = \frac{-10 - \sqrt{10^2 - 4 \cdot 1 \cdot (-40)}}{2 \cdot 1} \quad \vee \quad x = \frac{-10 + \sqrt{10^2 - 4 \cdot 1 \cdot (-40)}}{2 \cdot 1}$$
$$\Leftrightarrow \quad (x = -13{,}06 \quad \vee) \quad x = 3{,}06$$

$\mathbb{L} = \{3{,}06\}$

B 1.6 TIPP Die Punkte B_n haben jeweils eine um 4 kleinere x-Koordinate als die Punkte A_n. Außerdem haben A_n und B_n jeweils dieselbe y-Koordinate.

Für die Koordinaten der Punkte B_n gilt:
$B_n(x-4 \mid \log_2(x+4)+1)$ $\qquad x \in \mathbb{R};\ x>-3{,}26$

TIPP Da B_4 auf dem Graphen zu f_2 liegen soll, muss gelten:
$y_{B_4} = f_2(x_{B_4})$ ("Punktprobe")
$y_{B_4} = -\log_2(x_{B_4}+6)+2$

Einsetzen der Koordinaten von B_n in die Funktionsgleichung von f_2:

$$\log_2(x+4)+1 = -\log_2((x-4)+6)+2 \qquad x \in \mathbb{R};\ x>-3{,}26$$
$$\Leftrightarrow \log_2(x+4)+\log_2(x-4+6) = 2-1$$
$$\Leftrightarrow \log_2(x+4)+\log_2(x+2) = 1$$
$$\Leftrightarrow \log_2[(x+4)\cdot(x+2)] = 1$$
$$\Leftrightarrow \log_2(x^2+6x+8) = 1$$
$$\Leftrightarrow x^2+6x+8 = 2^1 \qquad \vert -2$$
$$\Leftrightarrow x^2+6x+6 = 0$$
$$\Leftrightarrow x = \frac{-6-\sqrt{6^2-4\cdot 1\cdot 6}}{2\cdot 1} \quad \vee \quad x = \frac{-6+\sqrt{6^2-4\cdot 1\cdot 6}}{2\cdot 1}$$
$$\Leftrightarrow (x=-4{,}73 \quad \vee) \quad x=-1{,}27$$

$\mathbb{L} = \{-1{,}27\}$

Damit ergibt sich die x-Koordinate des Punktes B_4:
$x_{B_4} = -1{,}27-4$
$x_{B_4} = -5{,}27$

oder:

TIPP Man ermittelt den Trägergraphen der Punkte B_n und berechnet sodann den Schnittpunkt des Trägergraphen mit dem Graphen von f_2.
Da die Punkte B_n jeweils eine um 4 kleinere x-Koordinate als die Punkte A_n haben und die Punkte A_n auf dem Graphen von f_1 liegen, erhält man den Trägergraphen der Punkte B_n durch Parallelverschiebung mit dem Vektor $\vec{v} = \begin{pmatrix} -4 \\ 0 \end{pmatrix}$.

Ermittlung der Funktionsgleichung des Trägergraphen der Punkte B_n:

$$f_1 \xmapsto{\vec{v}=\begin{pmatrix}-4\\0\end{pmatrix}} f_3$$

$$\begin{pmatrix}x'\\y'\end{pmatrix}=\begin{pmatrix}x\\\log_2(x+4)+1\end{pmatrix}\oplus\begin{pmatrix}-4\\0\end{pmatrix} \qquad \mathbb{G}=\mathbb{R}\times\mathbb{R};\ x\in\mathbb{R};\ x>-3{,}26$$

$$\Leftrightarrow \quad \begin{vmatrix} x'=x-4 & \vert+4 \\ \wedge\ y'=\log_2(x+4)+1 & \end{vmatrix}$$

$$\Leftrightarrow \quad \begin{vmatrix} x=x'+4 \\ \wedge\ y'=\log_2(x'+4+4)+1 \end{vmatrix}$$

$$\Rightarrow \quad y'=\log_2(x'+8)+1$$

f_3: $y=\log_2(x+8)+1$ $\qquad \mathbb{G}=\mathbb{R}\times\mathbb{R};\ x\in\mathbb{R};\ x>-7{,}26$

Berechnung der x-Koordinate des Schnittpunktes der Graphen von f_3 und f_2:

$$\log_2(x+8)+1=-\log_2(x+6)+2 \quad \vert+\log_2(x+6)-1 \qquad x\in\mathbb{R};\ x>-7{,}26$$

$$\Leftrightarrow \quad \log_2(x+8)+\log_2(x+6)=1$$

$$\Leftrightarrow \quad \log_2[(x+8)\cdot(x+6)]=1$$

$$\Leftrightarrow \quad \log_2(x^2+14x+48)=1$$

$$\Leftrightarrow \quad x^2+14x+48=2^1 \quad \vert-2$$

$$\Leftrightarrow \quad x^2+14x+46=0$$

$$\Leftrightarrow \quad x=\frac{-14-\sqrt{14^2-4\cdot1\cdot46}}{2\cdot1} \quad \vee \quad x=\frac{-14+\sqrt{14^2-4\cdot1\cdot46}}{2\cdot1}$$

$$\Leftrightarrow \quad (x=-8{,}73 \quad \vee) \quad x=-5{,}27$$

$\mathbb{L}=\{-5{,}27\}$

Damit ergibt sich die x-Koordinate des Punktes B_4: $x_{B_4}=-5{,}27$

B 2.1 Einzeichnen der Geraden g und h

> **TIPP** Die Gerade g mit y-Achsenabschnitt –3 und Steigung 0,25 verläuft z. B. durch die Punkte (0 | –3) und (4 | –2). Die Ursprungsgerade h mit Steigung 0,6 verläuft z. B. durch den Ursprung und den Punkt (10 | 6).

Einzeichnen der Raute $AB_1C_1D_1$ für $x=2{,}5$

> **TIPP**
> - A(0 | 0) ist gegeben.
> - B_1 liegt auf g und hat die x-Koordinate 2,5, also $B_1(2{,}5\,|\,-2{,}375)$.
> - D_1 erhält man durch Spiegelung von B_1 an h.
> - Es sei M_1 der Mittelpunkt von $[B_1D_1]$. Dann gilt $\overrightarrow{AC_1}=2\cdot\overrightarrow{AM_1}$.

Einzeichnen der Raute $AB_2C_2D_2$ für $x = 7$

TIPP

- $A(0\,|\,0)$ ist gegeben.
- B_2 liegt auf g und hat die x-Koordinate 7, also $B_2(7\,|\,-1{,}25)$.
- D_2 erhält man durch Spiegelung von B_2 an h.
- Es sei M_2 der Mittelpunkt von $[B_2D_2]$. Dann gilt $\overrightarrow{AC_2} = 2 \cdot \overrightarrow{AM_2}$.

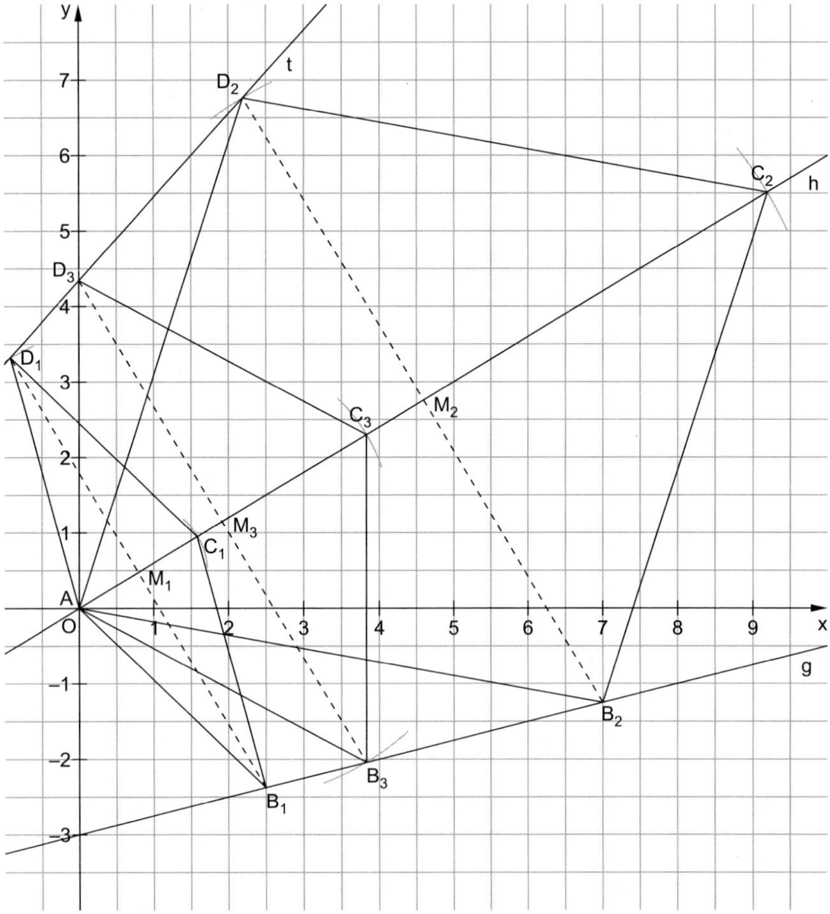

B 2.2 $B_n \xmapsto{h} D_n$

Für den Steigungswinkel φ der Spiegelachse h gilt:

$\tan\varphi = 0{,}6$

$\varphi = 30{,}96°$

Berechnung der Koordinaten der Punkte D_n:

> **TIPP** Wird ein Punkt P(x | y) durch Spiegelung an einer Ursprungsgeraden mit dem Steigungswinkel φ auf den Bildpunkt P'(x' | y') abgebildet, so gilt:
> $\begin{pmatrix} x' \\ y' \end{pmatrix} = \begin{pmatrix} \cos 2\varphi & \sin 2\varphi \\ \sin 2\varphi & -\cos 2\varphi \end{pmatrix} \odot \begin{pmatrix} x \\ y \end{pmatrix}$

Für $\mathbb{G} = \mathbb{R} \times \mathbb{R}$; $x \in \mathbb{R}$; $x > 1{,}57$ gilt:

$$\begin{pmatrix} x' \\ y' \end{pmatrix} = \begin{pmatrix} \cos(2\cdot 30{,}96°) & \sin(2\cdot 30{,}96°) \\ \sin(2\cdot 30{,}96°) & -\cos(2\cdot 30{,}96°) \end{pmatrix} \odot \begin{pmatrix} x \\ 0{,}25x - 3 \end{pmatrix}$$

$$\Leftrightarrow \begin{pmatrix} x' \\ y' \end{pmatrix} = \begin{pmatrix} \cos 61{,}92° & \sin 61{,}92° \\ \sin 61{,}92° & -\cos 61{,}92° \end{pmatrix} \odot \begin{pmatrix} x \\ 0{,}25x - 3 \end{pmatrix}$$

$$\Leftrightarrow \begin{pmatrix} x' \\ y' \end{pmatrix} = \begin{pmatrix} 0{,}47 & 0{,}88 \\ 0{,}88 & -0{,}47 \end{pmatrix} \odot \begin{pmatrix} x \\ 0{,}25x - 3 \end{pmatrix}$$

$$\Leftrightarrow \begin{pmatrix} x' \\ y' \end{pmatrix} = \begin{pmatrix} 0{,}47x + 0{,}22x - 2{,}64 \\ 0{,}88x - 0{,}12x + 1{,}41 \end{pmatrix}$$

$$\Leftrightarrow \begin{pmatrix} x' \\ y' \end{pmatrix} = \begin{pmatrix} 0{,}69x - 2{,}64 \\ 0{,}76x + 1{,}41 \end{pmatrix}$$

$D_n(0{,}69x - 2{,}64 \,|\, 0{,}76x + 1{,}41)$

B 2.3 Wenn die Raute $AB_2C_2D_2$ ein Quadrat wäre, so müsste gelten:

$\overrightarrow{AB_2} \odot \overrightarrow{AD_2} = 0$ (senkrechte Vektoren)

Berechnung von $\overrightarrow{AB_2}$ für $x = 7$:

$$\overrightarrow{AB_2} = \begin{pmatrix} 7 \\ 0{,}25\cdot 7 - 3 \end{pmatrix} = \begin{pmatrix} 7 \\ -1{,}25 \end{pmatrix}$$

Berechnung von $\overrightarrow{AD_2}$ für $x = 7$:

$$\overrightarrow{AD_2} = \begin{pmatrix} 0{,}69\cdot 7 - 2{,}64 \\ 0{,}76\cdot 7 + 1{,}41 \end{pmatrix} = \begin{pmatrix} 2{,}19 \\ 6{,}73 \end{pmatrix}$$

Überprüfung, ob die Vektoren senkrecht zueinander sind:

$$\overrightarrow{AB_2} \odot \overrightarrow{AD_2} = \begin{pmatrix} 7 \\ -1{,}25 \end{pmatrix} \odot \begin{pmatrix} 2{,}19 \\ 6{,}73 \end{pmatrix}$$

$$\overrightarrow{AB_2} \odot \overrightarrow{AD_2} = 7\cdot 2{,}19 + (-1{,}25)\cdot 6{,}73$$

$$\overrightarrow{AB_2} \odot \overrightarrow{AD_2} = 6{,}92$$

Somit gilt: $\overrightarrow{AB_2} \odot \overrightarrow{AD_2} \neq 0$

Folglich ist die Raute $AB_2C_2D_2$ kein Quadrat.

oder:

Wenn die Raute $AB_2C_2D_2$ ein Quadrat wäre, so müsste gelten:
$\overline{B_2D_2} = \overline{AC_2}$

Berechnung von $\overline{B_2D_2}$:

$\overrightarrow{B_2D_2} = \begin{pmatrix} 2{,}19-7 \\ 6{,}73-(-1{,}25) \end{pmatrix}$ mit $B_2(7\,|\,-1{,}25)$; $D_2(2{,}19\,|\,6{,}73)$ (vgl. oben)

$\overrightarrow{B_2D_2} = \begin{pmatrix} -4{,}81 \\ 7{,}98 \end{pmatrix}$

$\Rightarrow \quad \overline{B_2D_2} = \sqrt{(-4{,}81)^2 + 7{,}98^2}\ \text{LE} = 9{,}32\ \text{LE}$

Berechnung von $\overline{AC_2}$:

$\overrightarrow{AC_2} = \overrightarrow{AB_2} \oplus \overrightarrow{B_2C_2}$ mit $\overrightarrow{B_2C_2} = \overrightarrow{AD_2}$

$\overrightarrow{AC_2} = \begin{pmatrix} 7 \\ -1{,}25 \end{pmatrix} \oplus \begin{pmatrix} 2{,}19 \\ 6{,}73 \end{pmatrix}$

$\overrightarrow{AC_2} = \begin{pmatrix} 9{,}19 \\ 5{,}48 \end{pmatrix}$

$\Rightarrow \quad \overline{AC_2} = \sqrt{9{,}19^2 + 5{,}48^2}\ \text{LE} = 10{,}70\ \text{LE}$

Somit gilt: $\overline{B_2D_2} \neq \overline{AC_2}$

Folglich ist die Raute $AB_2C_2D_2$ kein Quadrat.

B 2.4

$$\left| \begin{array}{l} x_{D_n} = 0{,}69x - 2{,}64 \quad |+2{,}64 \\ \wedge\ y_{D_n} = 0{,}76x + 1{,}41 \end{array} \right. \qquad \mathbb{G} = \mathbb{R} \times \mathbb{R};\ x \in \mathbb{R};\ x > 1{,}57$$

$$\Leftrightarrow \left| \begin{array}{l} 0{,}69x = x_{D_n} + 2{,}64 \quad |:0{,}69 \\ \wedge\ y_{D_n} = 0{,}76x + 1{,}41 \end{array} \right.$$

$$\Leftrightarrow \left| \begin{array}{l} x = 1{,}45x_{D_n} + 3{,}83 \\ \wedge\ y_{D_n} = 0{,}76 \cdot (1{,}45x_{D_n} + 3{,}83) + 1{,}41 \end{array} \right.$$

$$\Leftrightarrow \left| \begin{array}{l} x = 1{,}45x_{D_n} + 3{,}83 \\ \wedge\ y_{D_n} = 1{,}10x_{D_n} + 2{,}91 + 1{,}41 \end{array} \right.$$

$$\Rightarrow \quad y_{D_n} = 1{,}10x_{D_n} + 4{,}32 \qquad \mathbb{G} = \mathbb{R} \times \mathbb{R}$$

Gleichung des Trägergraphen: $y = 1{,}10x + 4{,}32$

Einzeichnen des Trägergraphen, d. h. der Geraden durch D_1 und D_2

B 2.5 Einzeichnen der Raute $AB_3C_3D_3$

> **TIPP** Zur Zeichnung:
> - A(0 | 0) ist gegeben.
> - D_3 ist der Schnittpunkt des Trägergraphen t mit der y-Achse, also der Geraden durch D_1 und D_2 mit der y-Achse.
> - B_3 erhält man durch Spiegelung von D_3 an der Geraden h.
> - Es sei M_3 der Mittelpunkt von $[B_3D_3]$. Dann gilt $\overrightarrow{AC_3} = 2 \cdot \overrightarrow{AM_3}$.
>
>   Oder: $[AD_3]$ liegt auf der y-Achse. Also verläuft $[B_3C_3]$ parallel zur y-Achse und man erhält C_3 als Schnittpunkt der Parallelen durch B_3 mit der Geraden h.

> **TIPP** Zur Berechnung der Koordinaten von C_3:
> Um die Koordinaten von C_3 zu bestimmen, ermittelt man den Wert für x, der zur Raute $AB_3C_3D_3$ gehört. Diesen Wert erhält man, indem man die x-Koordinate von D_n gleich null setzt, da D_3 auf der y-Achse liegen muss.

Bestimmung des x-Wertes mit $x_{D_n} = 0$:

$$0{,}69x - 2{,}64 = 0 \quad |+2{,}64 \qquad x \in \mathbb{R};\ x > 1{,}57$$

$$\Leftrightarrow \quad 0{,}69x = 2{,}64 \quad |:0{,}69$$

$$\Leftrightarrow \quad x = 3{,}83$$

$\mathbb{L} = \{3{,}83\}$

Bestimmung der Koordinaten von C_3 für $x = 3{,}83$:

> **TIPP** $[AD_3]$ liegt auf der y-Achse. Also verläuft $[B_3C_3]$ parallel zur y-Achse. Somit hat der Punkt C_3 dieselbe x-Koordinate wie der Punkt B_3. Da der Punkt C_3 auf h liegt, erhält man seine y-Koordinate durch Einsetzen von $x = 3{,}83$ in die Geradengleichung von h.

$C_3(3{,}83 \mid 0{,}6 \cdot 3{,}83)$
$C_3(3{,}83 \mid 2{,}30)$

> **TIPP** Die Raute $AB_3C_3D_3$ setzt sich aus den beiden flächengleichen Dreiecken AC_3D_3 und AB_3C_3 zusammen, d. h., der Flächeninhalt der Raute entspricht dem doppelten Flächeninhalt des Dreiecks AC_3D_3. Um den Flächeninhalt des Dreiecks AC_3D_3 zu bestimmen, ermittelt man seine Basislänge $\overline{AD_3} = y_{D_3}$ LE.

Bestimmung der Basislänge $\overline{AD_3}$ des Dreiecks AC_3D_3 für $x = 3{,}83$:

$\overline{AD_3} = (0{,}76 \cdot 3{,}83 + 1{,}41)$ LE wegen $y_{D_n} = 0{,}76x + 1{,}41$

$\overline{AD_3} = 4{,}32$ LE

Bestimmung des Flächeninhalts $A_{AB_3C_3D_3}$ der Raute $AB_3C_3D_3$:

$A_{AB_3C_3D_3} = 2 \cdot A_{\Delta AC_3D_3}$

$A_{AB_3C_3D_3} = 2 \cdot 0{,}5 \cdot \overline{AD_3} \cdot d(C_3; AD_3)$

$A_{AB_3C_3D_3} = \overline{AD_3} \cdot d(C_3; AD_3)$ mit $d(C_3; AD_3) = x_{C_3}$ LE

$A_{AB_3C_3D_3} = 4{,}32 \cdot 3{,}83$ FE

$A_{AB_3C_3D_3} = 16{,}55$ FE

oder:

Mit $\overrightarrow{AB_3} = \begin{pmatrix} 3{,}83 \\ 0{,}25 \cdot 3{,}83 - 3 \end{pmatrix} = \begin{pmatrix} 3{,}83 \\ -2{,}04 \end{pmatrix}$ und $\overrightarrow{AD_3} = \begin{pmatrix} 0 \\ 0{,}76 \cdot 3{,}83 + 1{,}41 \end{pmatrix} = \begin{pmatrix} 0 \\ 4{,}32 \end{pmatrix}$ folgt:

$A_{AB_3C_3D_3} = \begin{vmatrix} 3{,}83 & 0 \\ -2{,}04 & 4{,}32 \end{vmatrix}$ FE

$A_{AB_3C_3D_3} = (3{,}83 \cdot 4{,}32 - (-2{,}04) \cdot 0)$ FE

$A_{AB_3C_3D_3} = 16{,}55$ FE

Bayern ▪ Realschule ▪ Abschlussprüfung 2023
Mathematik I

Um die Prüfung 2023 schnellstmöglich zur Verfügung stellen zu können, bringen wir sie in digitaler Form heraus.

Sobald die Original-Prüfungsaufgaben 2023 freigegeben sind, können sie als PDF auf der Plattform **MyStark** heruntergeladen werden (Zugangscode vgl. Umschlaginnenseite).

Aktuelle Prüfung

www.stark-verlag.de/mystark

PRÜFUNGS-ANGST

STOPP DIE PANIK

Mit der Fußsohlen-Methode

Prüfungen können Angst- und Fluchtsituationen sein. Dein Körper schüttet Adrenalin aus und dämpft das Gefühl in den Füßen. Z. B. beim Weglaufen ist es gut, wenn man die Füße nicht spürt. Eine Prüfung ist aber **keine Gefahrensituation**. Signalisiere deinem Körper, dass du nicht weglaufen musst, und bring das Gefühl in deine Füße zurück:

Setze oder stelle dich hin.
Die Füße müssen den **Boden** berühren.

Schließe jetzt deine Augen und **denke** dich in deine Füße hinein.

Fahre in Gedanken um die **Fersen**.

Spüre den **Druck** auf dem Boden.

Dein Körper **fühlt** die Füße wieder und denkt,
er sei in keiner Panik-Situation, sondern in **Sicherheit**.